| 碳中和论丛 |

主编：沈满洪

碳中和治理论

郅玉玲 张依 ◎ 著

中国财经出版传媒集团
中国财政经济出版社
·北 京·

图书在版编目（CIP）数据

碳中和治理论／郅玉玲，张依著．-- 北京：中国财政经济出版社，2025.5. --（碳中和论丛）．-- ISBN 978-7-5223-3730-2

Ⅰ. X511

中国国家版本馆 CIP 数据核字第 2025SJ1161 号

责任编辑：周桂元　孟　恬　　　　责任校对：徐艳丽

封面设计：陈宇琰　　　　责任印制：张　健

碳中和治理论

TANZHONGHE ZHILILUN

中国财政经济出版社 出版

URL：http：//www. cfeph. cn

E-mail：cfeph@ cfeph. cn

社址：北京市海淀区阜成路甲 28 号　邮政编码：100142

营销中心电话：010-88191522

天猫网店：中国财政经济出版社旗舰店

网址：https：//zgczjjcbs. tmall. com

涿州汇美亿浓印刷有限公司印刷　各地新华书店经销

成品尺寸：185mm×260mm　16 开　15.5 印张　302 000 字

2025 年 5 月第 1 版　2025 年 5 月河北第 1 次印刷

定价：70.00 元

ISBN 978-7-5223-3730-2

（图书出现印装问题，本社负责调换，电话：010-88190548）

本社图书质量投诉电话：010-88190744

打击盗版举报热线：010-88191661　QQ：2242791300

《碳中和论丛》编委会

科学领军人才

王建明　浙江财经大学科研处处长、绿色管理研究院院长、教授、博士生导师

王懿祥　浙江农林大学环境与资源学院副院长、生态文明研究院碳中和研究所所长、教授、博士生导师

郅玉玲　浙江农林大学文法学院教授、硕士生导师

钱志权　浙江农林大学生态文明研究院副院长、碳中和研究院副院长、长三角绿色发展研究院执行院长、教授、博士生导师

姜双林　浙江农林大学文法学院教授、硕士生导师

陈真亮　浙江农林大学生态文明研究院生态治理研究所所长、文法学院学术副院长、教授、博士生导师

顾光同　浙江农林大学生态文明研究院生态经济研究所所长、教授、博士生导师

孟明浩　浙江农林大学风景园林与建筑学院副教授、硕士生导师

吴　旭　浙大城市学院城市发展与战略研究院、幸福城市研究院副研究员

为实现我国碳中和目标作出学者应有贡献

——《碳中和论丛》总序

一、《碳中和论丛》的撰写意义

自从1992年在巴西里约热内卢举行的联合国环境与发展大会通过《联合国气候变化框架公约》以来，国际社会为此做出了艰巨的努力，尤其是《京都议定书》和《巴黎协定》的达成，为应对气候变化奠定了认识论、方法论和实践论基础。我国政府宣布2030年前实现碳达峰、2060年前实现碳中和，这是一个大国的责任担当，也是对世界的重要贡献。但是，中西方国家应对气候变化存在显著差别。西方发达国家是先工业化后绿色化再低碳化，而且碳达峰是经济发展的自然过程。中国则是工业化进程中同时面临节能、减污、降碳、扩绿、增汇的要求。由此可见，我国的碳中和面临前所未有的挑战。迎接挑战的唯一出路就是理论创新、科技创新、制度创新和治理创新。通过创新变“不可能”为“可能”，变“理想”为“现实”，变“顾此失彼”为“统筹兼顾”。理论研究是实现碳中和的重要支撑。相对于碳中和工作的实际需求而言，碳中和研究仍显得相对不足。国内尚无系统阐述碳中和的丛书出版。面对严峻形势、艰巨任务与前所未有的挑战，浙江省生态文明智库联盟、浙江农林大学生态文明研究院、碳中和研究院自觉承担起《碳中和论丛》的编撰任务。该丛书的编撰出版，至少具有下列三大意义：

第一，有利于促进思想统一。人们对于碳达峰碳中和还存在不少错误的认识，例如“碳攀峰论”——利用碳排放递增的最后一个时期赶紧增排，“不惜代价论”——不惜一切代价实现碳达峰碳中和。按照中国式现代化的要求，我国既要推进现代化进程，又要实现碳达峰碳中和，两者兼顾才是正道。正因如此，党的二十大报告明确提出“积极稳妥推进碳达峰碳中和”。通过本论丛的研究和编纂、出版和发行，有利于全社会树立绿色低碳发展的理念，做到以正确的思想指导伟大的实践。

第二，有利于促进科学决策。统筹兼顾现代化进程和碳达峰碳中和的妙处就在于如何优化路径实现社会成本最低化。就统筹发展目标和碳减排目标而言，既要追求在“双碳”目标给定下的经济成本最小化，又要追求在发展目标给定情况下的碳排放最小化。就统筹碳达峰和碳中和而言，峰值定低了，近期发展压力加大，远期碳中和目标的实现就相对容易；峰值定高了，近期发展压力相对较小，远期碳中和的目标实现难度就加大了。因此，要处理好峰值高低与碳中和难易的关系。就统筹碳减排和增碳汇而言，碳减排边际成本低于增碳汇边际成本，就选择碳减排，反之则选择增碳汇。实现社会利益最大化的边际条件是二氧化碳边际减排成本与碳汇边际增汇成本相等。就统筹能源结构和能源效率而言，既要推进能源结构的优化，又要推进能源效率的提升，孰轻孰重就取决于成本等因素。可见，碳中和面临一系列的优化选择。本论丛有可能通过研究提供优化选择的科学依据。

第三，有利于促进学科发展。《碳中和论丛》的出版，有助于碳中和领域知识体系的系统集成，促进生态经济学、生态管理学、环境法学、环境社会学、生态文化学、生态学、环境科学等一系列碳中和相关学科的发展，通过学科的快速发展进一步支撑碳中和人才培养和科学研究，是落实教育部《加强碳达峰碳中和高等教育人才培养体系建设工作方案》（教高函〔2022〕3号）文件精神的具体举措。浙江农林大学生态文明研究院、碳中和研究院是浙江省新型重点专业智库、全国影响力智库建设单位，也是浙江省生态文明智库联盟的理事长单位，通过该论丛的编撰，有可能整合全省碳中和的研究力量并提升其竞争力。

二、《碳中和论丛》的逻辑结构

《碳中和论丛》综合运用经济学、管理学、法学、社会学、文化学、环境科学等多学科交叉方法研究中国碳中和的主要问题。该论丛包括十一部专著：《碳中和论》《碳减排论》《碳汇论》《碳中和消费论》《碳市场论》《碳中和科技论》《碳中和法治论》《碳中和金融论》《碳中和政策论》《碳中和文化论》《碳中和治理论》。《碳中和论丛》是知识创新、咨政建言和科学普及的有机结合。

《碳中和论》是丛书的总论，主要内容：研究碳中和背景与核心概念，碳中和目标愿景与策略选择，碳中和的路径选择与重点突破，碳中和科技创新与制度政策设计，以及碳中和监测核查体系等。

《碳减排论》主要内容：阐释碳减排的历史进程及当前状况、碳减排对象、主体、重点领域和主要途径等基本理论，基于复合生态系统功能群视角建立碳减排理论框架和并进行实证分析，提出生产者、流通者、分解者、消费者功能群的碳减排路径和方法，介绍可持续发展的碳减排典型案例，讨论碳减排的相关政策和实践。

《碳汇论》主要内容：阐释碳汇的重要地位、碳汇的分类及其增汇渠道，森林、海洋、湿地、农地等生态碳汇增汇路径，CCUS 等工程技术碳汇增汇路径，碳汇纳入碳市场等。

《碳中和消费论》主要内容：针对绿色低碳产品市场供给不足、绿色低碳消费意识相对薄弱、绿色低碳消费成本较高等现实问题，探讨绿色低碳出行、绿色低碳建筑、绿色低碳引导；倡导节约环保生活方式，研究绿色低碳产品标准、绿色低碳认证、绿色低碳标识体系等，探讨消费侧减排的路径和方法。

《碳市场论》主要内容：阐释碳市场的历史演进过程、碳市场的运行机理、碳市场的需求与供给，研究碳市场的经济社会效应、碳市场的平台建设、碳市场的产品创新、碳市场的监管机制等。

《碳中和科技论》主要内容：梳理我国碳中和科技发展历程与现状、碳中和科技的类型体系、科学原理，研究电力、工业、建筑、交通和农业等不同领域应用场景下典型碳中和技术的减排潜力、碳中和科技的环境、经济和健康效应，提出碳中和科技的政策创新路径。

《碳中和法治论》主要内容：阐释实现碳中和目标的法理基础，研究如何实现碳中和科学立法、碳中和严格执法、碳中和公正司法、碳中和全民守法等问题，探讨碳中和国际法治与国内法治如何协同问题，探寻并提出碳中和法治的实现路径与制度保障。

《碳中和金融论》主要内容：从碳中和金融的产品体系、市场体系、标准体系、监管体系、政策体系以及国际合作等多个维度，深入探讨和剖析绿色金融的起源与碳中和金融发展、碳中和金融的创新与开发、碳中和金融市场体系与风险监管、碳中和金融标准体系与政策体系以及碳中和金融国际合作创新机制等。

《碳中和政策论》主要内容：阐释碳中和政策基本理论，深入分析研究碳中和政策系统、碳中和决策体制、碳中和政策的执行、碳中和政策评估，考察与借鉴域外碳中和法治实践，研究分析碳中和政策的调整、终结与创新等。

《碳中和文化论》主要内容：研究碳中和文化演替、碳中和文化结构、碳中和价值观、碳中和伦理观、碳中和舆论场、碳中和教育观等。

《碳中和治理论》主要内容：研究碳中和治理的对象、碳中和治理的主体、碳中和治理的机制、碳中和治理的方式、碳中和治理的国际合作等。

上述十一本书的逻辑结构如图 1 所示。

碳中和是人为碳源与人为碳汇相等时的状态。因此，图 1 表明，安排《碳中和论》《碳减排论》《碳汇论》三部专著；碳中和是碳减排与增碳汇、生产者与消费者通过市场机制完成的，因此，安排《碳市场论》及《碳中和消费论》两部专著；碳中和是科

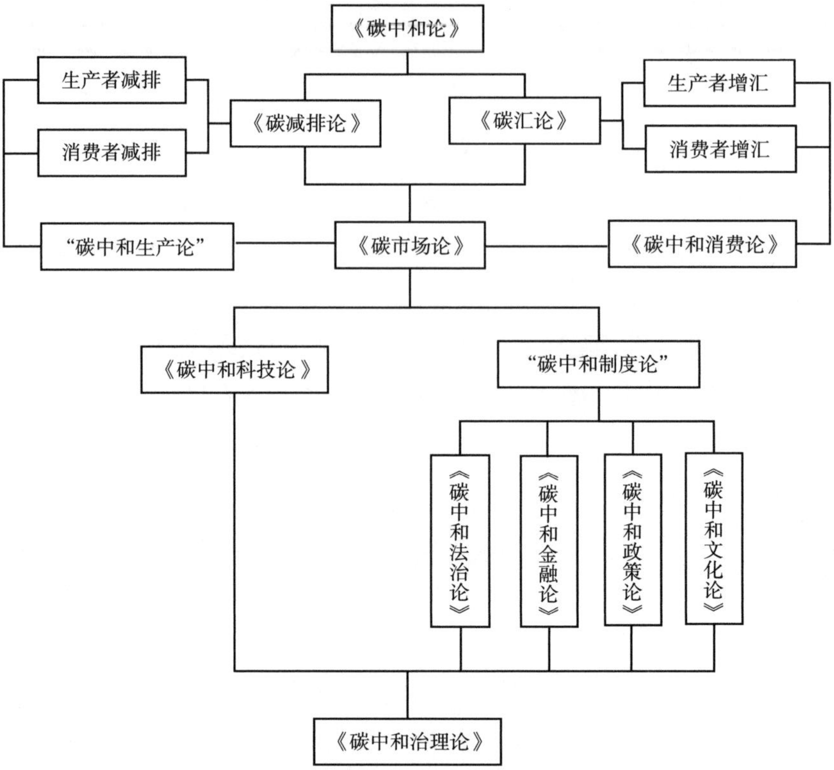

图 1 《碳中和论丛》的逻辑结构

技创新和制度创新"双轮"驱动的结果，因此安排《碳中和科技论》一部专著以及由《碳中和法治论》《碳中和金融论》《碳中和政策论》《碳中和文化论》四部专著构成的"碳中和制度论"；无论是碳中和科技创新还是碳中和制度创新，都是不同经济主体相互制衡、相互协调的治理结果，因此，安排《碳中和治理论》一部专著。可见，这十一部著作构成的《碳中和论丛》具有内在的逻辑关联。

三、《碳中和论丛》的主要创新

本丛书各部著作均有一定的创新性，兹列举以下十点：

第一，碳中和是一项艰巨复杂的经济社会发展方式深刻变革的系统工程。就工业化、绿色化、低碳化而言，西方发达国家是"分步走"，中国则是"同步走"。我国碳中和难度更大，路径选择尤为重要。实现碳中和涉及碳减排与碳增汇两个方面，需要厘清我国碳减排与碳增汇的重点领域，并根据碳减排与碳增汇的边际成本变化作出策略选择与权衡。科技创新水平与驱动能力、政策优化与制度变革是影响碳减排和碳增汇的关键动力，需要构建面向碳中和的科技创新动力机制与政策制度体系。

第二，碳减排需要从生态系统内部功能的视角分析系统不同功能组分间碳减排的关系。生产、消费、分解和流通等不同功能群碳排放存在较大的时空分异特征，需根据不同功能群的碳排放特点和减排需求制定差异化的碳减排举措。生产者功能群注重创新应用生产降碳技术和优化行业管理体系，消费者功能群注重应用消费降碳技术材料和推广碳普惠机制，分解者功能群注重减少废弃物产生、协同减污降碳和普及再生利用模式，流通者功能群注重完善空间布局、优化运输结构和技术装备以及升级运营体系。

第三，中国构建了全球最大的“自然－人工”双轨碳汇体系。以跨学科视角解构森林、草地、湿地、耕地、海洋五大自然碳汇的运行密码，剖析碳捕集利用与封存（CCUS）技术的突破性进展，揭示“自然修复＋工程干预”协同增效的碳中和路径。基于全球碳库评估与增汇潜力模拟，阐明碳汇在气候治理中的战略价值。通过分析增汇成本与对策措施，提出生态保护修复、跨部门协同及技术创新等增汇路径，为实现高效、可持续的碳汇管理提供理论与实践指导。

第四，碳中和消费是通过降碳增汇双重途径促进碳中和的消费模式。数智时代碳中和消费要实现从1.0到3.0的版本升级，碳中和消费3.0是数智时代“全方位数据交互和共享”下的“社会集约共享型”消费模式。推进碳中和消费需要基于数智时代背景，构建既积极鼓励消费转型“向善”“向绿”，又有效规避消费转型“向恶”“非绿”的政策体系架构。碳中和消费的政策体系由约束类政策、激励类政策和引导类政策构成，并且政策体系的构建应当匹配数智时代的新消费模式、新消费场景需求。

第五，碳市场是以尽可能低的成本实现碳中和目标的有效经济手段。碳市场是通过总量控制、配额分配、履约机制、价格形成和交易机制等基础性机制设计，让企业在碳减排、购碳汇、技术创新等多种方案中进行优化选择。市场机制完善的前提下，可以推进碳市场衍生产品的设计、加强碳市场国际合作与交易。碳市场的突出优势是通过价格发现机制，实现全社会经济效益、环境效益和社会效益等综合效益的最大化。

第六，碳中和科技是实现碳中和的重要支撑，是实现经济社会发展全面绿色转型的核心驱动力。在类型体系上，揭示了减碳、零碳和负碳等碳中和技术的前沿研究与实践进展；在应用场景上，探讨了电力、工业、建筑、交通和农业等领域的减排潜力、实施成本、适用范围和实施难度；在影响效应上，分析了碳中和科技可能产生的环境效应、经济效应和健康效应；在政策创新上，总结了碳中和科技政策的实践历程与创新路径。

第七，碳中和金融支持是实现碳中和的重要手段。碳中和金融不仅具有低碳导向，而且具有金融工具的放大效应。碳中和金融产品通过多样化创新满足多样化需求，碳中和金融市场通过强化市场监管和信息披露可以提高市场透明度。通过金融风险识别、计量体系建设、金融风险监管保障碳市场稳定运行。通过应用现代技术手段、推进碳中和金融标准统一、提升市场效率与国际竞争力推进碳中和金融国际合作。碳中和金融既要敢于创新、提高效率，又要加强监管、防范风险。

第八，法治运行理论为碳中和法治提供全方位的科学指引。应构建以环境正义等理论为基础，处理好与生态环境法典的关系，推进碳中和科学的专项立法；引入“元治理”理论，协同互补强制命令型监管与激励诱导型监管，强化严格执法；通过完善专门环境诉讼制度，灵活地解决立法滞后问题，消解碳中和案件的司法适配性问题，落实公正司法；碳中和守法体系应建立以社会优位为导向的整体主义法治实践模式，推动全民守法；从贸易法和海洋法视角，揭示碳中和法治所面临的诸多挑战，强调国内法与国际法的衔接协调，共同推进碳中和国内法治与国际法治的守正创新。

第九，碳中和政策体系是实现碳中和的重要调控机制。碳中和事关全局性，需要从“策言策语”转向“法言法语”，依法治理涉碳市场主体的“漂绿”行为，加强碳达峰碳中和工作的企业合规、行政合规、政策备案审查及决策合法化与程序正当。鼓励有条件的地方探索制定符合本地特色的“碳中和促进条例”，建立健全“共同但有区别”的央地碳中和政策评估指标与方法体系，通过政策或立法后评估及“立改废释纂”，构建绿色低碳发展的法治保障体系。

第十，碳中和文化是实现碳中和目标的“风向标”“润滑剂”和“加速器”。积极稳妥推进碳中和离不开碳中和文化的引领。碳中和伦理观、价值观是碳中和实现的思想指导与价值准则。通过加强党政学企联动、完善人才培养机制、构建教育评价体系等途径提升碳中和伦理观、价值观教育的实施效果。统筹好国际、国内两个舆论场，可以从创新话语体系、优化传播布局、增强叙事水平等方面做好碳中和舆论引导。

第十一，碳中和治理是国家治理体系和治理能力现代化的具体化，是治理绩效高效化和治理机制长效化的结合。在治理主体上，碳中和治理是党委领导下的政府主导、企业主体、公众参与的多主体平等协商、协同推进；在治理机制上，碳中和治理是政府机制、市场机制、社会机制的协同配合；在治理方式上，碳中和治理是法治、德治、自治、智治的有机结合，法治是根本，德治是基础，自治是辅助，智治是支撑。

四、《碳中和论丛》的各书作者

《碳中和论》：吴伟光、曹先磊、敖贵艳、刘强，等

《碳减排论》：吴旭、郭江江、胡晓娟

《碳汇论》：王懿祥、白尚斌、白雁、蔡延江、张成、李莹莹，等

《碳中和消费论》：王建明，等

《碳市场论》：钱志权、闫云凤、吴旭梅、何青华，等

《碳中和金融论》：顾光同、吴燕华

《碳中和科技论》：方恺、孟聪会、李程琳

《碳中和法治论》：姜双林、童航、林雅静，等

《碳中和文化论》：孟明浩、吴承强、顾晓艳、綦健，等

《碳中和政策论》：陈真亮、连燕华，等

《碳中和治理论》：郅玉玲、张依

显然，这套丛书的出版是众多作者和编者合作完成的。我本人没有作为作者执笔某部专著，但从丛书框架及各书书名的草拟到丛书提纲的确定，从各部专著初稿的审读及修改建议的撰写到鉴定会议的组织及修改方向的确定，从丛书书稿的终审到整套丛书的出版过程均付出了我的大量心血。不过，归根结底，丛书之所以能够顺利出版，首要的功劳还是具有创新精神、敬业精神和合作精神的各位作者！丛书的学术顾问和各位编委，给予丛书的出版以极大的鼓励和指导！在《碳中和论丛》评审会上，浙江省社科联原副主席邵清一级巡视员、浙江省委政研室原主任徐志宏、浙江大学公共管理学院石敏俊教授、浙江大学光华法学院钭晓东教授、浙江农林大学浙江省乡村振兴研究院首席专家张俊飚教授等均提出了极为宝贵的建议。浙江农林大学经济管理学院利用极为宝贵的学科建设经费资助《碳中和论丛》的出版。中国财政经济出版社的周桂元编审等为丛书的出版做了艰苦细致的工作，“编辑成就作者”名不虚传。由于碳中和任务十分紧迫，《碳中和论丛》采取边研究边申请项目的方式推进。在撰写达到一定进度后，经过申请“碳中和研究”于2023年被浙江省社科规划领导小组办公室立为浙江省社科规划重大项目（项目编号：24NDJC04ZD）。在此，对于所有为这套丛书的撰写和出版作出过贡献的同志和机构表示最衷心的感谢！

当然，该论丛必然存在或多或少的瑕疵，敬请读者批评指正！

（序言作者沈满洪系浙江农林大学生态文明研究院院长、碳中和研究院院长、浙江省生态文明智库联盟理事长、浙江省特级专家、国家哲学社会科学领军人才、环球中国环境专家协会理事会主席）

前 言

碳中和治理是将碳中和行为主体及其行为视为目标对象来加以治理，碳中和治理着重考察并着力实现的，是怎样合理地指导、调适、规范和约束人类的行为活动。“要形成以政府为主体的政府机制、企业为主体的市场机制、公众为主体的社会机制的多机制协同，形成相互支持、相互配合、相互制衡的机制。”① 碳中和治理需要政府、企业、社会共同努力，综合运用法律、行政、文化、意识形态、制度及人力、物力、网络、国家暴力机器等手段和方法，才能取得更好的效果。“以治理体系变革为保障。加快建立完善支撑落实碳达峰碳中和目标的政策体系和体制机制，推动形成政府主导、市场调节、各方参与、全民行动的绿色低碳发展新格局。”②

碳中和治理中的顶层设计需要综合考虑各种因素，包括系统思维、跨部门协作、政策制定、国际合作、技术创新、人才培养等。通过完善这些因素，确保实现碳中和目标的同时，促进全球绿色发展和可持续发展。

碳中和治理由德治、法治、自治、智治构成。“四治”交汇，兼容并蓄，融会贯通。德治是基础，法治是重要保证，自治是重要手段，智治是重要支撑。德法兼治需要增强全民的法治意识和道德自觉，追求情、理、法的协调统一，在制定和实施各种道德规范时，发动公众参与。通过社会赋权和社会参与，调动多元主体参与碳中和治理的积极性，在行动中充分发挥中华民族传统美德和社会主义核心价值观的作用，实现公共资源依托信任和互惠的可持续发展。发挥碳中和治理多元主体的主观能动性和积极性，充分发扬民主、实现自治，要求多元主体以法治化的视野和理念审视各种社会关系和社会利益。在碳中和治理的各个环节、各个领域，以法治的视角、法治的方式来推进碳中和治理，自觉维护法律的权威和尊严，在法治的限定中进行碳中和治理创新。通过自治寻找低碳发展之路，借助智治赋能碳中和治理，实现碳中和治理科学化、精准化、智能化的目的。

---

① 沈满洪．人与自然和谐共生的理论与实践［J］．学术前沿，2020（06）上：12.

② 王金南，蔡博峰．打好碳达峰碳中和这场硬仗［J］．中国信息化，2022（06）：8.

碳中和治理的法治、德治、自治和智治各有其定位、内容和实现路径。碳中和治理的法治内容包括科学立法、严格执法、公正司法、全民守法。碳中和治理的德治内容包括社会公德、职业道德、家庭美德。碳中和治理的自治内容包括企业自治、公众自治、多元共治。碳中和治理的智治内容包括数据库建设、数字化平台建设和数字治理。

党的二十大提出加快建设"网络强国""数字中国"。《中华人民共和国国民经济和社会发展第十四个五年规划和2035年远景目标纲要》(以下简称"十四五"规划)专门设置"加快数字化发展 建设数字中国"章节,对中国数字社会建设进行了分析和描绘,绘就了一幅绚丽的图景。构建数字化、网络化、智能化的碳中和方式是推进碳中和的必然选择。

提升碳中和治理的智能化、精准化、科学化水平,促进绿色低碳发展,需要充分利用现代智能信息技术手段,如大数据、物联网、5G通信、云计算、区块链、人工智能等。

碳中和治理事关全球的可持续发展,因此推动全球共同实现碳中和,需要国际合作。国际碳中和治理还需要面对许多社会问题和经济问题,例如,如何平衡经济发展和环境保护的关系,如何处理气候变化造成的经济损失等。要解决这些困境,既需要发展中国家积极应对气候变化,减少碳排放,也需要发达国家提供资金和技术支持。国际碳中和治理的合作需要世界各国共同努力,加强政策协调、技术合作、资金支持、监管和评估合作,完善和健全国际合作机制等方面的工作,才能取得成功。

作者

2024年10月

目　录

第一章　碳中和治理的对象

2020 年 9 月 22 日，国家主席习近平在第七十五届联合国大会上提出："二氧化碳排放力争于2030 年前达到峰值，努力争取 2060 年前实现碳中和。"① 研究碳中和治理的对象，可以保证碳中和治理有的放矢。碳中和治理的对象包括碳的治理、人的治理、人碳和谐治理。本章对碳中和治理对象的研究，既有学术价值，又有应用价值。就学术价值而言，有利于理论深化、经验提炼和理论指导；就应用价值而言，有利于实现碳中和的目标，促进经济、社会和环境的协调发展，实现人与自然和谐共生。碳的治理需要政府、企业、社会的共同努力，综合运用多种手段和方法，才能取得更好的效果。对于碳中和治理的对象，一方面需要给出理论层面的解释，另一方面也需要在实践运作层面着力解决认知转变和共识凝聚的问题。在本书中，碳中和治理的对象包括碳的治理、人的治理、人碳和谐治理。

第一节　碳的治理

碳的治理是为应对气候变化而形成的。应对气候变化主要包括以下两点：一是控制气温过度升高，二是适应上升以后的气温。控制温度升高有两个层面的含义：一是碳减排，二是增碳汇。碳减排与增碳汇之间的共同作用，实现了碳中和。

一、全球气候治理

（一）相关概念

气候是自然资源的重要组成部分，是人类赖以生存与发展的重要基础。气候资源主要有光能、太阳能、风力、热量、降水等。气候变暖，导致地球上陆地冰川融化；

① 习近平．第七十五届联合国大会一般性辩论上的讲话．习近平外交演讲集［M］．第二卷．北京：中央文献出版社，2022：261．

冰川融化后变成海水，导致海平面上升；海平面上升导致海拔低的陆地被淹没，造成生态系统被破坏，引发物种灭绝。气候变暖也会导致极端天气，如干旱、水灾、雪灾等。2010—2012 年东非干旱造成了 25.8 万人丧生。① 气候变暖还会影响城乡人居环境，极端天气导致农作物减产甚至颗粒无收。因此，进行全球气候治理，是十分必要的。

1. 气候变化

气候变化通常是指气候平均状态（一般为30年或更长时间）发生的显著变化或持续时间较长的气候变化。气候变化是气候平均状态和离差出现了统计学意义上的变化。二者中的一个或两个出现了统计意义上的显著改变。离差值越大，气候变化的幅度越大，气候状态就越不稳定。气候变化的成因是人类活动导致大气中的温室气体含量上升而使气候系统产生的异常变化，如平均气温、最高气温、最低气温、平均降水量、极端天气事件等。社会学家安东尼·吉登斯（Anthony Giddens）指出，气候变化指的是现代工业所制造的温室气体排放引起地球的气候变化，对于未来有着潜在的灾难性后果。②气候变化问题已经成为全球性的挑战。气候变化会导致水资源缺乏、粮食产量减少、人类居住环境恶化、冰川融化、海平面上升、洪涝、干旱、热浪、空气污染加剧、物种变异、人类健康受损等。

全球气候变化的主要原因有自然因素和社会因素。自然因素主要包括太阳辐射的变化、地球轨道的变化、火山活动以及大气和海洋环流的变化；而社会因素则主要是能源活动、工业加工、农业活动、土地利用变化、林业和废物处理、土地利用变化和城市化五大领域的碳排放所产生的温室气体。联合国政府间气候变化专门委员会（IPCC）发布的第六份评估报告指出："一个多世纪以来，人类活动带来的温室气体浓度上升，如化石燃料燃烧、土地使用等，导致全球气候变暖，'既定事实'和'不容置疑'地影响了气候系统。从工业革命200余年以来，人类向大气中排放的二氧化碳等温室气体逐渐增加，温室效应也相应提高，导致全球气候变暖等一系列重大问题，现已引起世界各国的重视。"

2. 温室效应

温室效应是指大气对地球的保温作用，又称"花房效应"。大气可以使太阳的短波辐射到达地表，但会被大气层吸收从地表向外散发的长波热辐射，所以造成地表温度和

① 中国气象报．WMO 发布 2011—2015 年全球气候报告［EB/OL］．（2016-11-08）［2016-11-09］．http：//www.xinhuanet.com/politics/2016-11/09/c_129357610.htm.

② 吉登斯．气候变化的政治［M］．曹荣湘，译．北京：社会科学文献出版社，2009：2.

低层大气温度升高。因其与温室对植物的培育作用相似，故有“温室效应”之称。引起主流科学界广泛关注的全球气候变化元凶是温室气体。在大气中的温室气体，有二氧化碳（CO_2）、甲烷（CH_4）、氧化亚氮（N_2O）、氢氟碳化合物（HFC_s）、全氟化碳（PFC_s）、六氟化硫（SF_6）等。尽管二氧化碳（CO_2）以外的温室气体的全球增温潜势值远大于二氧化碳（CO_2），但因为它们在空气中浓度较小，所以二氧化碳（CO_2）是引发温室效应的主要因素。通常全球温室气体排放会经历碳排放“登峰造极”、实现碳中和与温室气体净零排放这三个关键时刻。

随着全球气候变化形势日益严峻，减少温室气体排放已成为当务之急，这需要政府、企业、公众共同参与，共同实现碳中和的目标。《联合国气候变化框架公约》在1994年3月正式生效。习近平总书记在党的二十大报告中指出：坚持山水林田湖草沙一体化保护和系统治理，统筹产业结构调整、污染治理、生态保护、应对气候变化，协同推进降碳、减污、扩绿、增长，推进生态优先、节约集约、绿色低碳发展。① 由此可见，国际社会和中国政府都十分重视气候变化。气候变化已经成为不确定性的风险事件，需要从现在做起、从自身做起，坚持绿色低碳的行为方式和生活方式，应对气候变化。

（二）联合国政府间气候专业委员会评估报告

联合国政府间气候变化专门委员会（Intergovernmental Panel on Climate Change，IPCC）是世界气象组织（WMO）及联合国环境规划署（UNEP）于1988年联合建立的政府间机构。它的主要任务是对气候变化科学知识的现状，气候变化对社会、经济的潜在影响以及如何适应和减缓气候变化的可能对策进行评估。IPCC公布的评估报告（Assessment Report）称为联合国政府间气候变化委员会评估报告。IPCC分别于1990年、1995年、2001年、2007年、2014年、2023年发表了六期评估报告。

IPCC于2023年3月20日公布题为《全球变暖1.5℃》的第六次综合评价报告（AR6 Synthesis Report）。在此报告中强调，全球气候治理的最终目标是把大气中温室气体的含量稳定在避免气候系统受到危险的人为影响的水平上；长期目标是将全球平均气温升幅限制在工业化前水平之上，即小于2℃以内，并努力将气温升幅限制在工业化前水平之上1.5℃以内。②

在上一个评估周期（AR5～AR6），全球社会对全球气候变化的认识有三个进展。

---

① 本书编写组．党的二十大报告辅导读本［M］．北京：人民出版社，2022：45．

② AR6 Synthesis Report Climate Change 2023［R/OL］．（2023－03－23）［2023－05－10］．IPCChttps：//cvd-vn.net/2023/03/23/ar6－synthesis－report－climate－change－2023．

一是进一步证明了全球气候变暖这一基本事实；二是人类对气候影响的证据进一步加强；三是全球气候变化幅度取决于温室气体减排力度。[①]《全球变暖1.5℃》报告中指出，将全球变暖限制在1.5℃需要在土地、能源、工业、建筑、交通和城市等方面实现快速而深远的转型。到2030年，全球二氧化碳排放量将比2010年的排放量减少约45%，到2050年前后将达到"净零"排放量，这也意味着需要通过在空气中去除二氧化碳平衡剩余的排放量。[②]

（三）应对气候变化的全球多边机制

《联合国气候变化框架公约》《京都议定书》和《巴黎协定》是建立全球应对气候变化多边机制的三个国际法律文件。其中，《联合国气候变化框架公约》是核心框架，《京都议定书》是阶段性补充，《巴黎协定》是新制度。

对全球气候治理影响最大、涉及面最广、意义最深远的是《联合国气候变化框架公约》。《联合国气候变化框架公约》为发达国家和发展中国家规定了不同的责任。"发达国家必须带头减排，到2000年将温室气体排放规模稳定在1990年的水平，并向发展中国家提供资金和技术支持。发展中国家必须编制温室气体排放源和吸收碳汇的国家清单，制定并实施减轻气候变化和适应气候变化的国家规划等。"《联合国气候变化框架公约》并未规定国家减排的责任清单，这一问题留待通过进一步磋商并制定有关议定书解决。

经过艰苦的谈判，1997年《京都议定书》最终定稿，并在曲折的过程中生效。《京都议定书》最基本的内容是规定了第一个承诺期各国温室气体减排的量化目标和时间表；要求附件一中的国家以1990年为基准年，在2008—2012年的承诺期内平均减排5.2%。为保证履约，《京都议定书》特别提出了"联合履约机制""清洁发展机制""排放贸易机制"三个履约机制。在减排承诺期、减排指标、减排气体种类可替换性等方面，各国都作出了重大妥协。《京都议定书》生效的过程更是一波三折，海牙会议失败、美国退出致使气候谈判进程遭到重创，2001年6月和11月先后签订的《波恩政治协议》《马拉喀什协定》，《京都议定书》才得以生效。为争取议定书生效，欧盟集团和"77国集团+中国"向伞形国家集团（美国、加拿大、澳大利亚、日本等）进行了重大让步，《马拉喀什协定》才得以签订。《马拉喀什协定》又在基准年、碳汇额度使用上

① 周波涛．全球气候变暖：浅谈从AR5到AR6的认知进展［J］．大气科学学报，2021，44（05）：667-671.

② Global Warming of 1.5℃：Summary for Policymakers［R/OL］．（2018-07-31）［2023-05-12］．https：//www.ipcc.ch/site/assets/uploads/sites/2/2018/07/SR15_SPM_High_Res.pdf.

限、减排额度等方面作出了巨大妥协。[①] “如果把基准年变化和增加碳汇考虑进去，包括美国在内的附件一中的国家总体减排目标将由5.2%减少至0，即完全不减排；不包含美国在内的附件一中的国家总体减排目标将会逐步变成增排1.7%。”[②]

《巴黎协定》为建立2020年后全球气候治理格局打下了基础。《巴黎协定》体现了共同但有差异的原则。允许缔约国按照各自的国情和能力自主行动，采取非对抗的评估机制，实践层面有助于国际双边、多边机制的协作，思想层面有助于全球应对气候变化意识的训练。

（四）参与全球气候治理的国际组织

有许多国际组织参与全球气候治理。《联合国气候变化框架公约》缔约方大会及其组织是全球气候治理综合安排的核心机构。缔约方大会是《联合国气候变化框架公约》的最高机构，由批准《联合国气候变化框架公约》的所有缔约方组成。缔约方大会每年举行一次，为缔约方表达利益、进行谈判和达成共识提供了重要平台。除缔约方大会以外，《联合国气候变化框架公约》还设有两个附属机构，分别为附属科技咨询机构和附属履行机构。附属科技咨询机构就全球气候管理的科技和技术问题进行咨询，附属履行机构负责检查国家信息通报和排放清单等问题。联合国气候秘书处是《联合国气候变化框架公约》和《京都议定书》的服务机构，负责帮助缔约方实现承诺。

此外，联合国系统内还在1999年建立了非附件——缔约方国家信息通报专家咨询小组（Consultative Group of Experts on National Communications from Non - Annex I Parties，GGE）、技术转让专家小组（Expert Group on Technological Transfer，EGTT）和最不发达国家专家小组（Least Developed Country Expert Group，LEG），这三个小组的主要职责是协助非附件一中的国家编写国家信息通报，协助促进无害环境技术开发的转让，以及协助最不发达国家实施适应活动。政府间气候变化专门委员会成立于1988年，是独立于《联合国气候变化框架公约》之外的国际科学研究机构，负责审查全球科学研究数据，撰写并发布评估报告。此外，联合国环境规划署、联合国开发计划署、世界气象组织、全球环境基金、世界银行、联合国工业发展组织等相关国际机构也在全球气候管理中发挥着积极作用，如提供科技咨询、协助制定政策、提供资金支持等。

国际非政府环保组织也更广泛地参与全球气候治理。比较活跃的国际非政府环保组

---

① Jon Hovi, Tora Skodvin, Steinar Andresen. The Persistence of the Kyoro Protocol: Why Other Annex I Countries Move on Without the United States [J]. Global Environmental Politics, 2003, 3 (04).

② M. G. J. den Elzen, A. P. G. de Moor. The Bonn Agreeement and Marrakesh Accords: An Updated Analysis [J]. RIVM Report, 2001.

织有气候行动网络、绿色和平组织、世界野生生物基金会、地球之友、土著人民气候变化国际论坛等。这些国际非政府环保组织致力于筹集资金、探讨全球气候问题、游说中央和地方政府部门、监督政府部门和企业行为、增强公众环境意识、建立环保政策的支持联盟等。[①] 世界自然保护联盟是一个由专业人员组成的民间保护组织，该组织的成员遍布世界上 180 个国家。世界自然保护联盟的宗旨是保护世界自然环境。世界自然保护联盟由 6 个专家委员会组成，专家委员会的成员包括 8500 多名技术专家、科学家和政策专家。世界自然基金会的创始人是英国著名生物学家朱利安·赫胥黎（Julian Huxley）和鸟类学家马克斯·尼科尔森（Marks Nicholson）。荷兰王子伯恩哈特（Bernhardt）担任世界自然基金会全球总部主席，爱丁堡公爵担任英国国家组织主席。绿党是欧洲最有影响力的民间环保组织，绿党在德国、丹麦、瑞典、荷兰、芬兰、比利时、卢森堡等欧洲发达国家都有很大的影响力。每年在《联合国气候变化框架公约》缔约方大会之后，一些国际非政府环保组织都会参加《联合国气候变化框架公约》缔约方大会全程，并积极推动缔结具体的合作计划。全人类都在共同参与生态环境保护和气候治理。互联网的出现也为国际非政府环保组织的发展壮大创造了巨大机遇，网络社区的建立促进了国际非政府环保组织网上家园的建立。国际非政府环保组织的“线上活动”和“线下活动”相结合，微博、微信、QQ、Facebook 等网络社交工具，使生活在不同区域内的人们跨时间、跨空间互动成为可能。国际非政府环保组织是在环境领域为社会提供公益服务的社会组织。“随着人们对互联网和互联网社会生活的日渐了解，以及依赖程度的不断提高，各种网络服务活动，也在不断拓展其服务领域和服务内容，创新其服务项目与服务形式。”[②]

综上所述，全球气候治理是指在全球范围内各国政府、国际组织、企业、非政府组织，以及个人为应对气候变化所进行的各种努力与尝试。在治理过程中，各国政府必须加强国际协作，共同应对气候变化，推动全球气候治理的进程。国际组织如联合国、世界贸易组织等也必须发挥积极作用，以加强全球气候治理的公正性和透明度。企业必须积极履行社会责任，推动绿色低碳发展，同时加强技术创新，提升能源利用率。非政府组织和个人也必须参与全球气候治理，为应对气候的变化贡献力量。全球气候治理是一个复杂的系统工程，需要各方共同努力，加强国际协作，推动全球气候治理的进程，以达到可持续发展和人类社会的繁荣进步。

---

① John McCormick. The Role of Environmental NGOS in International Regimes, in The Global Environment : Institutions, Law, and Policy (Second Edition), ed. [M]. Regina S. Axelrod, David Leonard Downie, Norman J. Vig (Washington D. C. : CQ Press), 2016: 84.

② 李一. 网络社会治理 [M]. 北京：中国社会科学出版社，2014：199.

二、碳中和治理

（一）相关概念

1. 碳中和

碳中和又被称为碳平衡、碳中性、净零碳排放。碳中和是指在规定的时期内，在特定空间区域内，碳的人为排放量与人为清除之间的数量相等、正负抵消，排放量与吸收量相等，以便达到碳平衡。也就是说，碳中和是在一段时间内碳排放量和碳吸收量持平。从广义上讲，碳是指《京都议定书》在附件 A 中所列出的温室气体，即二氧化碳（CO_2）、甲烷（CH_4）、氧化亚氮（N_2O）、氢氟碳化合物（HFC_S）、全氟化碳（PFC_S）、六氟化硫（SF_6），以及 2012 年多哈《京都议定书（修正案）》所增加的三氟化氮（NF_3）。中共中央 国务院《关于完整准确全面贯彻新发展理念做好碳达峰碳中和工作的意见》（2021 年 9 月 22 日）规定实现碳中和目标的“碳”侧重于二氧化碳，特别是与化石能源有关的二氧化碳；非二氧化碳温室气体不能算作碳中和目标中的“碳”。联合国政府间气候科学委员会（IPCC）在对减缓气候变化进行科学评估时，也重点关注与化石能源有关的二氧化碳。碳中和需要聚焦，关键和重点必须锁定为化石能源燃烧排放的二氧化碳。① 碳中和是为了控制温室气体的排放量，防止温室效应更大限度地破坏环境所采取的措施。

碳中和的概念，最初来源于英国伦敦未来森林（Future Forests）公司（现改名为碳中和公司）于 1997 年提出的一项商业规划，后来碳中和迅速发展成全球环境政策的主要目标。从环境科学的角度探讨碳中和的缘起，可以追溯到 1962 年美国生物学家和科普作家雷切尔·卡逊（Rachel Carson）那部振聋发聩的小说《寂静的春天》。《寂静的春天》的面世，向人们提出了生态环境危机的警告。雷切尔·卡逊用一些触目惊心的案例，说明了工业文明时代大量使用杀虫剂对人类和自然环境造成的巨大危害，深刻揭示了西方资本主义工业化发展带来的空前繁荣背后隐藏的人与自然的矛盾，提醒人们告别那种“向自然宣战”和“征服、改造自然”的传统理念，并由此率先敲响了工业文明条件下气候危机的警钟，从而拉开了人类走向碳中和的帷幕。

狭义的碳中和仅指二氧化碳中和，广义的碳中和则是二氧化碳中和、温室气体中和、气候中和、二氧化碳净零排放和温室气体净零排放等相关概念的统称。在国际语境

---

① 潘家华，孙天弘．关于碳中和的几个基本问题的分析与思考［J］．中国地质大学学报（社会科学版），2022（05）：45．

下，碳中和往往是狭义理解，“净零”是涵盖各类目标的广义概念。各国提出的碳中和目标的用词和具体表述不一致，国内更多使用“碳中和”概念，而国际上更多使用“净零”概念。①

2. 治理

治理是治国理政，是人类基本的政治活动。学术界对治理做出了十分丰富的界定。“治理”与“统治”之间最基本、最本质的区别在于，尽管治理需要权威，但这种权威不一定是政府机构。统治的主体必须是社会公共机构，但治理的主体可以是公共机构，也可以是私人机构，或者二者的结合。②

作为现代意义上的全球领域的公共行政改革潮流和理论实践，治理研究源自西方国家治理全球化。“管理的基本含义是指政府部门或民间的公共管理机构在某个特定的区域内，利用公众权威维持秩序，以适应公众的需要。”③ 在管理过程中的“国家不再是最高权威，它变成了多元制领导体系中许多成员之一，同时为谈判过程贡献了自己独特的资源。”④ “一系列活动领域里的管理机制，它们虽未得到正式授权，却能有效发挥作用。治理指的是一种由共同目标支持的活动，这些管理活动的主体未必是政府，也无须依靠国家的强制来实现，它包括政府机制，同时也包括非正式的、非政府的机制。”⑤

全球治理委员会对治理的概念界定有较大的影响力。“治理是各种公共的、私人的机构、个人管理其共同事务的各种方式的总和。它使相互冲突或不同的利益得以调和，并且采取联合行动的协调过程。治理既包括有权迫使人们服从的正式制度和规则，也包括各种人们同意或以为符合其利益的非正式安排。”⑥ 社会治理涵盖三个层面的治理结构（政府—市场—社会）和三个层面的制度模式（政治—经济—社会）。通常有三个衡量标准：一是制度化，政府、市场和社会治理以规则为导向；二是民主化，政府和非政府（企业和公众）共同参与，形成有机体系；三是效率化，政治、经济和社会效益兼顾。⑦

谈到“治理”问题，要不同程度地涉及“公共属性”，即它们是为了应对和解决社

---

① 陈迎．碳中和概念再辨析［J］．中国人口·资源与环境，2022，32（04）：1－12．

② 俞可平．全球治理引论［J］．俞可平，张胜军．全球化：全球治理［M］．北京：社会科学文献出版社，2003：6－7．

③ 俞可平．治理与善治［M］．北京：社会科学文献出版社，2000：24．

④ 弗里曼．合作治理与新行政法［M］．毕洪海，陈标冲，译．北京：商务印书馆，2010：47．

⑤ 罗西瑙．没有政府的治理［M］．张胜军，刘小林，译．南昌：江西人民出版社，2001：5．

⑥ Commission on Global Governance，Our Global Neighborhood［M］．Oxford：Oxford University Press，1995：2－3．

⑦ 俞可平．推进国家治理体系和治理能力现代化［J］．前线，2014（01）：5－8．

会生活中存在的问题而展开，旨在寻求成因、分析状况、发现路径和寻找对策。其中，制度化应对的方式是，通过辨识问题、设定目标、制定政策、设计路径、评估效果、调整反馈等一系列公共政策运行环节，有效设计治理框架方案，相对完整地推进，较为持久地发挥引导、调适、约束、惩戒等治理功能。

本书认为，碳中和治理指的是坚持现代社会治理的价值理念、制度设计、体制建立和手段方法，由政府部门、企业和公众等多方主体共同推动和协调努力，在碳中和的实施过程中平行协商，柔性化运作，引导、协调、打理、规制碳中和中的社会关系状况，以推动社会良性运作与协调发展。碳中和治理主要是在国家治理体系和治理能力现代化视域下，由传统政府部门单一主导的碳中和管理模式向"党委领导、政府负责、民主协商、社会协调、公众参与、科技支撑、法治保障"的协同管理模式转变，重点在于发挥多元主体在碳中和管理过程中的作用并形成协同效应，以达到治理绩效的优化。

（二）世界上主要国家碳中和承诺

1992 年通过和签订的《联合国气候变化框架公约》，以及世界各国在《联合国气候变化框架公约》下进行一系列国际谈判达成的协议、计划等，如《柏林授权书》（1995 年，柏林）、《日内瓦声明》（1996 年，日内瓦）、《京都议定书》（1997 年，京都）、《布宜诺斯艾利斯行动计划》（1998 年，布宜诺斯艾利斯）、《波恩政治协议》（2001 年，波恩）、《马拉喀什协议》（2001 年，马拉喀什）、《德里宣言》（2002 年，新德里）、《通过造林再造模式和程序》（2003 年，米兰）、《通过简化小规模造林再造模式和程序》（2004 年，布宜诺斯艾利斯）、《通过启动〈京都议定书〉2012 年以后第二承诺期谈判等诸多重大议题》（2005 年，蒙特利尔）、《2012 年以后，如何进一步减少温室气体的排放之议题》（2006 年，内罗毕）、《巴厘岛路线图》（2007 年，巴厘岛）、《落实巴厘行动计划》（2009 年，波兹南）、《哥本哈根协议》（2009 年，哥本哈根）等都与碳中和有直接或间接关系。据世界资源研究所的统计资料，全球已有 54 个国家的碳排放量实现达峰。① 在碳中和方面，按照英国气候问题智库的统计，截至 2023 年 9 月，全球共有 151 个国家承诺碳中和，不丹、苏里南等六国已经完成了碳中和，而英国、法国、瑞典、丹麦等也完成了碳中和立法，西班牙、智利等也开始立法，德国、中国、日本等也开始进行了政策宣誓，大多数国家将碳中和时间确定为 2050 年。②

---

① World Resources Institute. Turning Points: Trends in Countries' Reaching Peak Greenhouse Gas Emissions Over Time [R/OL]. (2022-10-06) [2023-09-09]. http://www.wri.org/insights/turning-pointwhich-countries-ghg-emissions-have-peaked-which-will-future.

② Energy & Climate Intelligence Unit. Net Zero Tracker [EB/OL]. (2022-10-12) [2023-09-09]. https://zerotracker.net.

印度和巴西是发展中国家代表。印度是世界上第三大温室气体排放国。2021 年 11 月，印度总理莫迪在第 26 届联合国气候变化大会上，提出印度将在 2070 年实现碳中和目标。巴西是拉丁美洲的主要经济体之一，2020 年 12 月，巴西环境部长里卡多·萨拉斯宣布巴西争取在 2060 年实现碳中和目标。

2019 年，欧盟委员会发布了《欧洲绿色协议》，正式明确提出在 2050 年前完成碳中和。按照《欧洲绿色协议》，欧洲将提供清洁、可负担和安全的能源，推动各个行业向清洁循环经济模式发展，发展高能效建筑，加速向可持续智能交通转变，建立公平、健康和环保的食品系统，维护生态系统和生物多样性，形成零污染的无害环境。

美国政府对气候变化的政策前后不一。1997 年，美国加入了《京都议定书》；但在 2001 年，布什政府单方面宣布退出《京都议定书》，理由是“减少温室气体排放将危及美国的经济发展”，“发展中国家也应承担减排义务”。2016 年，美国在纽约签订《巴黎协定》，但在 2017 年特朗普时期，美国退出了《巴黎协定》，在 2021 年拜登上任以后，美国宣布重返《巴黎协定》。2021 年美国发布了《迈向 2050 年净零排放的长期战略》，提出 2050 年碳中和目标、路线图，启动了“拜登气候计划”和“拜登清洁能源计划”，从电力、交通、建筑、工业、农业和土地、非二氧化碳温室气体减排六个方面，阐述了具体行动计划。

2021 年 10 月，我国发布《关于完整准确全面贯彻新发展理念做好碳达峰碳中和工作的意见》《2030 年前碳达峰行动方案》，此后陆续出台了分领域、分行业碳达峰方案和保障方案，构建起目标明确、分工合理、措施有力、衔接有序的碳达峰碳中和“1 + N”政策体系，为“双碳”目标的实现确定了时间表和路线图。[①] 2021 年，《关于完整准确全面贯彻新发展理念做好碳达峰碳中和工作的意见》明确了中国实现“双碳”的“三步走”战略，即 2025 年初步形成绿色低碳循环发展的经济体系，实现重点行业能源效率大幅提升；2030 年实现经济社会发展全面绿色转型，重点耗能行业能源利用效率达到全球先进水平，实现碳达峰目标；2060 年，全面建立绿色低碳循环发展的经济体系和绿色低碳安全高效的能源体系，实现碳中和目标，开创人与自然和谐共存的新境界。碳中和是中国经济社会发展和生态文明建设的重要战略议题与行动方略。

（三）世界上主要国家碳中和措施

全球主要国家都大力顺应碳中和趋势，高度重视顶层设计，强化立法保障，针对不同经济发展阶段、资源禀赋、技术基础等制定有所侧重的技术措施、行政措施、财税措

---

① 林震．建设人与自然和谐共生的美丽中国［J］．前线，2022（11）：119.

施、法规措施，构成了相对系统的碳中和政策体系。

重视技术驱动的碳中和政策设计与路径实施是世界各国的技术措施。美国政府大力研发低碳、零碳和负排放技术；日本高度重视氢能和新兴领域技术、海上风电、汽车和航空产业低碳技术、节能和资源回收技术等；德国加快可再生能源技术研发、重视氢能和电池研究能力。英国大力研发各行业先进低碳技术，支持工业脱碳技术、碳捕集、利用与封存技术（CCUS）和核能等技术研发；法国支持研发以绿色氢能为代表的可再生能源、绿色交通和工业脱碳技术；印度大力研发煤炭高效清洁利用技术、新能源技术和氢能技术；巴西加强清洁能源技术、以生物燃料为代表的可再生能源研发。

设立专门管理机构、制定相关政策、进行区域和国际合作，是国际上主要国家的行政措施。美国建立由白宫国内气候政策办公室、国家气候工作组、国家气候顾问等机构组成的多层次政策协调和咨询机制，通过行政令调整碳排放标准、发布对新能源产业的激励政策等，各州建立多个州际减排合作机制；日本制订了能源、制造业与运输业、半导体和通信产业转型发展的实施计划，积极推动低碳技术标准化建设，推动跨行业国际合作；德国成立独立气候问题专家委员会，明确建筑和住房、能源、工业、运输、农林等重点减排部门的目标，注重提高生态系统碳汇能力；英国建立气候变化委员会，启动低碳转型和清洁增长计划，实施全球首个交通脱碳计划，推动退煤行动；印度建立由总理担任主席的总理气候变化委员会，实施煤炭清洁政策确保电力供应，推行可再生能源配额制；巴西成立由总统府负责的气候变化部际委员会，推进能源创新治理，确立私营部门清洁能源研发投入的最低比率，加大惩治破坏林木活动的执法力度。

税收优惠、补贴政策、碳排放权交易市场、绿色金融等是世界各国推动碳中和实施的重点财税措施。美国制定清洁能源、节能技术优惠政策，对购买和使用节能建筑和节能设备的消费者进行补贴，发布碳捕集和封存税收优惠政策，制定生态碳汇的政策，建立多项区域性碳排放权交易机制（如加利福尼亚州碳排放限额和交易制度、芝加哥气候交易所、西部气候倡议、区域温室气体倡议）。日本从加大资金扶持力度、促进转型金融发展、推动金融创新等方面发展绿色金融，制定引导民间投资转向脱碳的税收优惠政策，建立中央和地方合作的碳交易市场并将国际市场作为国内市场的补充。德国运用财税、金融等政策促进能源转型，大力发展碳排放权交易市场，积极对居民绿色生活方式实施补贴政策。英国拓展绿色金融范围，将发展碳排放权交易市场和税收政策协同实施。法国重大投资计划的重点是低碳转型，对碳预算制度深化改革，开展预算环境影响分析从而推动预算向绿色低碳倾斜，用补贴、税收、金融等政策工具推动清洁能源使用与温室气体减排。印度实施支持新能源项目的煤炭税，大力推动碳金融衍生品交易。巴西利用税收促进低碳可持续发展，设立基金以加大对森林的保护力度。

为推动碳中和目标的实现，各国政府制定、实施了一系列法规和措施。能源独立是美国立法的核心，美国有关能源的法律法规体系健全完善，先后制定了《能源政策和节约法案 1975》《能源税收法案 1978》《能源政策法案 1992》《能源政策法案 2005》《能源独立与安全法案 2007》《美国能源法 2010》等。然而，美国应对气候变化的立法进展较慢，2009 年美国国会众议院通过《美国清洁能源与安全法案 2009》，此后再无实质性进展。日本在气候变化方面的立法较为完善，相继通过《全球变暖对策推进法》《气候变化适应计划》和《气候变化适应法》。德国政府制定了一系列应对气候变化的法律法规，如《气候保护法》《可再生能源法》等。英国是世界上第一个将碳减排目标写入法律的国家，相继出台了《能源法》《气候变化法》等法律法规，其中《气候变化法》是应对气候变化法律法规的核心，如《2008 年气候变化法案（2050 年目标修正案）》。法国先后制定《国家低碳战略》《应对气候变化及增强应对气候变化后果能力法案》，以推动更好实现碳中和目标，应对气候变化。印度应对气候变化的政策还没有体系化，相关的法律法规政策散布于《印度环境法》《印度能源法》《气候变化国家行动计划》《国家电力政策》《综合能源政策》等。巴西还没有完成碳中和目标与战略的相关立法，只是颁发了《国家气候变化政策法》，提出了碳减排目标。

三、碳减排

随着工业化和城市化的迅速发展，人类活动所产生的温室气体排放量日益增加，导致全球气候变暖和环境问题日益严重。为应对这一挑战，碳减排已成为世界各国政府和学术界所关心的焦点。碳减排治理指的是秉承现代社会治理的价值理念、制度设计、体制建立和手段方法，由政府部门、企业和公众等多方主体共同推动和协调努力，在碳减排的整体运行中进行的治理形式的运作过程与实际样态，旨在指导、调适、规约、控制政府部门、企业和公众等多方主体的碳减排活动，协调、控制和优化碳减排中的社会关系，以及维护、保障支撑碳减排运行的数据库、数字化平台等的设置与安全运行。

（一）碳减排的时间历程

世界各国对碳减排协议的达成经历了二十余年时间。联合国作为由主权国家所组成的政府间国际组织，在处理世界气候危机问题上责无旁贷。1992 年 5 月 9 日，联合国环境与发展大会在巴西里约热内卢举行。会议期间，通过了《联合国气候变化框架公约》，1992 年 6 月 4 日公开签订，1994 年 3 月 21 日正式生效。《联合国气候变化框架公约》的签订促进了发达国家对减排的积极探索。《联合国气候变化框架公约》是首个全面控制二氧化碳和温室气体排放量的国际公约，旨在处理全球变暖给人类社会造成的不利影响。1997 年 12 月 11 日，《联合国气候变化框架公约》第三次缔约方大会在日本京都举行，包括中国在内的 149 个国家和地区的代表通过了《京都议定书》，以法律的形式对发达国家温室气体的排放量予以控制，以控制全球变暖，并首次明确了国家量化减排限指标。《京都议定书》于 1998 年 3 月 16 日至 1999 年 3 月 15 日公开签订，2005 年 2 月 16 日强制生效。《京都议定书》是全球第一个具备法律约束力的定量减排温室气体的国际环境保护协定，是对《联合国气候变化框架公约》的重大实践发展，并开放了碳排放权交易市场。2015 年 12 月 12 日，第 21 届联合国气候变化会议（巴黎气候会议）通过了《巴黎协定》，2016 年 4 月 22 日在美国纽约联合国大厦签订《巴黎协定》并在 2016 年 11 月 4 日起开始实施。《巴黎协定》为缔约方履行国家自主贡献提出了具体的升温目标，将全球平均气温较工业化前水平的升高范围控制在 2℃以内，并且为将升温控制在 1.52℃以内而付出努力。这一具体要求是各缔约方提出碳达峰碳中和目标的依据。

（二）碳减排的主要领域

碳减排的主要领域包括能源、产业和消费等。

1. 能源碳减排

能源碳减排由能耗“双控”转向碳排放量“双控”减排。能耗双控是指能耗强度和总量双控。中国于 1980 年发布《有关逐步建立综合能耗考核制度的通告》，建立“万元产值综合能耗”能耗强度考核制度，“十一五”期间开始实施全国强制考核，“十三五”期间由能耗强度单控转化成能耗强度和总量“双控”。然而，在能耗强度和总量双控的实施过程中，出现了以下问题：差异化管理措施较少、能耗控制方法缺乏弹性、地方政府以停产限产等措施实现能耗“双控”指标等。所以，促进能耗“双控”转向碳排放量“双控”减排，可以较好平衡经济发展与能耗减低之间的关系。

提升效率是能源碳减排的主要手段。利用节能技术、交通运输工具改进、基础设施更新，以降低能源的需要。

（1）全面构建绿色制造体系。深入推动钢铁、煤炭、化工等行业节能降碳技术创新。

（2）全面构建低碳运输体系。大力发展氢能分布式发电和备用电源应用项目，并布局氢能运输车辆；倡导绿色出行，鼓励步行和乘坐公共交通等低碳出行方式；加大清洁能源汽车推广力度，积极引导公交、环卫、出租、旅游、城市邮政快递运营、城市物流等应用领域新增和更新车辆使用清洁能源汽车和清洁能源汽车，推动国家生态文明试验区、大气污染防治重点区域等加大新能源汽车推广使用力度。

（3）提高建筑节能标准。引导有条件的地区和城市新建建筑全面执行建筑节能升级标准，扩大建筑节能升级标准强制推广范围；在老旧小区改造中执行建筑节能升级标准。实施节能建材生产应用行动计划，全面推广节能建筑、节能施工、节能运行，加强环保标志和节能家居产品能效标识认证，增加节能降耗家居产品有效供给。

能源结构优化的主要内容包括哪些？能源消费以煤为主，能源结构必须优化。①

（1）促进存量化石能源的有序退出。从短期来看，必须立足以煤为主的基本国情，因此，做好煤炭清洁高效利用，提高新能源消纳能力，促进煤炭与新能源优化组合。②从长期来看，煤电在能源系统中占比逐渐下降，这种趋势无法逆转。

（2）加快可再生能源替代。可再生能源主要有水能、风力、核电、太阳能、生物质能、地热能、海洋能等。2021 年，金沙江白鹤滩水电站首批机组正式投产发电。这个水电站是全球 12 个大型水电站之一。等到白鹤滩水电站全部建成，每年能降低二氧化碳排放量 5160 万吨。③

（3）大力发展清洁能源。积极有序推动水电开发，安全高效发展核电，稳定发展风电，加速发展太阳能发电，同时积极发展地热能生物智能和海洋能，形成以新能源为基础的新型电力系统。加强智慧能源体系建设，推行节能低碳能源调度，提高非化石能源消纳能力。④

2. 产业碳减排

（1）工业领域是能源消耗和二氧化碳排放的主要领域。在工业领域的整个产业转型升级过程中，碳减排贯穿始终，具有长期性、系统性、动态性等特点。工业部门能耗高、碳排放大户集中在钢铁、建材、石化、化工、有色、电力六大行业。中国工业部门在降低碳排放方面的重要任务就是解决这六大高耗能行业的碳减排问题。

其一，支持环保能源产业园区和企业建设，推动发展工业绿色微电网，推动可再生能源电力项目，将电力就近输送到工业园区或企业，鼓励电力输送和运营方式创新。在选择购买环保可再生能源方面，支持产业园区或企业积极参与电力市场。推动分布式节能系统和智慧能源系统建设，致力于清洁低碳能源的利用。同时，在绿色转型升级方

---

① 江泽民．对中国能源问题的思考［J］．上海交通大学学报，2008（03）：345－359.

② 王金南，蔡博峰．统筹有序系统科学推进“碳达峰”“碳中和”［J］．上海企业，2022（05）：77.

③ 侯雪静，丁怡全，卢宥伊．水拍云崖展翅起“白鹤”飞舞金沙间——解码“西电东送 国家重大工程白鹤滩水电站［EB/OL］．（2021－06－28）［2023－09－16］．http：//xinhuanet.com/2021－6－28/c_1127606442.htm.

④ 舒印彪，张丽英，张运洲，等．中国电力碳达峰、碳中和路径研究［J］．中国工程科学，2021，23（06）：1－14.

面，也要加快步伐。

其二，加快治理产能过剩，推动钢铁、炼油、石化、电力等产业向绿色低碳方向发展。对投资额大、能耗高的项目继续提高标准，优先选用低碳转型成效明显的先进制造业集群。

其三，在源头上广泛使用清洁能源，使用绿色原料和工艺革新、适用的工业技术装备，实行分级分类管理。制定大力发展新兴产业的战略举措，打造先进制造业的同时，淘汰落后工艺和设备。在工艺上，强化能源和资源高效利用，节能技术装备不断升级，将污染物排放降到最低程度，污染收集能力持续增强。在终端方面，帮助工业企业降低碳排放，在全生命周期内推广使用净化低碳尾气的技术。

其四，将工业生产过程中的工艺革新、装备升级等与人工智能、云计算、大数据、互联网等紧密融合，从而实现低碳、减排、节能等环节在工业生产领域的应用，这也是中国工业生产以准确、有效的措施确保工业领域的碳减排。

（2）建筑行业的碳排放主要是因为在生产材料的过程中消耗了建筑的能耗。2020年，中国建筑运行的化石能源消耗相关二氧化碳排放量约为21.8亿吨，约占全国化石能源消耗相关二氧化碳排放总量的22%，是中国碳排放总量的重要组成部分。① 这意味着建筑业在碳减排方面大有可为。

其一，继续推进和加大对既有建筑节能改造的支持力度。积极推广绿色建材的使用，完善建筑能耗限额管理制度，不断提高建筑节能标准，促进超低能耗建筑和低碳建筑规模化发展。进一步完善建筑可再生能源应用标准，积极推广光伏建筑一体化应用，支持开发多种可再生能源供能系统，包括太阳能、地热能、生物质能等。

其二，设立专项基金库。通过税收优惠、实施补贴政策、信贷支持等方式，鼓励社会资本投入绿色低碳建筑行业，支持建筑企业研发低碳技术，采用绿色低碳材料。

其三，不断完善建筑领域绿色低碳技术研发与推广，打造提高资源能源利用效率、减少建材废弃物的智能建筑耗材研发生产控制系统。通过计算机技术，全面实时监控建筑施工现场各个系统的运行情况，如电力系统、空调系统、给水系统、给排水系统等，实现智能管理建筑工地能耗。

其四，借助传统媒体和新媒体等渠道，积极向公众传播建筑碳减排理念和知识，增强建筑企业碳减排意识。

（3）运输部门是国民经济中一个重要的先导性战略部门。截至2020年，交通运输

---

① 丁仲礼，张涛，等．碳中和：逻辑体系与技术需求［M］．北京：科学出版社，2022：223.

行业的二氧化碳排放量约占中国二氧化碳排放总量的10%。[①] 以新能源车辆、装备燃料替代技术、智能化信息化等改革进步为重点，实现交通领域碳达峰碳中和的目标任务艰巨。

其一，持续推进绿色低碳交通转型。推动包括电动汽车、氢能源汽车、先进生物液体燃料汽车以及天然气汽车等大规模推广电气化公共交通和清洁能源的交通工具。同时，为提高相关设施的服务水平，完善充电、换电、加氢和加气站点布局。在交通运输领域推广使用新能源和清洁能源，降低成本。开展在国土空间等方面支持交通能源场站布局建设的多功能融合交通能源场站建设，推进新能源汽车与电网能源互动示范试点。

其二，大力发展多式联运，发挥铁路、水路的低碳优势，完善骨干通道和集疏运体系，创新多式联运组织。大力推进内贸多式联运和集约化集散，调整重点区域运输结构，促进冷链、危化品等专业联运发展，促进不同运输方式合理分工和有效衔接，提升铁路、水路的低碳优势。

其三，大力推广绿色、轻型、环保成套交通装备和技术装备，加快淘汰工艺落后、能耗高的交通运输装备。提高装卸、转运、资源再利用等环节的效率，同时规范运输设备。

其四，利用在线监测系统和大数据技术，研究制定交通碳核算的统计方法和规则，完善碳监测体系和控制政策，开发交通碳监测平台。要在建立绿色低碳交通激励约束机制的同时，加强交通运输领域碳排放基础统计核算，实现全过程闭环管理。

（4）实现“双碳”目标的重要途径是减少农业领域的碳排放。农业碳排放的主要来源是牲畜肠道发酵，牲畜粪便和稻田产生的甲烷、化肥的使用，秸秆和动物粪便还田以及能源消耗产生的二氧化碳。一方面，过量使用化肥和农药、畜禽粪便处理不当、农膜和农药包装物回收利用不足等问题导致农业排放高、消耗大、污染严重。另一方面，农业领域减排固碳的技术标准和规范相当缺乏。同时以小农户种植为主的生产结构以及现有的减排固碳技术不仅难以显现规模效应，而且生产成本也会大幅提高，应用和推广面临较大障碍。

其一，政府鼓励先行区、示范区根据实际情况制定农业碳减排方案，推广碳减排技术，进一步研究碳减排核算论证制度等，不断探索农业碳汇交易机制。为促进农业绿色低碳生产向碳汇交易产品转变，推进包括茶园、果园、沼气、农田等在内的农业碳汇项目开发。同时开展农机环保装备推广工作。

其二，要积极推广和应用水稻甲烷减排、农田氧化亚氮减排、保护性耕作固碳、农

① 丁仲礼，张涛，等. 碳中和：逻辑体系与技术需求［M］. 北京：科学出版社，2022：209.

作物秸秆还田固碳、反刍动物肠道甲烷减排、畜禽粪便管理等温室气体减排技术，提高农业效率和农业效用。农村领域的减碳技术包括碳汇技术、畜牧业生产中使用的碳汇技术、全球范围内利用养鱼业形成的碳汇和秸秆能源技术、全球范围内利用农村沼气等。这些都是中国农村普遍使用的减碳技术。研究和开发最大限度提高土壤碳含量的技术将在不降低作物产量的情况下减少碳排放。

其三，完善监测指标、关键参数、核算方法，创新监测方式方法，使监测评估体系更科学、有效、合理，加快推广数字化、智能化技术在农业领域碳减排中的应用。

3. 消费碳减排

无论国家或国际的做法和经验如何，消费都是经济增长的主要动力，也是高质量发展的重要推动力。中国的消费领域已经成为第二大能源消费领域，仅次于工业领域，且呈上升势头。所以，消费端的碳减排更有意义，是达到“双碳”目的的重要方式。

完善碳减排政策体系。综合考虑生活消费端的碳减排潜力、地方实际情况与国际实践，制定生活消费端碳减排和碳交易的法律法规。同时完善消费端的碳排放核算体系，规范碳减排量化，打通消费端与企业生产端的碳排放核算规则。

激励碳减排市场的建立和完善。利用网络数字化技术，打造数字化技术 + 公益 + 商业化的多元运营模式。作为生活消费端自愿减排交易平台的基础，构建个人数字化碳账户，通过第三方数字化碳平台，让生活消费端碳减排建立碳普惠计量、交易、抵消认证，丰富个人碳普惠应用场景，强化市场对个人消费碳减排的激励。在消费端的个人碳减排量很小，即使可以交易，也会因交易金额太小难以改变个人行为。但为了达成促进合作、互利共赢的目标，需要给予多元化的溢价激励，构建市场交易平台进行资源配置。

大力倡导绿色消费。从倡导绿色消费理念、提供绿色消费的产品和服务、养成绿色低碳生活方式三个层面对绿色消费予以推广。

（1）加强绿色消费理念和知识的传播。绿色消费知识的传播内容广泛。改变炫耀性消费，推崇适度性消费；改变破坏性消费，推崇保护性消费；改变奢侈消费，提倡节约消费；改变一次性消费，提倡重复消费。传播绿色消费知识的路径既有传统媒体传播途径，也有新媒体传播途径。现代社会需要充分发挥数字经济优势，推动绿色消费知识的智慧化、数字化传播，用新媒体手段、互联网思维宣传绿色消费知识。传播绿色消费知识，需要在推广绿色生活方式、引导绿色消费成为社会风尚等方面，充分发挥社会知名人士、正面形象公众人物的示范引领作用。在各级各类机构的相关教育培训中融入绿色消费理念，包括政府、企业、学校、社区、家庭等。加大宣传力度，将绿色消费行动纳入全国节能宣传周、科普宣传周、全国低碳日、环境日等主题宣传教育活动。建立绿色消费奖惩制度，增强消费者信心。

(2) 提供绿色消费的产品和服务。事实证明，谁提供绿色消费产品和服务，谁就拥有市场。如何提供绿色消费的产品和服务？

其一，政府制定绿色采购政策。政府推行绿色采购，有助于将示范效应传递给企业和公众。通用做法是设定政府绿色采购的一个比例，最大限度地发挥财政资金的使用效益，最大限度地优化公共资源在政府绿色采购过程中的配置。同时政府绿色采购要进行采购模式的创新，防止出现采购周期过长而影响使用的情况。

其二，提升绿色产品的质量。提升绿色产品的质量，需要技术革新、加大研发力度。需要成本的投入来提升绿色产品的品质；为节约成本、增加利润，势必对各类生产单位形成以市场促技术的“倒逼”机制，进行技术升级和服务升级。同时，通过引导企业进行“绿色消费、感恩回馈”“绿色消费、以旧换新”等实践活动提升绿色产品的质量。

其三，稳定绿色产品的市场价格。政府对产品的价格发挥一定的宏观调控作用，对绿色产品制定政府指导价，给厂商提供一定的价格补贴。从长远来看，要吸引消费者，真正有效的出路是生产者通过技术革新，降低成本从而稳定市场的绿色产品价格。

其四，开发碳标签。碳标签是用量化的数据，以标签的形式标示出商品在整个生命周期内生产、运输、处置过程中排放的温室气体。在农产品包装上加注碳足迹标签的方式，可以引导低碳消费和低碳生产，助力“碳中和”，推动绿色产品高质量发展。

碳足迹是测量人类活动中所释放的温室气体总量或累积的温室气体排放量，在产品或服务的整个生命周期内进行测量。碳足迹不仅是一种简单的测量方法，也是一个指标，它可以评估个人、组织和国家是否遵守环境公正的原则。产品的碳足迹对其制造、使用和废弃阶段产生的温室气体排放量进行评估，间接表明了产品对环境的友好程度。

(3) 养成绿色低碳的生活方式。绿色低碳发展不仅符合新发展理念和人与自然和谐共生的目标，也是建设现代化高质量经济体系的必然要求，更是解决污染问题的治本之策。因此，培养包括穿衣、饮食、居住、出行、能源使用和娱乐等方面的绿色低碳生活方式十分必要。

其一，提倡绿色穿衣。反对使用来自珍稀动物的毛皮产品，保护生物多样性。支持纺织品公司和服装公司的发展，创建可持续的供应链，并组织“零废弃”和“二手服装再利用”活动。在工程、建筑材料、汽车行业和家居装饰中增加纺织废料的再利用，加强纺织品和服装的生态标签认证，大幅度提高环保纺织品和服装的供应能力。

其二，推广绿色饮食。全面实施生态外卖计划，统一和加强生态食品和有机食品的认证体系和标准，扩大生态食品的供应范围，在从储存到运输、零售到餐桌的整个食品供应链中推广防止食品浪费的措施。

其三，推广绿色建筑。鼓励有条件的地区和城市全面采用绿色建筑标准，扩大强制支持范围。同时，在老旧小区改造中也要推广绿色建筑标准。全面推进绿色建筑设计、施工和运营，实施绿色建材生产和使用行动计划。此外，加大绿色家居产品环境和能效标识认证力度，扩大绿色节能家居产品范围。

其四，推广绿色出行。在公共交通、环卫、出租、通勤、城市快运、城市物流等领域，推广使用步行、自行车、公共交通等低碳出行方式，加大新能源汽车推广力度，鼓励新能源和清洁能源汽车的新增和更新使用。鼓励在国家绿色文明发展试验区、大气污染防治重点区域、国家绿色文明发展试验区等区域加大新能源汽车推广使用力度，鼓励人们使用新能源汽车。

其五，推广绿色家居。鼓励消费者购买节能家电、高效照明产品、节水器具、绿色建材等绿色产品，鼓励企业提供能使消费者选择的可重复使用、坚固耐用、易于维护的产品，鼓励发展共享经济；促进个人闲置资源的有效再利用；完善社会再生资源回收体系；促进快件包装的环保减量和回收，扩大绿色公共采购的范围和规模。

其六，促进生态旅游。将环境保护作为旅游主题加以推广。制定和实施生态旅游消费者公约和指南，鼓励酒店和旅游景点推出针对选择生态旅游消费者的奖励措施，审查和制定生态市场、生态酒店和生态旅游等生态服务评价办法。星级酒店和连锁酒店要逐步减少一次性免费用品，以按需用品替代。在相关网站和旅游宣传平台上发布生态旅游综合信息，鼓励消费者自带洗漱用品出游。推动将生物多样性保护纳入旅游相关标准和认证项目。

四、增碳汇

碳汇是指从大气中吸收二氧化碳的过程、活动和机制。碳汇主要包括森林、湿地和海洋等生态系统碳汇，以及碳捕获、碳封存、碳储存和碳利用等技术碳汇。因此，碳汇主要分为两大类：生态系统碳汇和技术碳汇。

（一）生态系统增碳汇

生态系统减排固碳的重要领域——碳汇能力的巩固、增加和提升，需要重点做好以下工作。

1. 要充分发挥山水地海城的优势

公众参与其中，植树造林，增加森林碳汇；保护水域，增加湿地碳汇；减少肥料和农药使用，使用有机肥料，增加土壤碳汇；保护海洋资源，增加海洋碳汇；提高城市绿化率，提升城市碳汇。

2. 严守自然生态安全边界

坚决保护自然生态空间，强化生态系统碳汇基础，以绿色低碳为导向促进国土空间开发保护，增强生态系统碳汇能力。加强国土空间规划管理，全面提高自然资源利用效率，降低资源开发对碳排放的影响，防止碳汇向碳源的逆向转化。加强生态灾害的预防和控制，降低灾害对生态系统固碳能力造成的破坏。

3. 积极推进山水林田湖沙系统治理

统筹安排生态保护修复重大工程，不断增加生态功能重要地区的碳汇增量，大力发挥森林在生态系统碳汇中的主体作用，持续增加草原碳汇能力，全面推进海洋、湿地、河湖保护和修复工作，提升农田和城市人工生态系统碳汇能力，强化退化土地修复和治理工作。

4. 健全生态系统碳汇保障措施

加强生态系统碳汇法治保障，积极推进生态系统碳汇交易，健全生态保护和修复多元化投入机制，不断健全和完善生态保护补偿机制。建立生态系统碳汇调查与监测考核制度，健全计量制度。加大对企业的激励力度，给予相关企业免征碳交易税或给予补贴，加大对政策性贷款的倾斜力度，鼓励企业参与生态功能区碳汇开发和交易。

（二）工程增碳汇

工程碳汇主要指碳捕捉（CCUS），即碳捕集、利用和储存技术。碳捕捉、利用与储存是将二氧化碳从工业生产、能源消耗和大气中分离出来，然后直接利用或注入土壤，以永久性减少二氧化碳排放的过程。作为应对全球气候变化的关键技术之一，CCUS 旨在从源头捕获二氧化碳，提纯后循环再利用，或者封存于地下，以平衡二氧化碳对气候的负面影响。那么，各相关部门应该如何做到工程增碳汇呢？

1. 研究制定 CCUS 中长期规划

要明确国家牵头部门，加强部门分工协作，尽快组织开展 CCUS 中长期规划的研究和制定。在碳达峰及碳中和目标路线图和施工图中都应该包含 CCUS 技术体系。

2. 加快 CCUS 技术落地

促进各环节低成本、低能耗关键技术快速落地，加快实施 CCUS 技术示范项目中碳减排行业落地。超前部署 CCUS 技术前沿和颠覆性验证，以及生物质能碳捕捉与储存技术（BECCS）、直接空气捕捉技术（DAC）等负排放物技术研发示范，超前开展二氧化碳管网基础设施建设，在资源相对集中的区域打造 CCUS 全产业链大规模技术研发平台，形成全国 CCUS 技术创新策源地。

3. 完善健全制度和规范体系

科学、合理地制定建设、运行、监督和终止 CCUS 的行业规范、制度法规和标准。明确和完善包括新建电厂碳排放标准、输送管设计和安全标准、二氧化碳利用和储存技术，以及工业标准在内的电厂、工业排放源改造技术适用性标准。

4. 探索形成有效激励机制

在探索将 CCUS 纳入碳交易市场可能性的同时，研发建立全国范围内的、针对 CCUS 全链条的、自愿减排量（CCER）的核证核算和监测方法。推动 CCUS 技术在不同行业、不同企业间的示范合作，促进 CCUS 产业集群发展。采用降低石油开采特别收益金、优先分配发电量给 CCUS 实施的发电厂，以及绿色动力认证等一系列激励措施来达成目标。通过设立 CCUS 专项基金等方式积极推动 CCUS 各技术环节利益相关方合作的同时，建立低成本的 CCUS 产业投融资通道，促进形成符合中国国情行之有效的 CCUS 经营模式。

第二节 人的治理

人的治理是指在社会生活中，利用各种制度和规则规范和协调人与人之间的关系，以达到共同协作、共同生活和共同发展的目的。人的治理是一个复杂而重要的课题，必须综合考虑法律、道德、制度、民主和契约等方面，以达到社会和谐、公正、稳定与繁荣的目的。人对自然的掠夺，归根结底是人与人之间利益分配的问题。因此，只有研究人的治理，才能治碳。

一、低碳行为治理

低碳行为治理是指各种低碳行为主体有效地开展并最终达到自我组织、自我管理、自我约束、自我调适和自我发展的低碳行为过程。“低碳”概念最早出现在 2003 年英国政府的能源白皮书《我们能源的未来：创建低碳经济》中。《中华人民共和国国民经济和社会发展第十四个五年规划和 2035 年远景目标纲要》第十一篇《推动绿色发展 促进人与自然和谐共生》中第三十八章《持续改善环境质量》的第四节《积极应对气候》明确提出“落实 2030 年应对气候国家自主贡献目标，制定了 2030 年前碳排放碳达峰行动方案，完善了能源消费总量和强度双控制度，重点控制化石能源消费。实行以碳强度控制为主、碳排放量控制为辅的制度，可以支持有条件的地方和重点行业、重点企业率先实现碳排放量峰值。促进能源清洁低碳安全高效利用，深入推动工业、建筑、交通等领域低碳转型。加强了甲烷、氢氟碳化合物、全氟化碳等其他温室气体控制能力。提高生态系统碳汇能力。锚定努力争取 2060 年前实现碳中和，并采取更为有力的政策措施。加强了全球气候变暖对中国承受力脆弱区域影响的观测与评估，以提高城市建设、农业生产、基础设施适应气候变化能力。加强青藏高原综合科学考察研究。坚持公平、共同但有差异的责任和各自能力原则，建设性参与和引领应对气候国际合作，推动落实《联合国气候变化框架公约》和《巴黎协定》，积极开展气候南南合作。”① 这也反映出了中国对气候变化的重视，明确了低碳社会建设的时间安排、实施过程、实施重点等。

对低碳行为治理可以从以下三个层面加以理论阐释。

（1）在低碳行为治理的原始动因层面，低碳行为管理的规划，要归纳人们自身对低碳活动的内在期待。恰恰是基于对低碳生活权益的现实需要，人们自身才得以逐步自觉警醒并积极行动，并努力尝试建立起具有特定结构和内容安排的低碳行为管理体系。通过体制改革与制度创新，进一步建立和健全系统完善、科学规范、运行有效的治国理政制度体系。

（2）在低碳行为治理实施与运行的条件保障层面，低碳行为治理的关键要素是“人”，“人”是低碳行为治理最基本的保障条件。“21 世纪是知识经济时代，其发展的主要驱动力就是知识与技术的发展，创新驱动和全球竞争将成为关键因素。”② 尽管低碳行为治理的运行必须通过某些科技和非科技的具体手段，必须采用一定的方法和途径来进行，但一切行为必须针对“人”这一低碳行为管理的终极主体，进行必要的文明规范、习惯培养和行为约束。

（3）在低碳行为治理的终极预期效果层面，低碳行为管理的有序开展和各种低碳行为主体的可持续发展是内在统一的。在低碳行为管理过程中，人是高碳危机的制造者，同时也不可回避地成为气候变暖的受害者。就拯救人类社会的积极意义而言，人本身是高碳危机化解的工具、手段；而化解了高碳危机的问题，在防范和化解了不良的社会后果之后，人自身也成为了美好低碳生活的享有者。“人类在发展实践中要追求人与自然的和谐，要追求经济和社会的和谐。”③

---

① 中华人民共和国国民经济和社会发展第十四个五年规划和 2035 年远景目标纲要［EB/OL］.（2021－03－13）［2023－08－16］. http：//www. gov. cn/xinwen/2021－03/13/content_5592681. htm.

② 林卡 . 百年变迁与新时代：中国社会转型的阶级基础和社会环境［J］. 社会发展研究，2021（02）：8.

③ 李一 . 绿色发展必将持续释放生态红利［J］. 中国林业产业，2020（08）：31.

二、零碳社会治理

中国面临的是从高碳到更加高碳，再减碳和碳中和。高碳社会向零碳社会的转变是一个艰难的过程。这个过程需要“人的治理”，更需要低碳革命精神。

零碳社会治理是指利用治理方法，把直接和间接形成的二氧化碳排放量，在一定周期内通过清洁技术、碳回收技术、能源储存交换等方法全部予以抵消，进而达到碳元素的“零排放”。零碳社会治理是一个长期而复杂的过程，需要政府、企业、公众多方参与协作，这一过程必须不断地探索与创新，以达到可持续发展和绿色发展。

零碳社会治理和生态学直接相关，和社会学具有学理亲缘性。生态学是社会学的“表亲”。[①] 环境问题最初没有进入社会学的研究视野，社会学奠基者马克思（Marx）、韦伯（Webber）、迪尔凯姆（Durkheim）等都很少研究环境问题。环境问题进入社会学的研究范畴经历了从边缘到中央、从隐性到显性的过程，最终形成环境社会学。在迪尔凯姆（Durkheim）的“机械团结”、滕尼斯（Toennies）的“社会”、韦伯（Webber）的“理性铁笼”、齐美尔（Simmel）的“文化悲剧”、马克思（Marx）的“异化”、贝尔（Bale）的“后工业社会”中，环境问题只是被当作工业资本主义带来的社会问题的背景。[②] 从加尔布雷斯（Galbraith）的“美好社会”、贝克（Baker）的“风险社会”、吉登斯（Giddens）的“失控世界”、鲍曼（Bowman）的“被围困的社会”、鲍德里亚（Baudrillard）的“消费社会”直到托夫勒（Toffler）的“第三次浪潮”，环境问题才开始作为一个研究问题出现。环境风险与社会风险之间的关系也开始得到探讨，但环境问题仍然是社会问题的次要问题；在卡逊（Carson）的“寂静的春天”、米都斯（Midus）的“增长的极限”、吉登斯（Giddens）的“气候变化的政治”中，环境问题开始成为一个中心议题，它激发起人们对社会学“人类中心主义”（human - centralism）理论传统的反思。[③] 在此基础上，学者们提出了在社会学研究中强化生态维度的新生态研究范式。[④] 另外，在实际生活中，随着环境问题导致的社会风险及其引发的社会不平等和不安全日益增加，环境问题开始走向公共性，也为社会学研究环境问题提供了契机。“对于社会公正、经济平等、人权、可持续发展的环境、政治自由或者仅仅是一个更好的世界的最初激情，都使许多人投奔了社会学。”[⑤] 这也为更好地理解和促进无碳社会

---

① 麦休尼斯．社会学经典入门（第14版）［M］．风笑天，译．北京：中国人民大学出版社，2019：433.

② 吉登斯，萨顿．社会学［M］．赵旭东，等，译．北京：北京大学出版社，2018：149.

③ 洪大用．中国应对气候变化的努力及其社会学意义［J］．社会学评论，2017（02）：10.

④ 陈阿江．环境社会学的由来与发展［J］．社会学评论，2017（02）：10.

⑤ 布洛维．公共社会学［M］．沈原，等，译．北京：社会科学文献出版社，2007：6.

提供了理论基础。

零碳社会治理是环境社会学的一个重要领域。环境社会学既研究自然，也研究社会群体，通过分析社会与生态冲突的现实，提出解决问题的办法。① 零碳社会治理从积极意义上讲，必须建立和完善环境资源合理配置的社会结构，建立调节人与环境矛盾的体制机制，大力培育环境保护社会组织，确保环境正义和人人享有环境权。从消极意义上讲，零碳社会治理必须根据环境问题与社会问题相互联系的特点，正确处理环境风险引发的社会矛盾和冲突。②

零碳社会治理，必须从社会治理体系完善、政策制定、科学技术创新、低碳生活方式培养、绿色交通推进、碳足迹管理、公众教育、国际合作等方面着手。具体来说，社会治理体系完善层面包括健全碳排放权交易制度、绿色金融制度、低碳发展评估体系等。在政策制定层面，实施城市低碳规划、制定和实施相关政策，如能源政策、碳减排政策、生态补偿机制等，以推动零碳社会的建设。制定这些政策时应该注重引导与激励，引导公司和个人采取低碳行动，减少碳排放量。在科学技术层面，要推动科学技术创新，提升能源效率，减少石油、天然气和煤炭等化石能源使用，开发和应用清洁能源，如太阳能、风能、潮汐能、水能等；应推动低碳技术创新，如清洁能源技术、节能减排技术、碳捕捉和储存技术等的创新。在低碳生活方式的培养层面，应推广低碳生活方式，如节能减排、绿色消费、垃圾分类等，从个人行为上降低碳排放量。在绿色交通推进层面，积极发展绿色交通体系，鼓励公共交通出行、步行、共享单车出行等，推广使用新能源车，以降低汽油汽车、柴油汽车的使用，进而减少碳排放量。在碳足迹管理层面，建立和健全碳足迹管理制度，对公司和个人的碳排放量实施监控、统计和核算，以便政府部门、公司和消费者了解碳排放量状况，利于相关部门采取相应的措施。在公众教育层面，通过知识传播、宣传、教育等增强公众对气候和零碳社会的认识，传播绿色消费观念，增强公众参与低碳生活和碳减排活动的积极性，增强公众的环保意识和行动能力等。在国际合作层面，加强各国间的协作，共同应对气候问题，分享经验与成果，推动全球范围内的零碳社会建设。

第三节　人碳和谐治理

人碳和谐治理是为建构人碳和谐社会。在人碳和谐治理中，要深入研究人类反哺气

---

① 贝尔．环境社会学的邀请［M］．昌敦虎，译．北京：北京大学出版社，2010：2.

② 卫小将．中国零碳社会建设的社会学之思：内涵、挑战与出路［J］．江海学刊，2022（03）：115.

候、气候回馈人类的相互作用关系。人类应对气候变化，要改变管理系统、思维模式和做事方式。

一、人类反哺气候

随着全球气候变化对人类社会的影响日益显著，人类逐渐意识到，需要采取行动来应对气候变化。在这个背景下，人类反哺气候的研究成了一个重要的议题。极端天气事件频发，使越来越多的国家和地区意识到全球气候变化的危险性和减缓气候变化的紧迫性。为了应对气候变化，人类主要采取了两种方法：一是减少温室气体排放（碳源），二是增加温室气体吸收（碳汇）。①

人类可以通过多种方式反哺气候，包括以下三个方面：第一，减少温室气体排放，第二，植树造林和保护森林，第三，减少对自然环境的破坏。具体而言，从降低温室气体排放层面来看，人们能够通过改善能源结构，推广可再生能源，提升能源效率等措施减少温室气体排放，进而降低气候变化的速度。从植树造林和保护森林层面来看，森林是地球上最主要的碳汇，可以吸收大量的二氧化碳，在保护生物多样性和应对气候变化中起到了关键作用。② 为此，相关部门需要加强植树造林、科学造林，增加森林碳汇。测算表明，中国潜在的新增造林面积为47.2万平方千米。2020—2060年，新增造林所能形成的生态系统碳汇为0.02亿～2.91亿吨二氧化碳/年，平均为1.32亿吨二氧化碳/年。③ 从减少对自然环境破坏层面来看，人们应该尽量减少对自然环境的破坏与污染，维护生物多样性，维护生态平衡。“万物各得其和以生，各得其养以成。保护生物多样性有助于维护地球家园，促进人类可持续发展。”④ 人类应该将可持续发展作为长期目标。1992年联合国环境与发展大会通过的《21世纪议程》提出了可持续发展战略，1994年国务院通过的《中国21世纪议程》将可持续发展战略上升为国家战略。“从环境保护基本国策到可持续发展战略，从科学发展观到美丽中国建设”⑤ 都在采取保护环境的措施，促进经济和社会的协调发展，实现经济、社会和环境的协调共赢。

---

① 沈月琴，曾程，王成军，等．碳汇补贴和碳税政策对林业经济的影响研究——基于CGE的分析［J］．自然资源学报，2015（04）：560．

② 林震．全面推行林长制建设美丽新广西［J］．广西林业科学，2021（05）：491．

③ 丁仲礼，张涛，等．碳中和逻辑体系与技术需求［M］．北京：科学出版社，2022：292．

④ 潘家华．中国共产党生态文明建设的历史性跨越［J］．中国党政干部论坛，2021（12）：11．

⑤ 沈满洪．人与自然和谐共生的理论与实践［J］．学术前沿，2020（06）上：10．

二、气候回馈人类

2019 年，美国气候科学家詹姆斯·汉森（James Hansen）获得唐奖永续发展奖。汉森对气候变化发出了警告。他阐明了气候变化作用力与回馈机制的物理特性，并将全球变暖的威胁以量化数据呈现，同时积极倡导有意义的行动与解决方法。

回馈是控制论的基本概念，指将系统的输出返回到输入端并且用某种方式改变输入，进而对系统功能产生影响的过程。正回馈机制是系统震荡程度大幅提升且不断增长的机制，社会学家默顿（Merton）提出的马太效应属于正回馈机制，贫富两极分化“穷者越穷，富者越富”也是正回馈机制的例证。负回馈机制与正回馈机制相反，输出系统目标的偏差缩小，使系统趋于稳定。气候变化对人类社会的回馈体现在水资源影响、农业生产、人类的健康问题、经济影响、城市规划、安全问题等。气候回馈分为正回馈和负回馈。正回馈影响明显；负回馈影响强度减弱。简言之，气候变化对全球不同地区、不同行业和产业的影响，有正回馈和负回馈。气候一直变暖，特别是如果变得比较快，幅度比较大，就会产生较多的正回馈，会导致全球水资源短缺、粮食安全受到威胁、人类健康问题增多、经济带来巨大损失、海平面上升使一些岛屿国家和海岸城市是否可以安全存在成为问题等。

气候变化会导致高温、暴雨、强台风、水灾、雪灾、极端寒潮、干旱等极端天气出现。气候变化给人类带来了灾难性后果，如 2021 年 6 月，美国和加拿大所遇到的高温天气，形成了千年难遇的“热穹顶”现象。2021 年 7 月，河南省郑州市连遭暴雨袭击。2024 年 6 月以来，美国西部遇到持续高温天气。气候变化使美国西部地区越发干燥，极端天气现象频繁，野火多发且具有更大的破坏性。2024 年 11 月，欧洲多国出现暴雨、强降雪等极端天气，影响基础设施和交通的正常运行，同时也给民众生活带来极大的不便利。

以全球变暖为特征的气候变化会影响全球粮食安全。联合国政府间气候变化专门委员会（IPCC）的报告显示，人类正面临与气候变暖、干旱、洪水、降水量变率和极端事件相关的粮食系统崩溃的风险。① 围绕气候变化与粮食安全，国内学术界得出了许多研究成果。赵鸿等分析了干旱灾害对粮食安全的影响和应对技术的研究进展，指出在全球气候变暖的背景下，干旱灾害对农业生产的影响更加突出，相关研究和研发能力有待加强。② 张宁分析了气候变化如何影响粮食生产、粮食质量和粮食贸易模式，从而危及全球粮食安全。③

---

① 罗姆. 气候变化［M］. 黄刚，熊伊雪，田群，等，译. 武汉：华中科技大学出版社，2020：64 -65.

② 赵鸿，蔡迪花，王鹤龄，等. 干旱灾害对粮食安全的影响及其应用技术研究进展与展望［J］. 干旱气象，2023（02）：187 -206.

③ 张宁. 气候变化或致全球粮食危机［J］. 生态经济，2021（08）：5 -8.

张玉周分析了气候变化背景下，中国粮食安全面临的挑战及应对措施，指出气候治理的复杂性增加了粮食安全的不确定性。[①] 史文娇和陶福禄分析了非洲农业生产应对和适应气候变化研究的进展情况，指出有效应对气候变化有助于非洲的粮食安全。[②] 2021 年，持续的干旱使马达加斯加成为因极端天气导致粮食危机的第一个国家。2022 年，极端天气状况导致全球 12 个国家的 5680 万人粮食无保障。[③]

气候变化损害人类健康。气候变化是 21 世纪人类健康面临的最大威胁。[④] 气候变化对人类健康的影响是显而易见的，包括带来更多的疾病和传染病，以及因环境变化而导致的心理压力，甚至抑郁症、躁狂症等心理疾病产生。一方面，气候变化导致疾病的传播模式发生变化，拓展了疾病的传播半径，人类患病风险随之增高。由于气候变化，同样的因素也导致其他人类疾病的分布范围不断扩大，特别是由蚊子等冷血昆虫传播的疟疾。[⑤] 另一方面，气候变化降低了食品和饮用水的安全性，导致水源性和食物源性人类流行病的发生率上升，严重危害人类健康。气候变化引发的腹泻疾病会减少人类食物摄入量，导致营养不良，而持续的营养不良会增加腹泻疾病的风险。[⑥] 此外，气候变化会导致气温异常变化的热浪，加重人们中暑、脱水等病情。热浪会提高人们因热应激造成的患病率和死亡率。[⑦]气候变化主要以全球变暖和热浪、寒潮、洪灾、干旱等极端事件影响经济发展。2018 年，诺贝尔经济学奖授予美国经济学教授威廉·诺德豪斯（William Nordhaus）。诺德豪斯将气候变化因素纳入经济增长模型，构建气候与经济动态综合模型（DICE），气候系统和经济系统互为回馈，二者综合评估建模。气候变化通过土地、水和生态系统等自然资本，基础设施和生产设备等物质资本，以及教育等人力资本影响生产和消费。各国政府、企业和公民都在努力适应气候变化，减轻气候变化造成的损失。关于气象灾害对生产活动的影响，有四种假设：致命性损害、恢复性损害、追溯性损害和创造性损害。[⑧] 例如，高温会大大降低贫穷国家的经济增长，主要是因为高温会降低经济增长和工农业生产。[⑨⑩]

---

① 张玉周. 气候变化背景下中国粮食安全面临挑战及其应对［J］. 中州学刊，2018（09）：43－46.

② 史文娇，陶福禄. 非洲农业产量对气候变化响应与适应研究进展［J］. 中国农业科学，2014（47）：3157－3166.

③ FSIN，Global Network Against Food Crises. Global report on food crises 2023［R］. Rome，2023：7－8.

④ 罗姆. 气候变化［M］. 黄刚，熊伊雪，田群，等，译. 武汉：华中科技大学出版社，2020：167.

⑤ 汉纳. 气候变化生物学［M］. 赵斌，明泓博，译. 北京：高等教育出版社，2014：64.

⑥⑦ 联合国粮农组织，等. 2018 年世界粮食安全和营养状况：增强气候抵御能力，促进粮食安全和营养［R］. 罗马，2018：46－76.

⑧ 沈满洪，吴文博，池熊伟. 低碳发展论［M］. 北京：中国环境出版社，2014：21.

⑨ Hsiang S，Kopp R，Jina A，et al. Estimating economic damage from climate change in The United States［J］. Science，2017，356（6345）：1362－1369.

⑩ Boustan L P，Kahn M E，Rhode P W. Moving to higher ground：migration response to natural disasters in the early twentieth century［J］. American Economic Review，2012，102（03）：238－244.

如何应对气候变化？目前主要方法有两种，即减缓和适应。减缓是指采取措施，减少排放二氧化碳等温室气体，使气候变化的趋势得到缓解。节约能源和提高能源利用效率，减少对化石能源的利用，加快对清洁能源和可再生能源生产技术的研发；改进农业和水资源管理技术等；通过植树造林、涵养湿地、使用有机肥料、保护海洋、提高城市绿化率等方式增加碳汇吸收二氧化碳。适应是指采取一些措施来适应气候变化。例如，冻土带融合了怎么办？要加固地基，让冻土带适应等。

三、人碳和谐社会

人碳和谐社会呈现了以下社会形态图景：人类社会在发展过程中，实现碳达峰碳中和的目标，推动经济、社会与环境的协调发展，实现人与自然和谐共存。"人碳和谐"强调在发展经济、保护环境、保障民生的基础上，实现人与自然的和谐共生，这是未来全球可持续发展的必然选择。

民生是一个包含多层次的概念。民生具有不断升级的特性，民生从低到高划分为基本民生、发展性民生和享受性民生。随着经济的发展和民生的改善，人民群众会有更多的新期待和新要求，从追求基础性、刚需性物质文化需要的满足转向追求更高的生活品质。① 绿色低碳生活是人民群众对美好生活的追求。实现碳中和的社会是人碳和谐社会。空气新鲜、干净、清新；主要的交通方式是新能源汽车和共享出行；绿色植物越来越多，工厂的烟囱从黑烟缭绕变成白烟飘飘。公众自觉做好垃圾分类，尽量不浪费。世界变得十分美好。

推进人碳和谐社会的建设需要从推动绿色低碳转型、提升碳治理能力、推动国际合作等方面着力。一是推动绿色低碳转型。着力调整能源结构。大力发展新能源，支持可再生能源和核能、天然气等清洁能源的开发利用。② 减少化石能源依赖。促进工业、农业、建筑、交通等部门的低碳转型。推广低碳生产方式，同时大力倡导绿色低碳生活方式。二是提升碳治理能力。需要加强碳排放监测、报告、核查和监管能力，建立完善的碳排放数据管理体系。强化碳汇建设，保护生态环境，提升生态系统和工程系统的碳汇能力。三是推动国际合作。要积极响应全球气候治理倡议，参与国际碳排放权交易市场，加强国际合作，共同应对全球气候变化挑战。

---

① 青连斌．不断实现人民对美好生活的向往［J］．前线，2022（12）上：25.

② 吴伟光，钱志权，谢慧明，等．浙江省率先实现碳达峰、碳中和路径对策研究［M］．北京：中国环境出版社，2022：176.

第二章 碳中和治理的主体

碳中和治理的主体有政府、企业和社会。从社会管理转向社会治理，意味着由政府单一管控转向多方主体民主协商。碳中和治理过程是一种表现为行为主体自觉、自律、自为的行为活动过程，这一行为过程内在地指向于行为主体自身。在社会治理的理念下，政府与企业、政府与社会、企业与社会之间的关系不再是被动与主动、上级与下级的关系，而是平等与相互平衡的关系。碳中和治理是一个涉及多个主体和领域的复杂系统工程，需要政府、企业和社会各方共同参与。碳中和治理的各主体参与碳中和治理的缘由、职责和承担方式有所不同。碳中和治理是将碳中和行为主体及其行为视为目标对象来加以治理，其所要着重考察并着力实现的，是怎样合理地指导、调适、规范和约束人类的行为活动。碳中和治理需要政府、企业、社会的共同努力，综合运用法律、行政、文化、意识形态、制度及人力、物力、网络、国家暴力机器等手段和方法，才能取得更好的效果。

第一节 政府在碳中和治理中的责任

政府在碳中和治理中发挥引领作用。政府的广义定义是指一个地区的代表机构和执行机构，狭义定义是指行政部门。本书中的中国政府是由党委、政府、人大、政协组成的广义政府。按照治理的理念，治理强调的是国家与社会之间的合作，国家对社会的依赖关系得到了更多的强调，这在一定程度上模糊了公共领域和私人领域之间的明确界限。政府在碳中和治理中扮演着重要的角色，需要承担起相应的责任。政府负责制定碳中和战略规划、制定和实施相关法律法规政策、监管企业碳中和行为、推广碳中和生活方式、弘扬低碳文化。

一、政府碳中和治理的缘由

政府职能决定了政府是碳中和治理的主体之一。政府职能是政府机关依法承担的职责和功能。在现代社会正常运行中，政府接受委托行使公共权力。政府职能范围体现为政府权力和治理的边界，本质上体现了政府与市场、政府与社会的关系。[①] 政府的职能有执行、管理和保障等。政府在碳中和治理中的职能，实际上是各级政府及其职能部门，作为行使社会治理和公共服务职能的权力机关，在经济社会发展进程中，以及在碳中和治理的各个重要领域和重要方面，所必须承担、履行和发挥的引领、规划、指导、监督和服务等方面的职责与功能。具体体现在以下三个方面。

（一）制定并负责组织实施绿色低碳经济政策

绿色低碳经济政策包括财税政策、价格政策、金融政策、贸易政策和碳排放权交易政策。

财税政策是重要的宏观调控手段，构建有利于绿色低碳发展的财税政策体系，可以推动经济社会全面绿色转型。加大财政支持政策和碳达峰碳中和顶层设计的有效衔接，对能源绿色低碳发展、产业绿色低碳转型、绿色技术研发推广、绿色低碳生活创建、资源节约循环利用、碳汇能力巩固提升等工作均有支持。大力发挥国家绿色发展基金等公共投资基金的引领作用，培育社会资本创建绿色低碳产业投资基金。完善多元化市场化投入机制，充分发挥税收政策的激励和约束作用。落实税收优惠政策，如新能源汽车购置和车船购置、节能节水和环境保护专用设备企业所得税、资源综合利用增值税和企业所得税、合同能源管理项目增值税、风力发电增值税等优惠政策。对化石能源资源税、成品油消费税严格征收。建立健全政府绿色采购政策，在政府采购文件中对绿色低碳采购标准予以明确，加大绿色采购力度。

价格政策是宏观调控的有机组成部分，是有效发挥市场配置资源决定性作用的前提。平稳实施光伏发电、风电等新能源平价上网政策，完善抽水蓄能价格形成机制。通过实施差异化电价政策、完善分时电价政策、加大燃煤发电市场交易价格改革，推动工商业用户进市场，推动节能减排价格政策实施。对供热计费方式进行改革，推动实施供热计量收费政策。

实施涵盖绿色信贷、绿色债券、绿色保险的绿色金融政策。鼓励金融机构按照绿色金融相关制度、标准，加大对工业、农业、能源、交通、建筑等领域绿色低碳转型的信贷支持力度。鼓励符合条件的金融机构和企业发行绿色债券，以发展有碳减排效益的绿色项目。促进保险资金投资绿色产业和绿色项目，推动绿色保险发展。

实施联结国际和国内、生产和消费的贸易政策。构建促进绿色贸易发展的政策体系。降低出口产品单位能耗，减少碳排放。稳妥应对绿色贸易壁垒，加快产业结构调

---

① 王浦劬，孙响．公众的政府满意向政府信任的转化分析［J］．政治学研究，2020（03）：16.

整，推动技术革新与工艺再造。

完善碳排放权交易法规政策，扩大交易范围，增加主体数量。2011 年以来，中国已在北京、天津、上海、重庆、广东、湖北和深圳实施碳交易试点项目，涉及钢铁、发电和水泥等主要碳排放行业。采用免费或者免费 + 有偿的配额分配方法，进行机制创新。在试点基础上，全国碳排放权交易市场建立，出台了全国碳排放权交易市场交易规则。

（二）维护公共利益

碳中和治理涉及每一个人的利益，它关乎水资源、粮食安全、人类健康、经济发展、生态系统等方面。人类在利用自然、改造自然的实践活动中，如果没有低碳发展的理念，只为了自身的经济利益，无限索取资源，过多消耗化石能源，会导致全球气候变暖，出现生态危机。

碳中和是一个全球目标，需要世界各国共同努力。传统的国际法理论和实践忽视了地方政府的作用，认为它们属于国家的国内管辖范围。现在，国际法正式承认地方政府的作用，并将它们视为利益相关者。[①] 在国家立法方面，世界各国政府在碳管理倡议中的作用各不相同，这不仅是因为政治和经济条件不同，还因为各国在处理行政效率、政府民主、地方责任等方面面临的挑战不同。[②] 政治过程和参与决策过程可以使地方政策更好地适应当地的需要和条件，美国、加拿大和澳大利亚等国的情况就是如此。在这些国家，地方政府的职责主要分为三个方面：在制定国家政策时，代表地方的利益；以符合地方需要的方式实施政策；在评估任何发展政策时考虑到地方的环境需要。[③]

依据《中华人民共和国宪法》规定，中国地方政府有对本区域环境资源进行管理的职能，因此政府为维护公共利益，应当在碳中和治理中有所作为。如果只采取单一措施减少碳排放，效果并不显著，处理成本也很高；而采取综合性的环保措施，则可以起到事半功倍的效果，例如，垃圾收集、运输和处理等环节都要耗费很多能源并产生碳排放。如果实施垃圾分类管理，既减少了碳排放，又降低了垃圾处理的成本。因此，从节约治理成本的角度而言，环境保护与碳减排应协同进行。政府还应加快推进垃圾收费制

---

① Schreuer, Christoph. The Waning of the Sovereign State: Towards a New Paradigm for International Law. European Journal of International Law, 1993 (04): 4 - 5.

② Pickwance, C. and Preteceillo, E. State Restructuring and Local power: A Comparative Perspective. Pinter Publishers, 1991: 35 - 46.

③ Mitchell, Peterand & Brown, Euan. Local Government: A Social Resource for Environmental Control. Environmental and Planning Law Journal, 1991 (08): 41 - 54.

度建设，完善相关立法以及制定出具有针对性的垃圾分类的激励机制和惩罚机制，[①] 这也是十分必要的。

（三）参与国际合作

中国发展一方面要解决中国人民生生不息、永续发展的问题，另一方面要参与推动世界和平与发展进程，为人类文明进步作出贡献。中国是世界上最大的发展中国家，采取切实行动应对气候变化，积极参与全球碳中和治理，以展现大国风采。

中国坚持并推动多边主义合作。中国借助一些国际组织与平台，如《联合国气候变化框架公约》、清洁能源部长级会议和创新使命部长级会议促进了各国在去碳化、零碳和负碳技术方面的合作，并建立了碳中和技术创新和知识共享机制，推动全球碳减排、碳中和。

中国与世界各国积极进行国际气候合作。中国先后与美国、英国、印度、巴西、欧盟、法国等国家和组织发表《气候变化联合声明》，就加强合作、推动多边进程达成共识；通过参加“基础四国”“志同道合的发展中国家”“77 国集团加中国”等谈判小组，发挥中国对发展中国家的引领作用，促进了发展中国家之间的团结，维护了发展中国家的共同利益。中国通过中国气候变化南南合作基金、气候变化南南合作“十百千工程”和“一带一路”倡议，积极帮助非洲国家、小岛屿国家和最不发达国家，提高这些国家应对气候变化的能力。

中国与其他国家开展绿色低碳国际合作。与发达国家保持良好的科技交流与合作，抓住向低碳化转型的机遇，加强技术创新、能源转型、工业现代化等各个层面的合作。通过“一带一路”倡议、南南合作战略等平台，与发展中国家分享绿色低碳技术。

二、政府碳中和治理的职责

（一）制定碳中和战略规划

政府应制定明确的碳中和目标，并确保全社会对此目标达成共识。碳中和目标的制定，需要综合各类因素，如调整能源结构、提升低碳技术和工艺流程、提高能源利用效率等。通过编制和实施碳中和发展规划，地方各级政府及其相关职能部门充分发挥主导作用，唤醒公共服务意识，坚决履行基本职责。

碳中和治理是一项社会系统工程，是事关区域经济社会发展是否能够顺利推进、高

---

① 郅玉玲，陈思远，蒋科坚．生态文明教育视域下公众实施垃圾分类的影响因素分析［J］．教育现代化，2021（55）：168．

质量发展能否切实实施的关键因素之一。这就要求进行顶层设计，制定碳中和治理规划，从而保证碳中和的目标得以贯彻落实。构建系统的碳中和治理规划，发挥多要素、多维度的耦合效应，促进碳中和治理最优化。碳中和治理策略的实施以整体的碳中和为导向，通过各个指标的实现，将管控方案、指标、措施落实到各层面，构建左右贯通、上下互动的闭环，最终引导和保障碳中和治理。

碳中和治理的核心是治理，指标是控制碳排放，目标是提高产能。碳中和治理是一个系统工程，一定要提升综合能效，对能耗总量和强度限额排放，而不是单一产品或者单一系统的节能减排降耗。碳中和治理要围绕提能效、促发展的核心要素进行。碳中和治理推动了经济增长，产业规模扩大导致碳排放量增加，而碳中和治理抵消了增加的碳排放量，推动了经济沿着绿色、可持续方向发展。碳中和治理规划要对碳中和治理的基本原则、目标任务、功能定位、路径选择、行动推进等因素进行统筹规划、全面安排，需要通过全面谋篇布局、科学合理的发展规划来实现。

碳中和治理技术广泛应用于建筑、交通、工业、电力等行业，需要政府统筹协调各行业，通盘考虑碳减排的具体措施和实施策略。省级（自治区、直辖市）层面的碳中和治理规划，要同国家整体层面的碳中和治理布局的安排和规划要求相衔接、相吻合；省域范围以内的各市、区、县的碳中和治理规划，要与省域层面的碳中和治理规划有效对接。碳中和治理规划是碳中和治理行动有序、有效推进的重要先行条件，是各项治理行动得以顺利进行并取得良好效果的重要保障。

碳中和战略规划的制定，经过了资料搜集、实地调研、讨论、修改、论证等环节，充分吸收了社会各界的建议。碳中和规划设计的指标、重点工程、重点项目、保障措施、行动安排等充分体现了各级政府及其职能部门对地方碳中和治理进行的整体谋划布局。因此，各地碳中和治理规划的贯彻落实和具体行动的推进，需要各级政府及其相关职能部门充分履行其职责。碳中和治理的根本功能定位，在于推动发展方式的转变，推动高质量发展，以良好的碳中和治理成果惠及民生。要落实各级政府碳中和治理规划的目标要求，将碳中和治理行动加以推进，需要发挥政府及其职能部门的主导作用和引领作用。碳中和战略规划的制定，需要注意以下环节的工作。

1. 调整能源结构

调整能源结构，要逐渐减少利用化石能源，加快发展有规模效益的风能、太阳能、生物质能、地热能、海洋能等新能源。调整能源结构的措施有：制定、推广新能源使用相关政策，建立新能源基金，严格监管碳排放。可以从以下层面对碳排放严格监管：从国家角度出发，国家需要加强立法、完善碳中和相关法律制度，提高相关部门的管制力度；提高监管水平，对监管人员加强知识、能力培训，提升监管效率，切实保证碳中和相关政策落实；建立信息化系统是加强监管的必要手段，应建立并完善信息化系统，强化监管力度、拓展监管广度。从政府角度出发，政府应加强教育和宣传工作，普及碳中和理念，鼓励公众参与低碳生活和环保行动，共同推动碳中和目标的实现。

2. 寻求低碳科技创新

根据欧洲外交关系协会的一份报告，中国已经在光伏、风电、储能、电动汽车等方面领先，但是在半导体等基础技术方面仍然落后于欧美。中国“碳中和”目标的提出，大大增加了清洁能源和绿色发展相关新技术的研发投资，缩小与发达国家基础技术方面的差距，抢占新一轮技术革命的先机。① 中国低碳科技创新应立足于国情，着重在技术、组织、环境三个维度发展。在技术维度方面，结合资源禀赋、技术储备以及性价比采纳应用低碳技术进行研发；在组织维度方面，关注减碳战略和资源分配对低碳技术的支持作用；在环境维度方面，通过缩减碳市场配额和制定碳约束性政策督促企业采纳和应用低碳技术。②

3. 提升能源效率

政府可以采取提高生产效率、能源利用效率、交通效率等措施来提升能源效率。鼓励企业绿色生产，提高生产效率；对生产绿色产品制定激励性政策并且建立绿色产品标准，倡导公众绿色消费以提高能源利用效率；建设高速公路、高铁、地铁等公共出行通道、鼓励公众绿色出行以提高交通效率。

（二）制定和实施碳中和相关法律法规和政策

政府需要制定、执行和完善碳中和治理的相关法律法规政策，包括碳排放标准和监管政策，以鼓励和推动碳中和目标的实现。碳中和治理的相关法律法规还包括对可再生能源的扶持政策，对高碳排放行业的限制政策，以及碳排放权交易市场的建立和管理等。碳中和的实施既需要强化理念，还需要构建法律法规制度规范体系，依靠法律法规制度规范发挥导向和规制作用。

碳中和治理领域的相关法律法规，在碳中和治理的推进中可以发挥针对政府、企业、社会组织、大众传媒、公众等十分重要的告知、指引、评价、预测、教育和强制作用。如果没有相关法律法规制度，碳中和治理就难以实施。健全和完善碳中和治理方面的法律法规，就意味着碳中和治理行动的推进具有了坚实的制度保障和可靠的制度依托。

---

① 刘满平．中国实现“碳中和”目标的意义、基础、挑战与政策着力点［J］．价格理论与实践，2021（02）：9.

② 马海韵，张彤．率先碳达峰国家低碳技术创新采纳应用规律对中国的启示——基于“技术—组织—环境”框架的分析［J］．现代经济探讨，2023（07）：15.

借助立法和执法这两个基本环节，就可以逐步形成碳中和治理良好的法治环境，在全社会营造出遵法守法的社会氛围。同法律法规的功能一样，政策制定对于碳中和治理的推进，也具有极其重要的保障支撑作用。无论是制度建设的缺失，还是配套措施的不力，都将构成碳中和治理的制度性障碍。因此，碳中和治理的法律法规政策制度以及配套措施的完善，都是营造碳中和治理所需的良好的制度环境的基本条件。

（三）监管企业的碳中和行为

政府需要加强对企业的监管，确保其遵守碳排放标准和相关法律法规，防止企业过度排放和污染环境，对高碳排放行业进行限制或禁止。《中华人民共和国环境保护法》（2014 年修订）针对环境保护领域“违法成本低、守法成本高”的问题，在生产者的责任方面，做了诸多补充规定。例如，“重点排污单位应当如实向社会公开其主要污染物的名称、排放方式、排放浓度和总量、超标排放情况，以及防治污染设施的建设和运行情况，接受社会监督。”①

同时，政府需要建立相应的监督和评估机制，对碳中和治理的效果进行评估和反馈，及时调整政策和措施，确保碳中和目标的实现。环境影响评价的对象有广义和狭义的区分。从广义上讲，环境影响评价的对象是高层决策，包括环境影响评价法尚未涉及的所有高层决策。从狭义上讲，环境影响评价的对象是政府规章和标准，政府部门制定的行政法规、规章和规范性文件可视为重点；对于评价重点，建议整合为“以影响为核心”的战略环境评价和“以制度为核心”的战略环境评价两种类型的优点，兼顾影响评价和制度评价；对于评价程序，环境评价应基于完全理性的决策模式，与政策过程充分融合，在不同阶段分别发挥不同作用。②“以影响为核心”的环境评价代表经济发达国家，如美国、加拿大、荷兰等。“以制度为核心”的环境评价代表发展中国家。

（四）推广碳中和生活方式

政府可以通过宣传和教育，提高公众对碳中和的认知，鼓励公众积极参与碳中和行动。人类自身的行为活动，与其所持有和秉承的价值理念紧密相关。价值理念对人类行为活动会产生至关重要的指引作用；同时，人类行为活动的持续开展，也会在不同程度上检视和修正价值理念的某些偏失。③

---

① 中华人民共和国环境保护法（主席令第九号）［EB/OL］.（2014-04-25）［2023-09-20］. http://www.gov.cn/zhengce/2014/04/25/content_2666434.htm.

② 耿海清，李天威，徐鹤. 中国开展政策环评的必要性及其基本框架研究［J］. 中国环境管理，2019（06）：23.

③ 李一. 习近平“绿水青山就是金山银山”思想的价值意蕴和实践指向［J］. 南京邮电大学学报（社会科学版），2016（02）：12.

公众是碳中和治理的重要参与者和推动者之一，因此，需要加强对公众的宣传和教育，增强公众的碳中和意识和理念，积极引导公众参与碳中和治理，养成绿色低碳生活方式。政府应积极推广绿色低碳生活方式，如降碳节能、绿色出行、减少浪费、垃圾分类等。从消费观念出发，培育公众绿色消费、低碳消费的理念，要从根本上降低保守型、攀比型、品牌型消费观念，帮助公众正确理解绿色消费。①

20 世纪 40 年代开始提出绿色消费的概念，随后在 60 ~ 80 年代发展迅猛。正式兴起的绿色消费可以追溯到 20 世纪 80 年代后期，当时在席卷欧美主要发达国家的“绿色消费运动”中，英国独领风骚。最早提出绿色消费概念的是 1987 年出版的《绿色消费指南》一书。当今，绿色消费的理念已经开始被联合国环境与发展大会、联合国环境署、中国消费者协会等机构广泛采用。国际公认的减少污染、环保消费、多重利用、分类回收、万物共生的绿色消费理念，是以“5R”为核心即减量化（Reduce）、再利用（Reuse）、再循环（Recycle）、再组织（Reorganize）、再思考（Rethink）。

综合国内外学者的看法，可以得出一个共识：以生态经济大体系优化为切入点的绿色消费，在购买、使用和处理产品和服务的过程中，通过最小限度地消耗自然资源，实现最优效用传递的消费过程。绿色低碳发展不仅符合贯彻落实新发展理念、实现人与自然和谐共生的目标，也是建设现代化高质量经济体系的必然要求，更是解决污染问题的治本之策。

（五）弘扬低碳文化

低碳文化是在人类共同应对全球气候变化以及能源挑战的现实困境下提出的，是一种新型的现代社会文化，是生态文化的发展趋势。低碳文化有十大特征：科学性、价值性、全面性、全民性、全程性、阶段性、动态性、复杂性、文明性、认同性。②

在内容构成上，低碳文化可以分为低碳理念、低碳制度建构和行为规范、低碳物质成果和活动呈现三个层面内容。低碳理念的起源是生活实践，理念影响并支配行为。低碳文化的开启可以从树立和强化社会成员的低碳意识进行，通过坚持不懈地努力，推动低碳理念转化成低碳行为。

在碳中和治理进程中进行低碳文化传播，对公众实施文化涵育，人们可以逐步养成合乎低碳发展要求的思维方式、价值观、消费习惯和生活方式。在碳中和治理的过程中，营造良好的舆论氛围，有针对性地加强教育，让低碳理念和行动准则在全社会的各

---

① 蒋婷婷，费喜敏，王成军．城乡差异视角下中国居民消费价值观对绿色消费行为的影响研究［J］．云南农业大学学报（社会科学），2019（06）：96.

② 余晓钟，杨林，杨洋．论低碳文化的十大特征［J］．贵州社会科学，2015（11）：82－85.

领域、各层面得以树立，使其深深扎根于政府部门、企业、社会组织、公众，扎根于每一个社区、每一个家庭、每一个社会人的日常生活。

第二节　企业在碳中和治理中的责任

企业在碳中和治理中扮演着主要角色。如果说社会管理主体的多元化是对政府社会管理的补充，那么社会治理就是对社会管理主体多元化的进一步延伸。[①] 社会治理是多元化主体对公共事务的治理。在碳中和治理中，企业的职责包括制定和实施低碳或零碳发展规划、减少碳排放、通过碳补偿实现碳中和、促进产业链和供应链绿色转型、参与碳足迹核算和管理、加强碳中和信息披露。

一、企业碳中和治理的缘由

（一）提升经济效益

为推动产业结构绿色低碳转型，政府出台了诸多财税政策、价格政策和金融政策。能源、工业、交通、建筑等领域的企业可从中获得财政补贴、税收优惠、绿色采购、绿色信贷、绿色债券等，从而降低成本、提升经济效益。政府依据相关政策向生产绿色产品的企业拨付一定的资金或者提供税收减免。为了推广新能源汽车，政府对新能源汽车的生产企业进行补贴。鼓励优先选择新能源和清洁能源交通工具，促进公共交通、环卫、租赁、通勤、城市邮件和城市物流领域的车辆更新。大力发挥政府绿色采购风向标作用，引导企业“向绿而行”。推动政府采购绿色建材、应用装配式建筑，积极鼓励金融机构依照绿色金融相关制度规范，加大对能源、工业、交通等领域绿色发展和低碳转型的支持，严控高能耗领域中低水平项目的信贷规模。发行绿色债券，针对绿色低碳发展项目提供债务融资。

另外，企业还可以通过出售碳排放权、参与碳市场交易等方式获得经济效益。碳排放权交易具有经济和金融双重性质。碳排放权交易产生交易价格，将交易价格通过市场竞价的方式传递给买卖双方，使资源得到配置。碳排放交易源自 1997 年通过的《京都议定书》，是将二氧化碳排放权作为一种商品进行交易，简称碳交易。碳交易排放系统已在全球 21 个国家和地区范围内运行，有欧盟碳市场、美国区域温室气体减排行动、

---

① 童星．中国社会治理［M］．北京：中国人民大学出版社，2018：11．

新西兰碳市场、韩国碳市场等。按照《全国碳排放权交易管理办法》，中国碳排放量超过2.6万吨的企业是碳排放权交易市场的主要参与者。中国于2013年率先在北京、上海等7个省市试点探索建立碳交易，2017年开始推进全国统一碳市场建设，2021年正式启动全国碳市场第一个履约周期。碳市场的成效对实现中国承诺的碳减排目标，有效降低碳减排成本，增强中国在全球碳市场中的地位和在国际上的气候变化话语权具有根本性影响。

（二）满足消费者的绿色消费需求

需要是心理学概念，需求是经济学概念。需求是人的主观愿望与客观能力的统一，也就是需要和收入的统一。随着经济发展，人们收入水平提升、消费观念升级，中国由此进入消费升级阶段。绿色消费需求是消费者对绿色产品的主观愿望和实际购买力的综合反映。微观经济学认为，需求是指在一定价格下，消费者愿意购买某种商品或劳务的意愿和能力，以及在特定的时间范围内所产生的购买意愿和能力。绿色消费需求是消费者愿意且能够在特定的时间内，以每一种价格对一个绿色产品愿意且能购买的能力。绿色消费需求是反映绿色产品价格与需求等条件不变的对应关系的消费者的有效需求。

中国政府出台了许多促进绿色消费的文件，以推动绿色消费发展。2012年，党的十八大提出要求，要加强全民节约意识、环境保护意识、生态意识，希望社会形成理性消费的风尚。2015年，国务院发布《关于加快推进生态文明建设的意见》，提出要“推动倡导勤俭节约、绿色低碳、文明健康的生活方式和消费模式”。2017年，党的十九大进一步强调，为推动绿色生产和消费，加快建立法律制度和政策导向。2022年，党的二十大提出，加快发展方式绿色转型，倡导绿色消费，发展绿色低碳产业，由此，法治化的绿色消费进程迈上新台阶。在绿色消费方面，中国的很多法律法规、规章以及政策性文件都发挥了一定的促进作用。与绿色消费相关的法律有《中华人民共和国环境保护法》《中华人民共和国节约能源法》等；行政法规有《消费税暂行条例》《中华人民共和国政府采购法实施条例》等；部门规章则包括《城市生活垃圾管理办法》《电器电子产品有害物质限制使用管理办法》等；《国务院办公厅关于限制塑料购物袋生产销售使用的通知》等政策性文件；由国家发展改革委等十部门印发的《关于促进绿色消费的指导意见》。

消费者花钱买商品的过程，实际上是“投票”的过程。绿色消费是包括资源节约、环境友好、生态保护在内的理性、适度、文明的消费方式；绿色消费包括衣着、食品、居住、出行、能源使用和娱乐等方面的绿色低碳消费。中信银行发布的《2022低碳生活绿皮书》调查显示，95%的受访者认可低碳生活方式，并积极践行绿色消费。国家统计局数据显示，2023年上半年，节能家电及音像器材零售额年均增长20%以上。中国汽车工业协会数据显示，2023年1～6月，新能源汽车销量达374.7万辆，同比增长44.1%，市场占有率超过28.3%。绿色消费不断向服务场景拓展，以旧换新、紧凑型瓷砖、随用随取、拼车等绿色消费模式日益流行。例如，商务部数据显示，2023年1～5月，家电以旧换新销售额同比增长83.7%，以旧换新成为家电绿色消费的主要选择。例如，根据饿了么商城的数据，2023年5月，其平台上的按需订单超过14亿。[①] 庞大的绿色消费市场，呼唤企业积极投身绿色低碳产品的研发、生产以及绿色服务的提供。传统能源企业向清洁智慧能源企业转型，新能源企业在技术革命中迭代升级，高耗能企业降碳节能、提升能效，并转向清洁能源的赛道；传统汽车企业转向新能源汽车生产。

二、企业碳中和治理的职责

（一）制定实施碳中和规划

企业要积极响应政府的碳中和政策，制定并实施碳中和规划，明确碳中和目标，并采取措施逐步实现低碳发展或者零碳发展。企业制定碳中和规划可以分为以下五步。

1. 摸清碳排放家底

明确碳排放家底，需要企业结合自身经营特点，从能耗和能源排放两个维度全面梳理自身碳排放状况，包括生产环节的直排和供应链的间接排放，以此建立碳排放核算指标体系。

2. 建立碳管理体系

碳管理体系的建立是碳管理相关业务常态化进行的保证。企业应建立碳管理体系，以确保碳排放的透明度和可追溯性，从而更好地管理碳排放。碳管理系统与质量管理系统等其他管理系统一样，遵循的也是“PDCA循环”，即计划（Plan）、执行（Do）、检查（Check）和调整（Action）处理的循环。

碳管理分为三级架构，一级是整个体系的总纲领，包括企业实施碳管理的总体方针、组织架构、碳核算程序、碳资产管理程序、内外部沟通程序等。二级是程序文件，规定不同部门在具体时间段做的具体事务。三级是为了二级文件落地编写的各类模板和表格。

碳管理的组织结构分为两类，一类是集权式，另一类是分治式。集权式是集团总部

---

① 丁娟，代晓霞．中国绿色消费的进展、挑战与路径研究［J］．中国国情国力，2023（08）：50－51.

统一管理旗下所有碳管理业务，各分公司只需按照规章制度执行即可。集权式的优点是统筹安排使资源利用最大化，缺点是不能灵活应对突发事件。分治式是每个子公司成为自负盈亏的独立单元，优点是充分调动基层工作积极性，缺点是资源分散。碳核算程序是指采用国际上通行的《温室气体核算体系》或国内发行的《工业其他行业企业温室气体排放核算方法与报告指南（试行)》，建立企业内部的会计核算程序。为了达成碳中和目标，需制定碳减排方案，对碳中和目标层层分解和落实。碳资产管理程序是为了履约成本最小、资产收益最大而开发的一套以碳排放为资产的管理程序。内外部沟通程序的编写目的是更好实现企业内部沟通，以及与企业外部的当地政府、产业链上下游企业、大众传媒、公众等沟通，通过发布报告、制定标准、举行新闻发布会、参加各类社会活动等提高企业在碳中和方面的影响力。

3. 设定碳目标

企业需要结合自身特质、行业规律、地方政策、国家政策等，制定科学合理的碳减排目标。

4. 制定碳中和实施方案

碳中和实施方案应涵盖技术创新、提高能效、燃料转换、增加新能源使用比例、设备电气化、使用可再生能源等领域。企业可根据自身特点，选择一到两个重点领域进行深入研发。

5. 抵消剩余排放，扩大对外影响

抵消剩余排放的可行方法有：获取外部的环境权益、直接投资相关的减排项目、从市场上购买相关的环境权益。同时，企业通过公开碳中和相关报告、参与国际组织倡议、发起相关社会活动等形式获得外部影响。

（二）减少碳排放

伴随着工业化的发展，随之而来的是碳排放快速增长。碳排放严重制约了经济绿色发展。企业减少碳排放的方向有两个：内部降碳、产业链降碳。

内部降碳的措施主要有：利用碳管理制度和内部碳定价实现管理减排。加强生产管理和质量控制，提高能源利用效率；优化生产方式，改进生产工艺，提升设备效率，降低能耗，节约能源；自建新能源站，购买绿电，提高能源利用效率；锅炉、车辆、炊具等设备电气化；使用风能、太阳能、水能、生物能、地热能、氢能等清洁能源，以替代煤炭等化石能源；推广节能技术设备，实施余热余能利用；改造电网；研发储能技术、氢能源技术；充分利用水电、风电、光伏、农村沼气等；利用冷媒、六氟化硫、甲烷等非能源碳减排量；植树造林等。

产业链降碳的主要措施有：利用供应链碳管理体系和供应链碳定价，实现管理减排；通过减量化设计、低碳或者再生材料使用、产品自身使用排放降低，实现设计减排；借助供应量转入条件变更、包装减排、线上采购产品与服务，实现产购减排；依托运输工具变更、物流路线优化、物流量降低，实现物流减排；提供更多线上服务，实现销售减排；提供旧产品回收服务，实现回收减排等。

另外，对于无法完全避免的碳排放，企业应采取有效的回收措施和处理措施，确保排放符合国际标准。全球范围内已经公开发布的碳中和承诺标准是在 2009 年世界标准日宣布制定的 PAS2060 标准。该标准由英国标准协会（BSI）与英国能源与气候变化部、欧洲之星（Eurpstar）等机构联合制定。

（三）通过碳补偿实现碳中和

碳补偿是一种通过购买碳信用或者绿证以抵消自身的碳排放量，从而减少对环境的影响的方式。碳信用和绿证都是涉及碳中和的环境权益。碳信用的单位为吨，1 吨碳信用代表 1 吨碳汇或者碳减排量，1 吨碳信用可以抵消企业 1 吨碳排放。绿证的单位为张，1 张绿证代表 1 兆瓦时可再生能源电力属性，企业使用 1 兆瓦时电力等于零排放的绿色电力。

碳信用和绿证的注册机构、项目类型、按项目地区优先序是不同的。碳信用的注册机构有 CER、CCER、VCU 和 GS – VER，绿证的注册机构有国内绿证、I – REC 和 TIGR。企业可以根据自身的情况，在充分评估自身碳足迹和风险的基础上，决定是否以及在何种程度上购买碳信用或者绿证以实现碳中和。

（四）推进产业供应链生态化改造

产业链供应链是产业体系的载体，涉及原材料采购、产品设计、产品制造和商品销售过程，包括产品设计、生产、包装、运输、销售等环节，涵盖原材料供应商、制造商、分销商、零售商、终端用户等主体。产业链绿色供应链以低能耗、低排放、低污染为特征，强调产业链供应链全链条、全生命过程、全周期的绿色低碳改造。

产业链供应链绿色转型由结构转型和创新驱动两部分组成。结构转型包括产业结构、产品结构、能源结构和区域结构的转型，创新驱动包括技术创新、管理创新、制度创新、文化创新四个方面。在结构转型方面，产业结构转型是指将能源消耗高的产业比重降低，发展现代服务业和战略性新兴产业；产品结构转型是指发展节能型、精细化产品，主要开发附加值高的产品；能源结构转型指的是减少煤炭消费比重，加大太阳能、风能等新能源的开发；区域结构转型指的是科学引导产业转移，在促进可再生能源就近消纳上下功夫。在创新驱动方面，技术创新是指在节能环保技术的广泛应用下，发展绿色低碳的先进技术；管理创新是指发展绿色供应链体系，以加强企业环保生产流程管理；制度创新是指在加强绿色低碳治理方面，完善绿色低碳领域的法律法规和政策；文化创新是指在全社会树立绿色低碳发展意识，加强对绿色环保理念的宣传教育。

《中国节能与新能源汽车可持续发展与碳交易战略研究》是中国工程院院士孙逢春在2020年新能源汽车国家大数据联盟大会上所作的主题报告。报告指出，不同环节、不同主体的经济活动所产生的碳排放量是不同的。生产燃油客车产生的碳排放量约为9.2吨二氧化碳当量，生产三元动力电池客车产生的碳排放量约为14.6吨二氧化碳当量，生产磷酸铁锂电池客车产生的碳排放量约为14.7吨二氧化碳当量。因此，电动汽车从生产阶段就不低碳。① 根据欧洲交通与环境联合会（EFTE）的一份报告，电池生产过程中的碳排放量为61～106千克二氧化碳/千瓦时，占电动汽车整个生命周期碳排放量的60%以上。其中，电动电池的碳排放量主要集中在电池的生产和组装，以及上游正负极等重要材料的生产，电池生产和组装的碳排放量为2～47千克二氧化碳/千瓦时，电池生产上游部分（采矿、提炼等）的碳排放量为59千克二氧化碳/千瓦时，二者相加占碳排放量的50%以上。②

以上数据表明，单靠个体企业减碳，实现碳中和的难度非常大。想要促进整个供应链的低碳化，企业要加强与供应商、经销商、零售商以及终端用户之间的沟通与合作。企业需要与供应商共同评估和减少供应链中的碳排放，并鼓励供应商采取同样的措施，实现整个产业链供应链的碳中和。企业还需优化供应链管理，降低物流成本，推动供应商在整个供应链中采取绿色环保减排措施。

（五）参与碳足迹核算和管理

碳足迹的概念源于“生态足迹”一词，主要指人类在生产和消费活动中排放的温室气体总量，以二氧化碳（CO_2）当量表示。广义的碳足迹可分为国家碳足迹、企业碳足迹、产品碳足迹以及个人碳足迹等类型。狭义的碳足迹指产品碳足迹。③ 企业要对碳足迹进行核算，做到心中有数。碳足迹是从生命周期的角度出发，分析与活动直接和间接有关的碳排放的过程。因此，碳足迹包括直接碳排放和间接碳排放。直接碳排放是制造、运输过程中化石燃料导致的直接排放，间接碳排放是生产、消费商品和服务导致的间接排放。碳足迹核算的主要任务是计算在某个时间段的某一区域、企业、产品的碳排放量，以及相关三方核查机构的核查。

---

① 姚美娇．动力电池企业主动降碳成趋势［N］．中国能源报，2022年2月14日．

② 双碳背景下电池产业链碳排放管理的重要性［N］．（2022－05－05）［2023－09－22］．http：//www.ciaps.org.cn/news/show－htm－itemid－39294.htm．

③ 邹伦贵．碳足迹认证LCA数据库应用现状研究［J］．中国质量，2023（08）：92．

区域（一般指行政区域）层面的碳足迹核算又称温室气体清单。温室气体清单应由国家、省（自治区、直辖市）、市、区（县）、街道（乡、镇）、社区统一制定。企业层面的碳足迹核算又称碳盘查，盘查受众有强制受众和主动受众。强制受众是八大行业内具体的约8000个排放重点行业，是国家强制要求进行碳排放核算。主动受众是自愿或者应客户等利益相关方碳披露要求而做碳核算的企业。产品层面的碳足迹核算也称为产品碳足迹核算，是自愿或者应客户等利益相关方碳披露要求而做碳核算的。另外，企业应根据内外部反馈的信息，对产品和服务中的碳排放情况进行管理，制定减少碳排放的措施，并对外公布减碳成果。企业应建立碳中和治理的监管与评估机制，定期监测和评估减排效果，发现问题及时采取措施解决，确保碳中和治理的有效实施。

（六）加强碳中和信息披露

企业应加强碳中和相关信息的披露，包括企业自身碳排放状况、碳中和目标、碳减排措施达成目标等。企业每年公布碳减排措施的进展情况和目标达成情况，以增进利益相关方对企业碳中和工作的认知和理解，也更容易获得利益相关方的认可。同时企业也应加强对企业内部碳中和相关信息的披露，对企业自身碳排放状况、碳中和目标、碳减排措施达成目标进行披露，提高企业自身的效率和效益，以达到碳中和目标。

企业的碳中和相关报告可以同企业的可持续发展报告一起发布，也可以单独发布。全球宣布碳中和目标的企业已超过800家，其中宣布实现碳中和的企业超过50家。大部分企业的碳中和目标和实施路径都已经公开，国外的苹果公司、微软公司、奔驰公司、雀巢公司等都已经公布了碳中和目标和碳减排路径；国内的远景科技集团、通威集团、蚂蚁集团、百度集团、宝武钢铁集团等也公布了碳中和目标及主要措施。另外，企业应加强绿色低碳宣传教育，提高员工和企业合作伙伴的环境保护意识，形成全员参与绿色低碳的氛围。

第三节　公众在碳中和治理中的责任

公众是碳中和治理中的重要力量之一。公众通过践行低能量、低消耗、低开支的“三低”生活方式，最大限度地降低生活能耗，减少二氧化碳排放，减缓全球气候变暖，消除碳足迹。公众在碳中和治理中的责任有传播碳中和知识、表达利益诉求、参与绿色消费活动、监督企业行为。公众参与碳中和治理可以实现六个社会目标：教育和告知公众、将公众价值观和期待纳入社会决策过程、提高决策的真实性、建立信任机制、减少利益相关者之间的冲突、制定成本—效益最优化的发展决策。①

一、公众碳中和治理的缘由

公众是在碳中和治理中解决“双重失灵”的重要力量，“双重失灵”，即“市场失灵”与“政府失灵”。“双重失灵”理论的代表性理论有“政府失灵”理论和“合约失灵”理论。“政府失灵”理论是 1974 年由美国经济学家韦斯布罗德（Weisbrod）提出，“合约失灵”理论是 1980 年由美国法律经济学家汉斯曼（Hansman）提出。“双重失灵”理论认为，市场与政府各有资源配置体系，是传统市场经济中市场与政府两大经济主体。市场基本配置了资源，但有一定的缺陷：缺乏公平，产生垄断，缺少公共产品。市场的缺陷政府已经进行了弥补，但政府不可能因为满足了一般民众的普遍需求，就让民众单纯地认为其满足了所有社会成员的多元化需求和个性化需求。因此，只能通过增加政府工作人员编制和财政支出，以满足社会成员的各种需求。市场的缺位和政府的缺位，被公众弥补。

（一）弥补“市场失灵”

所谓“市场失灵”，是指市场无法有效地配置资源，从而无法取得最佳的经济效果，因为存在不完全竞争和负外部性（如垄断、污染）等。生态环境资源是无法分割、难以界定产权的特殊公共产品。经济学的“经济人”假设的基础是“理性选择”。“理性选择”如果对个人来说是生态学原理，但是对社会来说不一定是生态学原理。美国学者加勒特·哈丁（Garrett Hardin）在他的《公地的悲剧》一文中指出，如果牧场对牧人自由开放，每个牧人从事放牧行为都是基于“理性选择”。为了增加更多的利润，每个牧人都会增加自己的羊群以追求最大的个人利益。由于增加羊群导致牧场超负荷运转的生态恶化后果，由全体牧人承担，但分摊到每个牧人身上的份额很小，因此，“在这个相信公地自由使用的社会里，每个人都在追求自己的最大化利益，但所有人争先恐后追求的结果最终是崩溃。公地的自由使用权给所有人带来的只有毁灭”。②

（二）弥补“政府失灵”

所谓“政府失灵”，是指政府在经济和政治利益上无法实现社会资源的优化配置和对社会公众的保护。尽管在碳中和治理中，政府发挥着重要的组织、指导和监督作用，

---

① Thomas C. Beierle. Using Social Goals to Evaluate Public Participation in Environment Decisions. Policy Studies Review, 1999, 16: 3－4.

② 戴利，等. 珍惜地球［M］. 马杰，等，译. 北京：商务印书馆，2001：152.

但政府的能力是有限的。一个碳中和治理政策的推进往往会遇到多重阻力，因为碳中和治理政策常常是不同利益群体相互博弈的结果。例如，制定法规治理温室气体，对一些企业来说是一种损害。谁是真正的温室气体排放者，谁是碳减排的受益者，不同利益群体的想法也不尽相同。各国对此态度不一，源于经济发展状况的差异、资源配置状况的差异以及国土面积的差异。狭窄的西欧国家重视废物回收；能源匮乏的日本在高效节能设施的开发上下足了功夫；能源消耗高的北美地区国土面积大、人口少、自然资源丰富。

二、公众在碳中和治理中的职责

（一）传播碳中和知识

一个国家与社会的碳中和治理，需要依赖公众的自觉参与和共同努力。从发生学意义上讲，公众的行为转变源自其在社会实践中思想认识和价值理念的根本性变化。一旦思想认识发生了积极的改变，并且又深深地植根于头脑当中，就上升为价值理念，可以在有形和无形之间影响和支配人们的行为活动。因此，碳中和治理的起步之举，从传播碳中和知识入手，通过多方面的努力，在社会生活的各个不同领域，帮助和推动人们将这种意识和理念转化为自觉行动，并加以广泛推广，使碳中和治理的所有事业都能获得真正持久的原动力。公众应积极学习碳中和相关知识，了解碳中和的必要性，增强碳中和理念，从自身做起，减少碳排放，节约能源。碳中和意识的形成，非一日之功，需要常抓不懈。碳中和知识内容广泛，既涉及垃圾分类、能源利用要求，又涉及广泛的节能减排内容；还鼓励资源回收利用，强调节约资源、保护资源。

网络社会与自媒体同构所形成的社会交往方式和多元信息传播方式，改变了原有的以官方媒体、传统媒体为主，形成的自上而下的大众传播方式。[①] 传统的传播手段有报纸、广播、电视、公告栏、墙面彩绘等。短视频、微博、微信小程序、微信公众号、抖音、小红书、哔哩哔哩（B 站）等，都是新媒体的传播手段。要继续发挥传统媒体的优势，面对面传播、交流碳中和知识更富有感染力和说服力，但是其弊端也越来越显著，即信息量的有限性和信息的滞后性。所以，要积极开发新媒体手段并挖掘其优势。新媒体不仅扩大了服务的信息量，也可以确保信息的时效性，可以根据个性化的设置随时随地获取所需的碳中和知识。然而，也有一些虚假信息、诈骗信息趁虚而入。因此，加大信息监管势在必行。现代社会应充分发挥数字经济优势，进行碳中和知识的智慧化、数

---

① 张翼．社会结构变迁与社会治理创新［J］．中国国情国力，2019（01）：1.

字化传播，用新媒体手段和互联网思维去宣传碳中和知识。传播是否成功取决于内容、媒体和持续时间的相互作用。从时长上看，面向大众的宣传需要永久地公开最新的信息，内化低碳行为于心，这一点对公众来说是很有必要的。从宣传的内容上看，应将碳中和治理的结果以通俗易懂的形式向公众公开，有助于公众感受到自己低碳行为的有效性。通过对碳中和知识和环境保护理念的良好传播，不同声音的互动和专家学者对碳中和政策实施的建言献策，公众才能从对碳中和概念性理解发展到知识性掌握，从而内化为驱动力并最终体现在公众行动及共识上。通过自发的自主学习，借助各种传播渠道，公众可以增强参与碳中和治理的积极性，推动全民节约意识、环保意识、生态意识的形成，促进合理消费社会新风尚的形成。

（二）表达利益诉求

作为社会主体的公众，是一个非常宽泛的概念。除居民以外，公众还包括社团组织、社区组织、媒体等。居民是社会主体中最基础的、最重要的组成部分，这不仅是因为居民就是消费者，而且因为居民代表社会。但是在不同的情况下，居民对碳中和治理的诉求是通过不同的途径予以反映的。在民主社会，选票就是最好的表达方式。在完善社会主义市场机制的大背景下，人大代表、政协委员、社区组织、环保社团组织、大众传媒组织等是中国公众碳中和治理诉求的主要表达渠道。① 居民是碳中和治理的重要主体。从这个角度而言，碳中和治理需要动员居民，推行碳中和治理，并通过居民的选票影响企业的碳中和行为。但是居民的碳中和诉求不可能直接参与到所有的社会决策中，往往需要通过人大代表、社区组织、社团组织、媒体组织等“第三方”予以表达，因此，需要构建起有效的委托——代理机制，构建起有效的不同主体之间的制衡机制。②

（三）参与绿色消费活动

在 1987 年出版的《绿色消费指南》一书中首次出现了绿色消费的概念。《绿色消费指南》是这样论述绿色消费的“一是对威胁或损害他人健康的产品，尽量不使用。二是在生产、使用和处置过程中不会造成污染或资源浪费。三是产品外包装对环境的污染不会超过产品的使用寿命。四是产品的原材料不能来自珍稀动植物资源。五是基本产品的生产不能对其他国家造成影响。”③ 公众可以参与到各种绿色消费活动中，通过自

① 张翼．社会结构变迁与社会治理创新［J］．中国国情国力，2019（01）：1．

② 沈满洪，郅玉玲，彭熠，等．生态文明制度建设研究（下卷）［M］．北京：中国环境出版社，2017：610－611．

③ John Elkington，Tom Burke，Julia Hailes. Green Pages：The Business of Saving the World［M］．Routledge Press，1988：80．

己的行动影响身边的人，共同实现碳减排目标。

消费行为对绿色发展影响重大。对绿色发展、生态文明产生直接影响的消费行为，也具有一定的传导性。消费者用货币购物的过程，实质是“投票”的过程。坚持绿色出行，步行、骑自行车、骑电瓶车、坐公交、坐地铁等同城出行，乘坐飞机、高铁等远程出行，减少对汽车的依赖，减少碳排放。坚持绿色消费，从日常生活做起，抵制珍稀动物皮毛制品，购买新衣从个人需要出发，不为“面子”、攀比等购买新衣，购买有绿色认证的衣物。同时回收旧衣物，将旧衣物集中起来捐赠，再分拣、洗涤、消毒、装箱等处理闲置衣物；对不能捐赠的旧衣物，在闲鱼、支付宝等网络平台上销售，根据材质分类，以保护环境。反对食物浪费，尽量在家吃饭，外出就餐时不过量点食材，对于剩下的饭菜打包；减少购买外卖，如果必须购买外卖餐品时尽量不使用一次性快餐盒具；超市购物不用塑料袋，自备环保布袋；选用节能家电、高效照明产品、节水器具、绿色建筑等绿色产品；个人闲置物品有效再利用，不随手扔快递纸盒，将其分类扔进垃圾桶，或进行多次使用、分类回收。外出旅游时，选择有绿色标识的宾馆住宿，自带洗漱用具，尽量不使用一次性用品；设计绿色环保的楼盘。“绿色理念”是保护环境、崇尚自然、珍视资源、可持续发展的理念。在设计建筑时，应最大限度地使用对环境和人类健康无害的无污染生态建筑材料。①

（四）对企业行为进行监督

《国务院关于贯彻落实科学发展观加强环境保护的决定》提出“健全社会监督机制，创造条件让公众参与”的要求。公众可以对高排放、高污染、高能耗的企业进行监督，督促其改进生产方式，减少环境污染，推动企业履行社会责任，从源头上减少碳排放。公众环境研究中心于 2006 年 5 月成立，并先后推出“中国水污染地图”和“中国空气污染地图”，这使公众环境研究中心这个民间环保组织在中国环保界声名鹊起。经政府部门、环保组织和媒体曝光的污染企业信息，经公众环境研究中心汇总，分析信息后制作成电子地图。只要打开公共环境研究中心的网站，人们可以对各个场所的污染状况、污染源等进行非常清晰地观测。“中国水污染地图”和“中国空气污染地图”是环境信息公开的典范。对企业行为监督，应进行更广泛的社会动员，更加有效的社会沟通，更有能力的社会参与。环境信息公开应坚持以人民为中心，依靠人民，尊重人民的首创精神，维护人民的权利，倾听人民的声音，促进人民的参与。②

---

① 郅玉玲，李一．特殊群体社会问题研究——以多元化解决策略为视角［M］．北京：中国社会科学出版社，2015：282.

② 洪大用．关于环境社会治理的若干思考［J］．中央民族大学学报（哲学社会科学版），2022（01）：81.

另外，公众是企业服务和产品的客户。公众对低碳产品的需求，是推动企业进行碳中和治理的动因之一。企业不仅面临着与同行竞争提升产品质量和品牌价值的压力，而且面临来自企业客户对产业链供应链低碳减排的要求。很多终端消费者在低碳意识越来越强的情况下，乐此不疲地购买低碳甚至是零碳的产品，因此，生产低碳产品将为企业带来良好的品牌效应，同时扩大市场份额。

第三章　碳中和治理的逻辑结构

碳中和治理是由法治、德治、自治、智治构成。在法治层面，要科学立法、严格执法、公正司法、全民守法。在德治层面，倡导绿色低碳生活，推广可持续发展理念，鼓励企业履行社会责任，提倡诚信经营，加强国际合作。在自治层面，建立绿色低碳发展机制，强化自治组织参与，推进碳信息披露和透明化。在智治层面，建立数字化平台，推进智能决策，推广智能监管，促进跨界合作。法治、德治、自治和智治是相互联系、相辅相成、相互促进的整体关系。它们共同构成了全面的碳中和治理体系，为实现碳中和目标提供了强有力的保障。法治是碳中和治理的基本保障，德治是碳中和治理的社会规范，自治是碳中和治理的内在教化，智治是碳中和治理的智力支持。在政策法规、主体参与、多元协同、科技支撑和评估监测等方面，法治、德治、自治、智治相互关联、相互促进，共同推动碳中和目标的实现。

第一节　碳中和治理的构成

碳中和治理需要社会各界积极参与，秉承由法治、德治、自治、智治构成的“四治”结构，进行国际合作。碳中和治理的法治内容涉及立法治理、执法治理、司法治理、守法治理；碳中和治理的德治内容涉及社会公德、职业道德、家庭美德；碳中和治理的自治内容包括政府治理下的企业自治、公众自治；碳中和治理的智治内容包括采集数据建立监测体系、处理数据建立数字平台和共享数据打破信息孤岛。

一、法治

“法治”一词历史悠久，古今中外的圣贤都提出了相关理念。中国战国时期的韩非子曾曰：“故明主使其群臣，不游意于法之外，不为惠于法之内，故无非法。”[①] 据此，国家治理者的言论、行为、思想都不能超出法律，必须在法治限度内对国家进行

---

① 俞志慧．韩非子直解［M］．杭州：浙江文艺出版社，2000：63.

治理，而不是根据个人的恩惠或者智慧来治理。古希腊哲学家柏拉图认为："人类必须有法律，并且必须遵守，否则他们的生活就会像最野蛮的兽类一样。"① 古希腊哲学家亚里士多德论述："法治应该包括两重意义：已建立的法律获得普遍的服从，而大家所服从的法律应该是本身制定良好的法律。"② 王利明教授认为，法治包含着"良法"和"善治"两个层面的内容。③ 俞可平教授认为，"善治"是指公共利益最大化的治理过程和治理活动，是一种官民共治，是国家治理现代化的理想状态。④ 善治包含了合法性、法治性、透明性、责任性、回应性、有效性、参与性、稳定性、廉洁性和公正性10个要素。⑤ 1997年9月党的十五大召开，首次提出了"依法治国，建设社会主义法治国家。"2002年党的十六大报告、2007年党的十七大报告、2012年党的十八大报告、2014年党的十八届四中全会、2017年党的十九大报告、2022年党的二十大报告都有关于法治建设的重要表述。依法治国是中国的基本国策，法治是治理国家的基本方略。碳中和法治是一个综合性的过程，需要从立法、执法、司法、守法四个维度加以推进。

（一）立法

自1994年《联合国气候变化框架公约》生效以来，中国在全球气候变化治理方面发挥了积极作用。中国在积极参与国际合作、推动全球气候治理的同时，在国内也有效推动和完善与碳中和相关的立法。碳中和立法治理涉及碳中和治理的规则体系及建构问题。围绕碳中和治理的规则体系建构问题，以往的治理惯例、司法判例都可以遵循，当然，互联网、大数据、云计算、人工智能、区块链等智能化技术手段的快速发展，也会给碳中和政策的制定提供开阔的理论视野和稳定的技术支持。

碳中和立法的内容是纷繁复杂的。以立法等级为标准，可以分为碳中和中央立法和碳中和地方立法。中国实行的是"一元多级"的立法体系，"一元"是指在全国范围内立法体系是统一的；"多级"是指中国的立法体制分为中央立法和地方立法多等级立法。中国有关碳中和的中央立法有《中共中央 国务院关于完整准确全面贯彻新发展理念做好碳达峰碳中和工作的意见》《中华人民共和国清洁生产促进法》《国务院关于加快建立健全绿色低碳循环发展经济体系的指导意见》《关于严格能效约束推动重点领域节能降碳的若干意见》《2030年前碳达峰行动方案》《"十四五"节能减排综合工作方

① 柏拉图．法律篇［M］．张智仁，何勤华，译．上海：上海人民出版社，2001：213.
② 亚里士多德．政治学［M］．吴寿彭，译．北京：商务印书馆，1965：199.
③ 王利明．法治：良治与善治［M］．北京：北京大学出版社，2015：11－13.
④ 俞可平．法治与善治［J］．西南政法大学学报，2016（01）：6.
⑤ 俞可平．论国家治理现代化［M］．北京：社会科学文献出版社，2014：27－30.

案》《全国煤电机组改造升级实施方案》等。中国有关碳中和的地方立法有《上海市节约能源条例》《天津市碳达峰碳中和促进条例》《山西省应对气候变化办法》《青海省应对气候变化办法》《北京市碳排放权交易管理办法》《上海市碳排放管理试行办法》等。以立法内容为标准，有生态保护、污染防治层面的《中华人民共和国环境影响评价法》《中华人民共和国环境保护法》《中华人民共和国节约能源法》《中华人民共和国可再生能源法》《中华人民共和国大气污染防治法》等，碳排放管理层面的《碳排放权交易管理暂行条例》《碳排放权交易管理办法（试行）》等。

碳中和立法的关键是规制理性化，克服规制缺位、错误、交叉、重叠等问题。碳中和立法的重点领域包括：在中国碳中和中央立法层级中，《中华人民共和国能源法》《中华人民共和国碳交易法》《中华人民共和国绿色低碳技术知识产权法》需要设定、优化和完善。现行的《中华人民共和国节约能源法》和《中华人民共和国可再生能源促进法》是开发利用化石能源的基础，仍然需要进一步优化。为应对风云变幻的国际形势，打赢蓝天"保卫战"，如期实现碳达峰碳中和目标，必须立足于中国富煤、贫油、少气的现实能源基础，深入开展煤炭清洁高效利用和技术研发，加快构建新型能源体系。建设新型能源体系是在不断减少大气污染物排放和温室气体排放的过程中，不断实现低碳化的能源优化过程，同时不断降低对国外石油和天然气的依赖程度，降低国内化石能源的消耗。《碳排放权交易管理暂行条例》《碳排放权交易管理办法（试行）》等法律规范，是全国碳市场运行的基础。需要知识产权体系保护的是低碳技术的创新和扩散，低碳技术的创新只有拥有完备的知识产权体系才能得到保障。中国的专利申请与保护体系中，缺乏专门保护低碳技术专利的法规，仅在《中华人民共和国专利法》《中华人民共和国知识产权海关保护条例》和《中华人民共和国反垄断法》中有零星的低碳技术专利保护规定，因此，"低碳技术专利法"的制定是非常有必要的。

完善相关法律制度，进一步明确不同区域、不同行业、不同主体的碳排放和碳减排目标，建立健全与碳排放权交易、碳排放核算、绿色低碳财政税收政策等相关的法律制度。在国际上，世界主要经济体纷纷作出碳减排承诺，设定碳中和目标，制订低碳经济转型计划，一些国家还以立法的形式将碳中和目标纳入本国法律或正式通过气候变化条例。这是全球气候治理的积极行动，也是中国进入低碳科技前沿、抢占规则制定的先机、增强国家核心竞争力的战略举措。在2020年碳排放量前15名的国家中，美国、俄罗斯、日本等国已经实现了碳达峰。根据联合国环境规划署的报告，已有127个国家和地区承诺实现碳中和目标，其中包括欧盟、德国等几个国家和组织，细化了目标的期限、具体措施，并出台了专门的立法文件，以更好地推动应对气候变化的碳达峰碳中和行动。[①] 中国缺乏以碳减排为调控目标的中央层面的专门法律或行政法规，还没有出台应对气候变化专门的法律。虽然上海、北京、天津、重庆、福建、广东、江西等省市有涉及碳减排、应对气候变化的地方规章规范，但是地方立法涉及碳中和的内容参差不齐，需要在借鉴、吸收各地碳中和经验的基础上，大力进行制度创新，并尽快在中央层面立法予以规制。

需要研究制定绿色金融、气候投融资的地方性法规，以适应新的投资模式和绿色低碳产业发展对法治化的需求。党的二十大报告提出，在引导资源合理配置、推动资源向绿色低碳项目转移、推动传统产业生态化和新型绿色生态产业发展等方面，绿色金融是碳达峰碳中和政策的重要组成部分之一。绿色金融直接作用于有促进作用、反弹作用和溢出效应的碳中和机制。促进作用体现为，绿色金融可以激励社会资本更多地进入绿色产业，对污染投资起到有效抑制作用。回弹作用体现在，传统产业退出前，绿色融资引导社会资本投向新能源产业，拉动经济增长，从而形成反弹效应。溢出作用体现为，绿色财政对邻近地区的碳减排起到促进作用的同时，也有利于本地区的碳减排。在 2020 年 10 月由中华人民共和国生态环境部等五部门联合发布的《关于促进应对气候变化投融资的指导意见》中，明确要不断强化环境经济政策导向、财政政策支持和产业、能源、税收政策协同效应，把营造政策环境作为重要支撑；同时，气候投融资工作还提出了一条以模式创新、本土实践为重点的路径。在此基础上，中国启动了地方气候投融资试点工作，以引导投资政策和加强资金支持为重点，选择实施意愿较强、基础条件较好、带动作用较大、具有典型性的地方开展气候投融资试点，试点城市有低碳城市、适应气候变化城市、海洋城市等不同类型。气候投融资政策属于经济政策，经济政策通常使用的手段包括财政税收政策、市场价格政策和金融政策。各地气候投融资试点的经验为气候投融资法律法规的制定奠定了坚实的实践基础。

建立健全能源安排和绿色低碳发展的环境监察制度，充分保障应对气候变化、实现碳中和目标的需要。为了更好地发挥环境监察制度的作用，需要推动相关立法，从而使实施过程有法可依，避免在环境治理中缺少执法的解释权。具体包括：制定和修订环境保护、生态环境监测、环境影响评估、清洁生产、气候变化等方面的法律法规，修订强制性国家环境质量标准和生态产品标准；建立和完善常态化、多样化的生态环境治理捐助政策和生态财税政策；强化生态环境保护的主体地位、修订强制性国家环境质量标准和生态产品标准；强化企业治理主体地位，加大技术创新和过程管理力度，实行生产者责任延伸制度；积极推行环境污染第三方治理，倒逼企业向绿色企业转型；充分利用排污

① 杜群，李子擎．国外碳中和的法律政策和实施行动［N］．中国环境报，2021 年 4 月 16 日．

权交易、碳交易、能源交易等市场化制度，将绿色环境治理成本内部化。

（二）执法

依据党的二十大报告关于“坚持全面依法治国，推进法治中国建设”的指示精神，执法层面要“深化行政执法体制改革，全面推进严格规范公正文明执法，加大关系群众切身利益的重点领域执法力度，完善行政执法程序，健全行政裁量基准。”[①] 在执法的监督与保障层面，要“强化行政执法责任制和责任追究制度。”[②]碳中和执法面临的问题是环保督察执法手段偏软，缺少综合行政执法体制等。为了严格执法、理性执法、民主执法，要注意以下两方面工作。

一方面要以最严格的生态环保制度为抓手，以法治化进程强力推进环保督察工作，坚决遏制高耗能、高排放、低水平盲目上项目的行为。《环境保护督察方案（试行）》经 2015 年原中央深改小组第十四次会议审议通过，提出建立环境保护督察工作机制。中共中央办公厅、国务院办公厅于 2019 年发布的《中央生态环境保护督察工作规定》，首次以党内法规形式确立了中央生态环境督察工作的基本制度框架、程序规范和职责权限。党内法规是环保督察制度建设重要的指导方针。

另一方面要构建综合行政执法体制，进行政府—市场—社会协商式执法。涉及碳中和的政府部门有生态环境保护、能源管理、排放交易管理、城乡建设、金融监管、科技管理等部门，因此，构建多部门组成的综合行政执法体系十分必要。在规划碳排放、碳核算、碳监管等领域形成综合行政执法体系，制定责任清单；提升执法队伍综合素质，对执法人员进行碳中和领域思想道德素质培训、专业知识培训和技能培训。

碳中和执法涉及政府、企业、公众等主体利益。碳中和执法除严格执法外，还有服务、激励和指导等作用。置言之，碳中和执法除了从严执法之外，还要柔性执法、阳光执法、人性化执法，执法以人为本，人人平等。因此，碳中和执法不能成为一种威慑，必须引入政府、市场和社会之间的协商执法，即在确保政府主导的基础上，充分发挥市场的作用，切实保证社会的参与，这实质上就是执法机构的三位一体结构。[③] 政府主导建立互动执法体系，与企业、公众协商，合作执法，允许企业在碳减排强度、技术研发、碳管理等事前协商；在碳中和行政处罚作出后，如果企业无法在特定期限承担罚款，允许企业用其他碳减排项目抵消一部分罚款；允许公众对碳中和行政处罚进行评议。实际上，此类评议机制在国内已经出现。从 2010 年开始，安徽省合肥市、浙江省

---

①② 习近平．高举中国特色社会主义伟大旗帜 为全面建设社会主义现代化国家而团结奋斗——在中国共产党第二十次全国代表大会上的报告［M］．北京：人民出版社，2022：40－42．

③ 杨解君，方路锦．面向碳中和的行政法治保障［J］．南京工业大学学报（社会科学版），2021（05）：2－6．

湖州市南浔区等地，都确立了行政处罚公议机制，这是一种对自由裁量权进行规制的新方式，涉及自由裁量权行使的行政处罚案件由公众团开会讨论后才能实施，公议过程与行政处罚的处理结果全程在网上公布。[①] 政府将行政处罚公议机制引入碳中和执法，有一定的可行性，可以增加行政处罚的民主性、公正性，扩大公众对行政处罚权的监督。

（三）司法

积极发挥司法在推进碳中和目标实现中的重要作用，探索和完善应对气候变化的司法路径和机制。面对立法进程的缓慢和行政手段的相对单一，让司法机关在弥补立法和执法缺陷方面发挥积极作用是必要和迫切的。司法机关的政治、法律和社会职能对实现碳中和具有重要意义。司法的政治职能体现在助力碳达峰碳中和政策的实施、监督行政权力的使用。司法的法律职能体现在两个方面：一方面是司法解释的出台可以明确碳排放权及其衍生品的法律属性，确保具体案件进入司法审判程序；另一方面是防范相关风险的发生，司法对碳金融市场的监管能够起到一定作用。司法的社会功能体现为解决社会纠纷、弥补行政治理的不足、突破地方保护主义。中国碳中和司法面临两个层面的问题：一是碳中和所牵涉问题的系统性不足；二是司法适用的法律依据缺失。

为纠正碳中和司法系统性不足的问题，政府需要从以下两方面进行系统性司法。

其一，加强碳中和的司法协同。司法协同可以有效规避政策风险、技术风险和市场风险，对公共利益和私人利益充分救济。为此，全面推动降碳排污协同增效，将碳减排和生态环境保护作为整体进行施策。例如，在空气污染方面，授权公司使用技术升级资金来补偿生态破坏，并指导公司使其生产流程、技术和设备更加环保，以减少碳排放。[②]

其二，在司法内部协同联动，推动司法和立法、执法协作。首先，对碳排放全周期进行关注，实施碳中和案件集中归口于环境资源审判庭，加强地方法院之间的司法协作。其次，在立法、司法和执法方面，借助预警、执行与成果转化，进行有效衔接。最后，采取预防性司法与补偿性司法相结合的模式。以技术手段为基础，跟踪减少碳排放的风险，促进碳中和预防性司法；对碳减排导致的侵权行为，要求补偿，推动碳中和补偿性司法。

为弥补碳中和司法适用的法律依据缺失，需要发挥碳中和司法能动性。发挥碳中和司法能动性有以下两点：一是将行政行为界定为法院监督对象，如抽象行政行为、非法定类型的行政行为、行政协议；二是将行政人员滥用职权、贪污受贿等犯罪行为、行

---

① 李晓新，王永杰．行政处罚公议机制的理论基础与制度完善——以合肥市行政处罚群众公议制度为样本［J］．国家行政学院学报，2011（03）：95.

② 杨临萍．论司法助力碳达峰碳中和目标实现的方法和路径［J］．法律适用，2021（09）：6.

政机关违法行使职权或者不作为纳入检察院监督范围。[①] 所以，碳中和司法能动性的发挥，是建立面向碳中和的行政诉讼和行政公益诉讼制度，允许检察机关和公民对行政机关的作为或者不作为导致的碳排放问题提起诉讼。鉴于碳中和相关案件具有很强的专业性，因而可以赋予碳中和研究机构公益诉讼主体资格。[②]

（四）守法

围绕社会治理中的政府—市场—社会结构，碳中和守法主体有政府、企业和公众，这就要求建立自上而下和自下而上相结合的守法模式。在守法模式中，核心是多方主体，如政府、企业和公众；目的是维护多方主体的共同利益；该模式包括合理配置政治、经济和社会资源，最大限度地发挥政府、企业和公众的力量，通过政府、企业和公众的集体行动实现资源整合和互利共赢。在政府、企业和公众的共同行动中，统一的碳普惠平台发挥着重要作用。碳普惠具体量化小微企业、家庭和个人的节能减碳行为，用积分制分别赋予意义，这种做法有益于从事碳减排者。与宏观层面的碳交易不同，碳普惠是微观层面的碳减排。在碳普惠中，政府、企业、家庭、个人各司其职。政府发放碳信用额度，对碳信用额度进行监管，并将其商业化；公司可以购买碳信用额度，以抵消一定比例的碳排放；公司、家庭和个人可以通过碳账户获得碳信用额度，并可以对碳积分进行兑换、交易、投资。碳普惠统一平台在广东省、四川省等省份已经进行试点。碳普惠统一平台为全民守法提供了有益经验。另外，在碳中和立法、执法、守法中，政府、企业和公众都积极参与，并全周期监督，这也是碳中和全民守法的典范。

二、德治

德治和道德环环相扣。教育部统编2021年版《思想道德与法治》教材中将道德表述为："道德是一种特殊的社会意识形态，它是以善意为评价方式，主要依靠社会舆论、传统习俗和内心信念来发挥作用的行为规范的总和。"[③] 由此可见，道德既是一种社会意识形态，也是一种调节社会利益关系的社会治理方式，更是一种身体力行的精神。德治就是要发挥道德的说服力、劝导力，提高人的思想道德觉悟，用道德调节社会关系，用道德引导人、约束人、规范人的行为。社会主义德治出发点是"以人民为中心"。习近平总书记在不同时期、不同场合，表达了强烈的执政为民的理念。2019年10月，中

---

① 蒋惠玲．司法能为约束公权力做些什么［J］．人民论坛，2016（S2）：95－97．

② 杨解君，方路锦．面向碳中和的行政法治保障［J］．南京工业大学学报（社会科学版），2021（05）：13－14．

③ 本书编写组．思想道德与法治［M］．北京：高等教育出版社，2021：131．

共中央、国务院颁布《新时代公民道德建设实施纲要》，这是对 2001 年印发的《公民道德建设实施纲要》的升级。《新时代公民道德建设实施纲要》提出将社会公德、职业道德、家庭美德、个人品德建设作为新时代道德建设的着力点。推动践行以文明礼貌、助人为乐、爱护公物、保护环境、遵纪守法为主要内容的社会公德，鼓励人们在社会上做一个好公民。[①] 碳中和德治是通过道德规范和伦理准则来引导和约束人们的行为，以促进碳中和目标的实现。碳中和德治的实现需要从社会公德、职业道德和家庭美德建设入手。社会公德、职业道德和家庭美德是公共生活领域中的道德，其中，社会公德是社会公共生活中的道德，职业道德是职业活动中的道德，家庭美德是家庭生活中的道德。社会公德、职业道德和家庭美德相互联系，相互影响。社会、职业和家庭都有其道德规范，这些道德规范是一个统一整体，在整个社会生活领域相互作用。一些道德规范不仅在一个道德领域发挥主要作用，也往往同时在其他领域起到作用。[②]

（一）社会公德

社会公德是社会生活的道德规范，是公众在社会生活中需要遵循的道德规范，是对人与人、人与社会、人与自然之间关系进行调整的行为准则。社会公德在碳中和治理中的作用是至关重要的。道德规范和伦理准则的引导和约束，可以增强人们的碳中和意识和责任感，促进可持续发展，推动绿色低碳经济的发展。同时，社会公德也可以为碳中和治理提供稳定的社会环境和良好的人文环境，为碳中和目标的实现提供有力的保障。

绿色低碳是社会公德的重要内容。2012 年，党的十八大提出要形成合理消费的社会风尚，增强全民节约环保生态意识。2015 年，中共中央 国务院发布《关于加快推进生态文明建设的意见》，提出要倡导勤俭节约、绿色低碳、文明健康的生活方式和消费模式。2017 年，党的十九大进一步强调要加快建立绿色生产和绿色消费的法律制度与政策导向。通过宣传教育，引导公众树立减少碳排放的绿色低碳生活方式是十分重要的。宣传绿色低碳生活的重要渠道是普及低碳知识，增强公众的低碳意识。

政府是绿色低碳生活的引导者、倡导者、政策制定者和制度设计者。政府在各个领域发挥着重要作用，如宣传绿色低碳生活方式，通过税收减排、财政补贴、税收优惠、金融优惠、绿色积分、碳标签等方式引导碳减排。宣传绿色低碳生活的载体丰富多样。传统媒体和新媒体在宣传普及绿色低碳知识方面发挥了重要作用。传统媒体有广播、电视、报纸、杂志等，新媒体有微博、微信、抖音、快手、小红书等。另外，官方新闻媒

---

① 新华社．中共中央 国务院印发新时代公民道德建设实施纲要［N］．人民日报，2019 年 10 月 28 日．

② 马奇柯．社会公德、职业道德、家庭美德、个人品德关系论析［J］．学术交流，2008（02）：47－49．

体对与绿色低碳生活有关的行为进行正面的报道和宣传，是引导消费者树立科学的消费理念，改变消费者对绿色低碳消费态度的有效措施。

在数字化生态系统下，信息传播主体、传播渠道及传播空间等都发生了改变。一方面，可以通过个人客户端向消费者发送定制化的绿色产品和服务的广告；另一方面，一些游戏化、娱乐化的绿色消费宣传方式也开始逐渐被推广应用。例如，阿里巴巴公司为支付宝用户开通了“蚂蚁森林”碳账户，使用者不但可以在收集“绿色能量”的过程中与其他用户进行互动和交流，而且可以在个人移动社交平台上分享其在游戏中取得的一些奖励。此外，宣传栏、车厢广告、车身广告、电梯广告等在宣传绿色低碳知识方面，也都具有较好的效果。

绿色低碳生活宣传和教育的内容十分丰富，包括衣食住行、节水、节电、节油、节气、垃圾分类、无纸化办公、购买一级能效的家电、拒绝使用一次性用品、防止铺张浪费和奢侈消费等都是宣传的题材。公众是绿色低碳生活的主体，通过接受绿色低碳知识的宣传教育，使绿色低碳理念内化于心，从而自觉地提高对绿色低碳生活的认知，增强自身的低碳生活素养，践行绿色低碳、简单朴实的生活方式。社区是对公众推行绿色低碳生活的平台，在社区进行绿色低碳宣传和绿色低碳行为实践，使绿色低碳理念深入公众心间，根植于公众的日常行为之中。

此外，法律法规作为社会公德的补充，对绿色低碳进行规范和约束。绿色低碳生活在中国的一些法律法规、规章和政策文件中有所涉及。与绿色低碳生活相关的法律有《中华人民共和国环境保护法》《中华人民共和国节约能源法》等；行政法规有《中华人民共和国政府采购法实施条例》《中华人民共和国消费税暂行条例》等；部门规章有《城市生活垃圾管理办法》《电器电子产品有害物质限制使用管理办法》等；政策文件包括《国务院办公厅关于限制生产销售使用塑料购物袋的通知》等，以及国家发改委等十部委发布的《关于促进绿色消费的指导意见》。

（二）职业道德

职业道德是从业者在职业活动中需要遵循的道德规范。职业道德在职业领域发挥的作用是社会公德、家庭美德不能替代的。当一个人进入职业领域，职业道德的教育就会使人有了职业道德观念，树立起职业理想，培养良好的职业习惯。职业道德在碳中和治理中的作用是十分重要的。在碳中和治理行业内部，通过职业道德使公众统一为正当利益而和谐劳动，各部门配合协调，同事之间团结有礼，形成健康、力争上游、文明友好的工作氛围。在碳中和治理行业外部关系中，如果从业者有高尚的职业道德，就会以人民为中心，向公众提供高质量的服务。

人力资源和社会保障部2022年颁发了新修订的《中华人民共和国职业分类大典》，对2015年版所标识的绿色职业进行了延续，此次共标识134个绿色职业，拓展了绿色职业的内涵、外延，基本涵盖绿色生产、绿色生活、可持续发展的方方面面。综合能源服务员、建筑节能减排咨询师、碳汇计量评估师等都是绿色职业，这些绿色职业人才也是双碳人才，其基本服务内容主要在节能、减排、增碳汇三个领域。依据中国工业节能与清洁生产协会发布的《碳管理体系要求及使用指南》，根据产业链条环节不同，碳相关业务有碳排放管理、碳排放核算、碳市场交易、碳中和技术、碳国际交易，相应的双碳人才有碳排放管理人才、碳排放核算人才、碳市场交易人才、碳中和技术人才、碳国际交易人才。碳排放管理人才是从事碳排放检测、核算、核查、交易、咨询等的人员；碳排放核算人才是对企业碳排放进行核查的人员，具有专业的核查技能；碳市场交易人才是通过制定碳交易方案，分配和支付碳配额，登记、交易和计算碳排放权，帮助企业节能减排、减少碳排放的人员；碳中和技术人才是进行技术研发，减少碳排放的技术人才；碳国际交流人才是既熟悉双碳又了解国际贸易知识、具备跨国语言交流能力的复合型人才。

双碳人才的培养，除基础知识、专业技能、国际视野外，职业道德培养也是十分重要的，因此，要将职业道德与企业文化相融合，将大国意识、工匠精神、协作意识、低碳意识、绿色发展理念等融入双碳人才的培养中。要健全完善双碳职业道德教育长效机制，制定人才队伍建设长远规划和整体规划，将职业道德教育纳入制度化建设。在实践中应不断拓展职业道德教育的新形式，重视职业道德的理论教育，将理论教育与实践活动结合，鼓励双碳人才自觉将职业道德转化为实践行动，丰富职业道德教育的形式，充分利用现代网络传媒手段建立网上宣传平台。另外，还应构建职业道德教育的立体网络，重视双碳人才在校的职业道德教育、双碳人才继续教育过程中的道德教育、将双碳从业者的职业道德教育常规化、日常化。

职业道德的培养，还需要一定的外部保障条件，如企业社会责任的履行。一个不履行社会责任的企业，如何培养员工的职业道德？企业社会责任是企业致力于改善社会福祉和利益相关者的关系而进行的投资，员工可以从中获取珍贵的资源，[①] 同时，企业可以提升社会形象和美誉度。企业社会责任应与企业发展战略高度融合，这样企业履行社会责任既能为企业发展战略的实施提供持续的组织支持，又能为企业提升品牌效应创造更多的利润，对企业社会美誉度的提升也具有重要意义。

---

① 陈宏辉，薛姗，张麟．企业承担社会责任对员工情绪耗竭的缓解机制：一个被调节的中介模型［J］．中山大学学报（社会科学版），2020（03）：196－207.

政府鼓励企业履行社会责任，通过制定相关的法规、制度和政策来实现减少碳排放和资源浪费。政府依据相关政策向生产绿色产品或提供绿色服务的企业拨付一定的资金或者提供税收减免，企业将收到的补贴款项从产品或服务销售价格中扣除，从而减少消费者购买的支出。

现行的绿色消费补贴大多是由政府将相关补贴发放给企业，再通过企业将优惠让渡给消费者，进而对消费者的消费偏好和行为习惯进行引导。政府应加强对奖励政策的设置，如设置各种绿色荣誉奖励。浙江省已开展多年“绿色饭店”“绿色企业”的评选工作，对于评选上的单位都有不同额度的资金奖励。这类评选都是非常好的激励手段，可以以此为鉴出台更多、更好的绿色奖励政策。

同时，企业要确保自身合法权益不受损害，也要尊重员工企业内部利益相关方的利益诉求。资源保存理论是解释企业社会责任和员工行为关系的重要理论基础之一。资源保存理论认为，个人都有动机去努力获得、维护和发展有价值的资源，而个人也会把现有的资源投入到产出更大的活动中去，从而实现资源的螺旋式增值，以获得和扩大资源。具体来说，企业积极履行内部企业社会责任，开展职业培训、创造安全的工作环境、提供交通福利、实行带薪休假、实施工作——生活平衡政策、提供物质和精神奖励等。条件性的资源、物质的资源、能量的资源，这些都是员工能够获得的资源。拥有重组资源的员工，就会想办法把螺旋式的资源附加值培养起来。[①] 通过绿色低碳行为，员工能够获得绿色积分，绿色积分是员工通过践行绿色、低碳行为获得的资源。绿色积分账号是以记录和管理员工绿色行为为目的的个人账号，实际运行的个人绿色账户有个人碳账户和垃圾分类积分账户等。

随着移动互联网和移动消费兴起，个人绿色账户体系发展迎来新机遇。结合移动支付和实时定位技术可以很方便地对消费者的绿色行为及其积分进行测算，通过一些移动商务平台也可以实现对消费者绿色账户的便捷管理。企业在绿色低碳方面履行外部社会责任，如捐助和发动员工参与社区活动，以提升企业社会声誉，彰显企业品牌效应，获得外部利益相关方的关注和赞赏。企业履行内部社会责任，可以通过绿色低碳知识培训和技能培训，提升企业员工履行社会责任的知识、技能和能力。

诚信经营也是职业道德培养的外部保障条件。在经营活动中，政府倡导诚信经营，反对不正当竞争，维护市场秩序等方面的工作，取得了较好的成绩。中国人所说的“信用”，是指经济活动和社会活动中存在的经济交往和社会交往中的信任；在西方国家，

---

① Hobfoll S E. Conservation of Resources: A new Attempt at Conceptualizing Stress [J]. Amerian Psychologist, 1989, 44 (03): 513-524.

信用是指信誉。从制度上看，西方国家的社会信用体系偏重消费信贷领域，旨在解决商业和金融不信任问题，以市场经济为核心。[①] 中国的社会信用体系不同于西方国家的“信用交易风险管理体系”，它主要侧重经济交易和金融活动，是广义的社会信用体系，包括经济交易信用体系和社会诚信体系。[②]

党中央多次强调推进社会诚信建设，并在《社会信用体系建设规划纲要（2014—2020年）》《关于建立完善守信联合激励和失信联合惩戒制度加快推进社会诚信建设的指导意见》《法治社会建设实施纲要（2020—2025年）》中作出全面安排。社会诚信的内容多与道德行为关联，建立社会诚信机制的作用在于激励守信行为，约束失信行为。商业活动以获取利益为目的，成本最小化、利益最大化是商业活动的本因。但是，降低成本、获取利益，不能违反诚信原则，也不能进行不正当竞争。2017年“舍弗勒断供风波”背后的供应链污染问题、“宝马供应商断货”带来的蝴蝶效应，都给企业带来巨大损失。企业在套利、创新、模仿时，不仅要追求利润，更要兼顾可持续发展。

（三）家庭美德

家庭美德是公民在家庭生活、夫妻关系、长幼关系和邻里关系中必须遵守的行为准则。家庭是社会最基本的细胞，人们在家庭中接受道德教育。家庭道德是公众个体道德化的源泉，在家庭内部，道德培养影响人的社会化。家庭亲缘关系的维系，除了家庭中的亲情之外，家庭的道德教化发挥着重要作用。另外，家庭成员的道德品质、美好情操、生活理念、价值体系在家庭生活中都发挥了重要作用。《新时代公民道德建设实施纲要》指出，中国家庭美德的主要内容为“尊老爱幼、男女平等、夫妻和睦、勤俭持家、邻里互助。”[③] “勤俭持家”与碳中和的绿色低碳、节能减排有异曲同工之效，只不过勤俭持家局限于消费领域，碳中和的绿色低碳、节能减排既强调生产领域的节能减排，也强调消费领域的绿色低碳。

勤俭持家是中华民族的传统美德，早已融入中华民族的血脉，代代相传。勤俭持家，就是家庭成员在处理家庭事务时，要坚持以勤劳节约的精神操持家务的美德，反对铺张浪费。在消费数量方面，提倡适度消费，反对超量消费；在消费方式上，倡导文明消费，反对奢侈消费；在消费内容上，实施绿色消费，反对黑色消费。健康的消费方式是家庭美德的重要体现，因此，转变消费方式是碳中和治理的重要工作之一。日常生活中的居民消费是碳排放的终端，随着物质生活水平的提高，居民生活碳排放量可能还会继

---

① Josh Lauer, Credinvorthy: A History of Consumer Surveillance and Financial Identity in America [M]. Columbia University Press, 2017: 4-5.

② 韩家平. 中国社会信用体系建设的特点与趋势分析 [J]. 诚信, 2018 (05): 1.

③ 中共中央、国务院. 新时代公民道德建设实施纲要 [N]. 人民日报, 2019年10月28日.

续增加。如何在家庭中减少碳排放？

2010 年 3 月 24 日，“低碳家庭，时尚生活”主题活动启动，该主题活动由全国妇联、中央文明办和国家发展改革委联合主办，将在 31 个省、自治区、直辖市同时举行。此次活动中，全国妇联倡导实施“低碳家庭十五件实事”，包括使用节水器具、使用节能电器、使用无纺布衣服、使用菜篮子和布袋子、拒绝过度包装、注意一水多用等；使用节能灯泡，随手关灯、拔插头；使用节水型洁具，使用循环水；使用便携式水杯和玻璃杯；不使用一次性纸杯；外出就餐时自带筷子、勺子和其他便携餐具。[①] 此次活动得到公众的广泛认可和积极参与。同时，有些群体已经开始尝试断舍离的极简生活方式，例如，深圳零垃圾交流平台创办者尝试用一个罐子装下家中一周的垃圾；北京情侣决定三年不买新衣服。

发达国家的高消费生活方式是全球能源危机的根源之一。过度消费不仅造成资源的巨大浪费，也给公众带来巨大的精神压力。由此，“新节俭主义”应运而生。“新节俭主义”又称 NONO 族，其本质是反对浪费和名牌。“新节俭主义”源于加拿大女作家 Naomi Klein 写的一部全球畅销书——《无品牌》（No logo）。在《无品牌》中，作者通过批判名牌崇拜，讽刺了铺张和奢侈浪费，从而在城市中兴起了新节俭主义之风，新节俭主义崇尚理性消费、简朴生活。新节俭主义遵循的原则有：节约但不降低生活品质；节约但不造成身心健康隐患；节约但更理性地安排生活。[②]

家庭中减少碳排放需要从日常生活做起。一项研究表明，在欧洲居民的平均碳足迹中，交通占 30%，餐饮占 17%，家居生活占 22%，家具和家庭用品占 10%，服装占 4%。[③] 数据表明，欧洲居民的碳排放与日常生活紧密相关。对于中国家庭来说，吃、穿、住、行也是碳排放的重要领域。因此，中国家庭成员可以从日常生活中的细节做起，坚持勤俭节约的传统美德，为减少碳排放，尽快实现碳中和作出应有贡献。例如，在饮食方面，减少食物浪费，提倡光盘行动，限制碳水化合物消费，增加蛋白质的摄入量，多吃蔬菜少吃肉，购买本地应季蔬菜。在居住方面，培养绿色生活习惯，对房屋进行节能改造，选择低能耗的家居产品等做好垃圾分类，减少空调使用、降低热水温度等；在穿着方面，拒绝皮草，减少新衣购买量，加大二手衣回收利用，进行旧衣物捐赠等；在出行方面，减少乘坐私家车，尽量选择公共交通出行，绿色出行，优化购车选择等。

---

① 中国新闻网［EB/OL］.（2012－06－06）［2023－10－09］. http：//www. chinanews. com/ny/2012/06－06.

② 中国妇女网［EB/OL］.（2023－09－06）［2023－10－09］. http：//www. women. org. cn/allnews/29/236. html.

③ Ivanova，et al.. Mapping the Caron Footprint of EU Regions［J］. Environ. Res. Iettm，2017，12.

三、自治

自治是与他治相对称的概念。自治指基层群众的民主选举、民主决策、民主管理和民主监督，自治包括自我管理、自我教育、自我服务、自我提高等一系列内容。[①] 自治理念在中国历史上源远流长。著名汉学家费正清认为，中国古代以及帝制时期所体现出来的治理模式，是一种组合式的模式，即皇权集中在县级以上的层级，而在县级以下则实行自治的方式。费孝通称该传统社会治理模式为“双轨政治”，在中国具有悠久的历史背景与传统文化基因。[②] 碳中和自治是指在碳中和目标的实现过程中，通过基层群众的自我管理、自我教育、自我约束和自我监督等方式，实现自我治理和自我发展。碳中和自治需要碳中和多元主体共同努力，政府优化绿色低碳发展机制，制定法律法规和政策加大监管力度；企业增强绿色创新能力，减少碳排放；公众对政府和企业进行监督。在碳中和治理过程中，形成了政府、企业和公众多中心治理的格局。

（一）政府与碳中和自治

碳中和自治的终极目标是有效治理，也就是善治。善治是指实现公共利益最大化的治理过程和治理活动，是官民共治的一种形式，是国家治理现代化的理想状态。[③] 善治包括 10 个要素：合法性、法治、透明度、问责制、回应性、有效性、参与性、稳定性、廉正和正义。[④] 尽管碳中和治理人人有责、人人尽责、人人享有，但是如果没有政府的引领，就无法调动全社会的力量参与碳中和行动。政府在碳中和自治中需要优化绿色低碳发展机制，制定碳减排、碳交易、增碳汇相关法律法规政策，鼓励企业和公众积极参与碳中和行动。

政府主导绿色低碳发展机制优化，明确碳中和的目标和任务，制定相应的政策和措施，并加强监督和评估。绿色低碳发展是绿色发展和低碳发展概念的综合，其起源可追溯到英国环境经济学家皮尔斯于 1989 年提出的“绿色经济”理论和英国政府于 2003 年提出的低碳概念。绿色发展和低碳发展两个概念有相同点也有不同点。绿色发展与低碳发展的相似之处在于二者的目标一致，都主张提高能源利用效率，减少环境污染，实现可持续发展。绿色发展和低碳发展的不同点在于绿色发展强调保护环境，而低碳发展强调减少碳排放。绿色是指生态环境保护和自然资源合理利用，是资源环境瓶颈约束下经济发

---

① 郁建兴，任杰．中国基层社会治理中的自治、法治与德治［J］．学术月刊，2018（12）：65.

② 费正清．美国与中国［M］．张理荣，译．北京：世界知识出版社，2003：37－38.

③ 俞可平．法治与善治［J］．西南政法大学学报，2016（01）：6.

④ 俞可平．论国家治理现代化［M］．北京：社会科学文献出版社，2014：27－30.

展的追求形态。[①] 低碳是指为了应对气候变化而提出的减少碳排放、增加碳吸收的经济发展理念。绿色低碳发展的动力在于环境目标约束，需要通过绿色技术创新，实现产业调整，最终实现产业绿色转型。

绿色低碳发展机制的优化是一个系统工程，内容涉及纵向到底、横向到边的政策，具备可操作性、保障水平充足的法律法规，多样化的政策工具箱，发达的绿色低碳市场，公众广泛参与的绿色低碳生活方式等。中国绿色低碳生产方式正在不断完善。中国已建成 1491 家绿色工厂、104 家绿色工业园区、205 家绿色供应链管理企业。截至 2023 年 9 月底，中国新能源汽车保有量达到 1821 万辆，占世界总量的 50% 以上。中国新建绿色建筑面积占新建建筑比例已超过 90%。在深圳市福田区，正在全域化推进公共机构节能改造，包括党政机关、学校、医院、美术馆等 129 个公共机构项目的建设稳步推进，逐步变为近零碳城市。[②] 中国各省市的 2024 年重点工作任务都提到积极稳妥推进碳达峰碳中和，加快发展方式，绿色低碳转型。北京、天津、上海、江苏、重庆、四川的碳中和建设主要任务都涉及绿色低碳转型。

在社区、城市、国家和国际层面相互重叠的政策，对碳中和目标的实现都提供了必要的保障。为保障碳中和目标的出现，各国出台了大量法律制度、规章制度、标准制度、检测制度、监管制度。[③]

英国是世界上第一个制定法律，明确中长期碳减排目标的国家。2008 年英国颁发《气候变化法》；2010 年英国标准协会发布了《碳中和规范》，这是世界上第一部《碳中和规范》；2019 年，英国修订《气候变化法》，设定到 2050 年实现碳中和的目标；2020 年，英国发布《绿色工业革命计划》。

德国系统制定了实现碳中和的法律法规。在气候立法之前，德国联邦政府围绕碳减排发布了一系列长期战略行动计划，例如德国适应气候变化战略、适应行动计划等，这些战略行动制定了统一的碳减排目标。为增强这些法律法规的约束力，德国联邦政府又出台了系列法律法规，例如《德国联邦气候保护法》《可再生能源法》《国家氢能战略》。为推动《德国联邦气候保护法》规定的具体行动计划落实，德国联邦政府内阁在 2019 年通过《气候行动计划 2030》，细分能源、工业、运输、建筑和住房、农林等部门的减排目标。

美国在 2007 年实现了碳达峰，各州、市采取了清洁能源行动计划，以应对气候问

---

① 陆夏．“新发展理念”的马克思政治经济学解读［J］．厦门大学学报（哲学社会科学版），2018（05）：1－8．

② 植高质量发展绿色底色 生态文明建设迈上新台阶［EB/OL］．（2023－12－24）［2023－12－26］．http：//www. sanqin. com/2023－12/24/content_10507870. htm．

③ 吴伟光，钱志权，谢慧明，等．浙江省率先实现碳达峰、碳中和路径对策研究［M］．北京：中国环境出版社，2022：153．

题。美国实现碳中和目标有七大措施：针对如何减少温室气体排放制定明确的目标，通过加强可再生能源发展的立法提高能源效率，大幅度推广电动汽车、新能源汽车，减少黑炭、甲烷、氢氟碳化合物等有害空气污染物排放，鼓励社会资本投资清洁能源、弹性社区等项目，开发相应工具与资源以更好应对气候变化。

日本经济产业省在2020年颁发了《2050年碳中和绿色增长战略》，以推动实现碳中和目标。在《2050年碳中和绿色增长战略》中，日本计划从发展海上风电、发展氨燃料产业、发展氢能产业三个方面推动能源供应的低碳化、清洁化；在交通运输、生产制造、循环利用方面，研发和应用新技术实现减排脱碳；发展绿色产业，减少日常生活中的碳排放。

为了实现2030年前碳达峰，2060年前碳中和的目标，中华人民共和国国务院新闻办公室在2020年发布了《新时代的中国能源发展》白皮书，规划了碳中和实现路线。首先，驱动新旧能源转换。加速发展可再生能源行业、节能行业、储能行业、碳捕集与储存技术等行业，逐步替代煤炭、石油、天然气等化石能源。其次，引领传统产业转型升级。工业、电力、交通等行业是碳排放的主要来源，工业行业实现碳中和要改变“高能耗、高污染”的产业结构，引进CCUS等负碳排放技术，利用自然碳汇抵消碳排放。由于CCUS等负碳排放技术难以在短期内获得突破，所以在减少碳排放的同时，控制化石能源消耗、提高化石能源效率、用可再生能源替代化石能源是重要技术策略。电力行业深度脱碳，要降低可再生能源发电成本，建设储能系统。交通行业实现碳中和，要电气化。发展新能源汽车、氢燃料电池汽车、航空航海等交通工具使用生物燃料、氢燃料等降低碳排放。最后，倡导绿色低碳生活方式。供给侧与消费侧同时施策，坚持激励政策、约束政策并行。在供给侧，政府制定推动绿色消费的产业政策、价格政策、财税政策等；完善优化技术、产品、质量等标准化体系；通过监管，确保市场秩序。在消费侧，政府主导创建绿色消费政策体系，引导消费者转变消费理念，培养绿色消费习惯，养成绿色生活方式。

（二）企业与碳中和自治

中国的社会发展经历了两次现代化：第一次现代化是从农业社会进入工业社会，动力是工业化、城市化；第二次现代化是从工业社会进入信息网络社会，动力是数字化、网络化。信息网络社会是知识经济时代，有着最根本的时代特征——复杂性。史蒂芬·霍金曾在世纪之交的一次演讲中断言：“下个世纪将是复杂性的世纪。”（I think the next century will be the century of complexity.）[①] 在21世纪，人类社会的发展也印证了霍金的

---

① Stephen Hawking. Unified theory's getting closer, Hawking Predicts [N]. San Jose Mercury News, 2000 (01): 23.

预言，人类社会正“从复杂性走向不断增长的复杂性。”[①] 在日益复杂的社会，碳中和治理的结构也日趋复杂。企业是碳排放的主体，也是碳减排和增碳汇的积极参与者。在碳中和自治中，企业自觉披露碳信息、增强绿色创新能力是十分重要的。企业应推进信息公开，推进碳信息透明。企业应加强碳信息的公开化和透明化，规范碳排放数据的收集、核算、报告等环节。企业主动披露绿色会计、绿色生产、绿色产品等信息，引导社会绿色消费，推动实现绿色产品价值。[②]

中国碳市场的披露制度主要是自愿公开，并不存在强制公开的情况。碳信息披露项目（CDP）发布的中国调查报告显示，2022 年，对 CDP 调查问卷进行回复的企业有 1681 家，没有回应的有 1485 家，表明仅有 50% 的企业有意愿进行碳信息披露。中国企业碳信息公开主要存在两个方面的问题：一是信息披露规范、碳排放计量方法和审计制度等方面缺乏与中国国情相适应的规定，二是不少企业缺乏主动公开信息的意识。随着碳达峰碳中和目标的提出，企业碳信息的依法公开也被提上了议事日程。中国于 2022 年 2 月 8 日正式实施《企业环境信息依法披露管理办法》，要求企业依法公开所有碳排放信息，包括碳排放、碳排放设施等。[③]

政府要建立起自愿公开和强制公开相结合的制度，使信息公开的作用得到充分发挥；应规定生产企业应尽的义务，也应规定产品信息公示的义务。生产企业信息公示内容包括能源消耗公示和信息公示，涉及产品的资金来源类型等；标签上以标示的方式告知消费者产品寿命周期内所消耗的资源、碳排放等情况，并用量化指数进行标注，方便公众选择更加绿色、低碳的产品，这与日本的“碳足迹”、意大利的“白色证书”、德国的“蓝天使”等都有异曲同工之妙。

增强企业绿色创新能力，是碳中和自治的重要内容。企业生产经营涉及原材料供应、产品设计、生产制造、产品包装、产品运输、市场销售等环节，各个环节都会产生碳排放。企业要加强碳中和意识、强化管理，在发展战略中融入碳中和目标，减少碳排放，推进绿色生产方式改革和技术创新，从而实现经济效益和环境效益相统一。

无论是传统产业还是现代产业，仅依靠某个环节降低碳排放量难以达到碳中和目标，需要多个环节相互配合、相互联动。企业绿色创新能力提升包括结构优化和创新驱动两个层面的内容。结构优化涉及很多方面，如产业优化、产品优化、能源优化、区域优化。产业优化指的是把高耗能行业的比重降下来，把现代服务业和战略性新兴产业发

---

① 莫兰．复杂性思想导论［M］．陈一壮，译．上海：华东师范大学出版，2008：33．

② 陈海盛，沈满洪．中国绿色信用制度的建设经验、定量评估与优化思路［J］．环境经济研究，2023（01）：134．

③ 迟远英，秦翰林，陈亚会．碳信息披露水平对企业融资约束的影响研究［J］．经济与管理评论，2023（06）：5．

展起来；产品优化指的是研发节能型产品和发展高附加值产品；能源优化指的是开发太阳能、风能等新能源，从而降低煤炭的消耗比例；区域优化指的是对产业转移进行科学引导，推动可再生能源就近消纳。创新的引擎涉及许多方面，如技术创新、管理创新、制度创新和文化创新。技术创新是指发展绿色低碳的先进技术，同时广泛采用节能环保技术；管理创新是指企业开发绿色供应链系统，加强对环保生产过程的管理；制度创新是指健全绿色低碳领域的法律法规制度，加强绿色低碳治理；文化创新是指加强绿色环保宣传教育，树立全社会绿色低碳发展意识。

（三）公众参与碳中和自治

如何对多人共用的自然资源进行最佳治理，无论是在理论世界还是在行为世界中，这一问题都未得到很好的解决。已故诺贝尔经济学奖得主埃莉诺·奥斯特罗姆（Elinor Ostrom）教授提出了“自主治理”解决方案，她分析了三个模型：公地悲剧、囚犯困境博弈和集体行动的逻辑。

1968年，加勒特·哈丁（Garrett Hardin）在《科学》杂志发表文章，提出了“公地悲剧”。“公地悲剧”意味着许多人共同使用稀缺资源会导致环境退化。“这是一个悲剧。每个人都被锁定在一个系统。这个系统迫使他在一个有限的世界中无节制地增加自己的牲畜。在一个信奉公地自由使用的社会里，每个人趋之若鹜地追求自己的最佳利益；毁灭就是所有人的目的地。”①

“公地悲剧”经常用囚犯困境博弈表述，这是一种非合作博弈。在这种博弈中，所有参与者都拥有“完全信息”。所谓“完全信息”，是指所有博弈者都知道博弈中信息的完整结构以及与结果相关的报酬。在非合作博弈中，对局人之间禁止交流。对局人是否知道其他对局人的选择，取决于这些选择是否可以被观察到。在“囚徒困境”博弈中，每个对立面都有一个主导策略，无论其他参与者选择什么策略，只要选择背叛策略，对立面本身就会更有利。

1965年，曼瑟尔·奥尔森（Mancur Olson）在《集体行动的逻辑》中提到了与“囚徒困境”密切相关的“囚徒困境”游戏，探讨了让个人寻求自身福祉的难度。《集体行动的逻辑》一书认为，具有共同利益的人会自愿为实现他们的共同利益而行动。“关于群体易于为维护集团自身利益而行动的观点，在逻辑上应该是从理性的和自利的行为这一已经被普遍接受的前提出发所得出的结果。换句话说，如果某一群体的成员有共同的利益或目标，并且如果这一目标的实现会使所有群体成员的境况都比过去更好，那么已有的逻辑推论便是，只要在这个群体中的个人是理性的和自利的，他们就将为这

---

① Hardin G. 1968. The Tragedy of the Commons [J]. Science 162: 1, 244.

一目标的实现而行动。”①

公地悲剧、囚犯困境博弈、集体行动的逻辑可以应用在分析公众与碳中和自治的关系中。公众是政府、市场之外，参与碳中和治理的重要力量，因此，中国政府大力推动公众依法有序参与碳中和治理。党的十八大报告、党的十九大报告、党的十九届五中全会报告、党的二十大报告、党的二十届三中全会报告先后强调了公众参与碳中和治理的方式和达成的具体目标任务。《中华人民共和国环境保护法》、中共中央、国务院《关于加快推进生态文明建设的意见》《公民生态环境行为规范（试行）》《关于推进环境保护公众参与的指导意见》《关于加强对环保社会组织引导发展和规范管理的指导意见》《环境保护公众参与办法》《环境影响评价公众参与办法》等也明确了“公众参与”原则，对信息公开和公众参与进行具体规定，对公众参与碳中和治理提供了行动指南。

社会组织是公众的委托代理人。社会组织应该发挥自身优势，积极参与碳中和治理，推动绿色低碳理念的普及和推广，加强与政府和企业的合作，共同推动碳中和目标的实现。社会组织从创立以来就具备了特殊功能，在节能减排、生态环境保护、减缓全球气候变暖等方面发挥了重要作用。

国际社会助力碳中和的非政府组织（NGO）有三类：针对气候变化议题（能源、交通、碳市场、低碳城市、性别与气候变化等）进行研究和行动的NGO；为研究气候变化的NGO提供资金的资助型NGO；全球性、地区性、国家级的NGO联盟，发挥统筹协调功能，推动联合行动。比较有代表性的国际NGO有C40城市气候领导联盟、国际气候行动网络、英国儿童投资基金会。C40城市气候领导联盟由近100个全球领先城市组成，其主旨是推动全球城市降低温室气体排放，提升城市居民的健康福祉。C40城市气候领导联盟组建了17个技术工作组，研究应对气候变化的重要议题，组织城市联合气候行动，推动城市可持续发展。国际气候行动网络是全球气候变化领域最大的非政府组织网络，超过1500家非政府组织通过全球气候行动网络进行交流合作，共同应对气候危机。全球气候行动网络的会员遍布全球130多个国家，共有18个技术工作组，其关键工作集中于以下五个领域：以人为本理解气候变化影响、终止使用化石燃料、呼吁变革国家气候行动计划、支持民间运动、推进多边进程和宣传。英国儿童投资基金会是全球最大的以提升儿童福祉为宗旨的慈善基金会，在全球有多个合作伙伴，主要工作领域有应对气候变化、保护儿童、促进儿童健康与营养等。

中国推动碳中和、应对气候变化的社会组织也很多元化，有擅长政策研究和国际交流的智库型NGO，也有立足地方气候行动的基层NGO，还有推动气候变化能力建设和

① Hardin G. 1968. The Tragedy of the Commons [J]. Science 162: 1, 244.

联合行动的 NGO。中国比较活跃的 NGO 有中国民间气候变化行动网络、自然之友和绿色江河。中国民间气候变化行动网络成立于 2007 年，目标是在气候变化领域赋能 NGO，参与国际 NGO 对气候变化问题的讨论，加深对政策的理解，强化对决策的参与，提高 NGO 协同合作能力。自然之友成立于 1993 年，通过环境教育、生态社区建设、公众参与、法律行动、政策倡导等方式，重建人与自然的连接，保护生态环境，推动绿色发展。绿色江河的发起人杨欣通过图书义卖，筹集款项，在海拔 4500 米的可可西里无人区建立了索南达杰自然保护站，这是中国第一个民间自然保护站。绿色江河的主要任务是在长江上游区域建立自然生态环境保护站，组织对长江上游地区进行生态环境科学考察，出版宣传生态环境保护的相关资料，开展国际性、群众性环保活动。

社会组织参与碳中和治理的主要职能包括：作为政府和公众联系的桥梁、进行科学知识的普及。社会组织是独立的第三方，可以从多角度、多层次构建平台，并实现政府在平台上与公众沟通、对话。社会组织可以召集相关部门和专家进行座谈，广泛征求各方意见，以期在某些可能导致气候危机的项目正式实施前得到客观的评价和反映。碳中和治理是科学性强且非常严谨的工作，把握及时准确的实际情况对公众来说非常必要。社会组织收集、编写、处理、传播绿色低碳信息，借助传统媒体（报纸、电视、广播等）和新媒体（微信、微博等）等手段，及时向公众传播绿色低碳理念，并通过策划、组织活动等方式与公众沟通、交流，增强公众绿色低碳意识，使公众更加自觉地参与到活动中，实现良性循环。

需要从提升服务质量、完善服务功能、强化人才队伍、拓宽融资渠道入手，强化社会组织在碳中和治理中的作用。社会组织服务质量的提高，取决于社会组织内部的治理结构、服务品牌的塑造、管理水平、服务人员的素质等因素。完善社会组织的服务功能需要加大对社会组织的财政投资，努力开发新型服务产品；着力提高社会组织服务能力，满足服务对象多层次需求的能力；同时，加强不同社会组织间的协作，对资源进行大力挖掘；强化人才队伍建设，运用多种措施提升社会组织中的人员素质；重点探索社会组织工作人员的培养机制、引进机制、激励机制等。资金是社会组织赖以生存和发展的根本，如果没有源源不断的资金，社会组织会为无源之水、无本之木。特别是改变中国人传统的公益理念——做公益不求回报，这是筹资渠道要拓宽的核心。公益不应拘泥于公益的过程和公益的形式，应是从做事情的目标来确定，实现社会效益最大化、维护社会的公平正义。公益项目的市场推广是十分必要的，市场营销需要寻找目标顾客，目标顾客要有购买需求、购买能力和决策能力。社会组织要细分相关企业的经营范围以此确定与碳中和有关的渗透点，解决社会问题，提供相应服务从而获取收益，最终使公众获益。社会组织的优点是社会形象积极向上，对政府决策和社会公众的影响力很强。加入社会组织的知识界人士很多，他们从事教育培训、学术研究等方面的工作。对社会组织来说，与政府、企业和公众建立良性互动是非常必要的，政府可以为社会组织提供基础设施、土地使用、支持资金、税收减免等；社会组织可以和企业合作投资、出售产品从而获取一定收入。①

四、智治

智治是“智”和“治”两字的有机融合，兼具“智”和“治”的内涵和特征。智治既适应知识经济、复杂性社会的要求，又有中国特色。智治是以知识、信息、技术、方法等精神产品为依托，在遵循事物发展运行规律的基础上，对公共问题进行的科学性、系统性、创新性治理。碳中和智治是指运用智能化技术手段和工具，推动碳中和治理的现代化、科学化和高效化。碳中和智治需要充分利用互联网、大数据、云计算、人工智能、区块链等智能化技术手段和工具，推动和碳中和治理的数字化、智能化、高效化、现代化和科学化。

（一）采集数据，建立监测体系

数据是描述事物的符号记录。数据类型有数字、文字、图形、图像、音频、视频等。2021 年，中国各地开始使用物联网、大数据、人工智能等技术手段对碳排放进行监测，但是在使用过程中发现，这些技术手段还需要在以下方面加以改进：数据来源相对单一，智能监测的精准性尚待提高；碳监测评估涉及的能源、环保、自然资源、核查机构等部门信息化建设需要互联互通；需要利用新技术提升智能监测水平。

2022 年 1 月，生态环境部印发《“十四五”生态环境监测规划》，提出“一张网”智慧感知、“一套数”真实准确、“一体化”综合评估、“一盘棋”顺畅高效的规划目标。在《“十四五”生态环境监测规划》的第十一章“筑牢质量根基，推动监测数据智慧应用”中，就提出了建设监测体系的具体举措。要健全监测质量管理体系，“指导各地建立统一管理、全国联网的生态环境监测实验室信息管理系统，运用区块链和物联网技术，实现监测全过程信息封闭式采集、存储和追溯。”要提升大数据监测水平，“按照统一架构、分级建设、规范安全、开放共享的原则，制定生态环境监测大数据和智慧创新应用技术指南，开展全国生态环境智慧监测试点，打造国家—省—市—县交互贯通的会商系统和智慧监测平台，‘一张图’展示全国生态环境质量状况。”②

---

① 沈满洪，郅玉玲，彭熠，等. 生态文明制度建设研究（下卷）[M]. 北京：中国环境出版社，2017：651－656.

② 中华人民共和国生态环境部．“十四五”生态环境监测规划 [EB/OL]. (2021－12－28) [2023－10－16]. https://www.mee.gov.cn/xxgk2018/xxgk/xxgk03/202201/t20220121_967927.html.

碳监测评估技术方法有温室气体排放监测评估技术和生态系统碳汇监测核算。温室气体排放监测评估技术侧重于监测点位布局、主要温室气体及其同位素监测方法制定、覆盖排放源以及温室气体自动监测的设备要求和检测方法，支持温室气体的科学准确核算。生态系统碳汇监测核算体系依托现有自然资源调查监测、全国森林草原生态综合监测、海洋生态系统监测等成果，系统开展草原、森林、海洋、湿地等碳汇本底调查。①

如何做好碳监测评估信息化主要流程包括：基础数据—数据采集系统—监测与管理平台—输出解决方案，其中基础数据—数据采集系统的应用方法是数据传输，数据采集系统—监测与管理平台的应用方法是数据处理，监测与管理平台—输出解决方案的应用方法是数据分析。在碳监测与评估领域，主要挑战在于实现“全时、全域、全量”的碳排放全景监测和生态系统碳储量与变化的科学量化。②在实践层面，针对这些挑战取得了积极进展。例如，在碳排放高频次、全景式监测方面，相关探索实践已开始利用大数据、云计算、机器学习、卫星遥感等前沿技术，构建“实时全景碳地图”，实现碳排放的全域覆盖，并进行多维度、网格化实时监测，利用可视化手段将全国各地的碳排放情况展现在一张地图上。这对于识别和监测全国碳排放的空间分布和趋势具有重要的现实意义。③④

（二）处理数据，建立数字平台

通过建立数字平台，实现数据共享、信息互通和协同治理，提高碳中和治理的效率和准确性。在知识经济时代，随着专业化分工的到来，人们知识的局限性越发凸显。由于缺乏碳中和相关的知识和信息，人们往往局限于个人的理性自利，无法达成对碳中和目标的理解和共识，行动上也会表现出对碳中和目标的实现缺乏信心。但是，碳中和知识与信息不足，可以通过数字平台的建立得以弥补。

碳中和数字平台能够通过对碳中和相关知识的普及和信息的传播，实现对政府、企业、公众等碳中和主体的宣传和教育，使碳中和各主体能够理解碳中和相关的知识和信息，从而超越狭隘的个人利益，看到公共利益、长远利益对个人利益的价值；实现碳中和主体从理解碳中和、认同碳中和、参与碳中和到倡导碳中和的理念和行为转变。

然而，知识信息并非理念信息的必要条件，对公共利益的理解不会必然带来对公共利益的认同。即使在绿色低碳行动中所带来的公共利益大于个人利益，仍然有人会选择

---

①② 杨泽至，舒清态．遥感技术在森林树种多样性监测中的应用研究进展［J］．世界林业研究，2022（02）：1－9.

③ 刘良云，陈良富，刘毅，等．全球碳盘点卫星遥感监测方法、进展与挑战［J］．遥感学报，2022（02）：243－267.

④ 王兵，牛香，宋庆丰．基于全口径碳汇监测的中国森林碳中和能力分析［J］．环境保护，2021（16）：30－34.

个人利益而牺牲公共利益。正如乔恩·埃尔斯特说：“这些现象的典型特征是，任何单个人的贡献都会对多数人产生少许利益，但给单个人——贡献者，带来巨大成本。尽管总体利益通常会超过成本，但是成本却超过利益，因此，从事这些活动没有个人利益。”①

数字平台对公众世界观、价值观的培育是十分重要的。数字平台对国家方针的解读能对公众进行政策教育，使其正确理解国家政策方针的内涵，从而激发主人翁的责任感和积极主动参与的热情。同时，数字平台能够通过文章发表、著作介绍、时事评论、举办论坛、数字问政等方式激发公众对公共问题的关注。另外，数字平台还起着提升公众品德的作用。公众品德包括责权意识、平等精神、法治意识等，是碳中和治理的内驱力。数字平台通过对主流价值的宣传，对碳中和知识的科普，对绿色低碳行为的倡导，以数据共享、信息互通为手段，逐渐催化社会凝聚力，培育绿色低碳、节能减排的良好社会风气。

数字平台还可以推动碳中和信息共享。政府、企业和公众借助数字平台，共享碳中和信息和技术。政府利用数字平台发布碳中和政策措施，传播碳中和目标和理念，开展碳中和宣传教育，推动全社会参与碳中和行动；企业借助数字平台，与供应链产业链的供应商、合作伙伴、客户共享碳中和的实践经验和成果，推动碳中和目标达成；公众通过数字平台，接受碳中和科普知识教育，增强碳中和意识，提升碳中和认知水平，从而有效参与碳中和治理。

（三）共享数据，打破信息孤岛

打破信息孤岛，“知识经济的到来导致社会范式的转变：从以生产物资为主导的工业社会转变为以生产知识、信息为目的和以知识进行生产为主导的‘知识社会’。”② 知识社会的信息与知识呈现多元化、丰富化、专业化、深入化的特征。但是在人类知识库面前，每个人的知识都是有限的。丹尼斯·贝尔认为：“一个社会的创伤，就是指不能掌握个人所需要的全部知识。”③ 通过跨界合作，可以整合不同领域和行业的知识、资源和技术，形成碳中和治理的合力，推动碳中和目标的实现。

生态环境部《“十四五”生态环境监测规划》提出：“组织各级各类监测数据全国联网，规范数据资源共享与服务，加快实现跨地域、跨部门互联互通，提升数据集成、共享交换和业务协同能力。研究推动监测、监管、许可数据联通与工作联动。”④

---

① 埃尔斯特．社会黏合剂［M］．高鹏程，译．北京：中国人民大学出版社，2009：19.

② 王莉丽．智力资本［M］．北京：中国人民大学出版社，2015：31.

③ 贝斯．后工业社会的来临［M］．高铦，等，译．北京：新华出版社，1997：191.

④ 中华人民共和国生态环境部．“十四五”生态环境监测规划［EB/OL］．（2021 - 12 - 28）［2023 - 10 - 16］．https：//www. mee. gov. cn/xxgk2018/xxgk/xxgk03/202201/t20220121_967927. html.

数据不共享会导致不同领域和行业的碳中和治理主体的多样化需求得不到满足，同时部分资源闲置。数据共享可以使设施、技术、项目、人员等要素自由流动，发挥不同领域和行业的优势，给碳中和治理主体提供多样化选择，实现满足不同碳中和治理主体的多样化需求，最大限度发挥碳中和治理主体作用的双重效能。

数据共享的形式多样，具体包括以下三个方面。

第一，通过报纸、广播、电视等传统媒体和微信、微博、短视频、抖音、小红书、哔哩哔哩等新媒体进行交流推广。媒体覆盖面广、传播渠道和功能多样，为碳中和理念的传播和碳中和治理多元主体之间的交流提供了诸多路径。大众传媒的传播存在即时性、互动性、交互性特质，通过传播知识、理念、信息，使碳中和理念根植人心。

第二，通过举办学术论坛、讲座、培训、研讨会等进行交流推广。多元主体参加交流，不仅为理念传播、信息分享提供平台，甚至为政府决策提供了平台。美国政策科学家约翰·金登（John W. Kingdon）认为，在政策系统中有三条不同且彼此独立的源流，分别是问题源流、政策源流和政治源流。在某个关键点上，三条源流汇合到一起，共同推动了“政策之窗”的打开，政策议程由此启动。这是一项政策得以出台的关键阶段，也是最具有戏剧冲突的阶段。①

第三，通过人员的合作与交流，能够实现碳中和相关理念、信息和经验的交流，从而拓宽公众的视野，增加知识库存。同时，在相互交流与头脑风暴中，又会有新思想、新主意、新理念的产生。

推进智能决策也是数据共享的应用场景。决策是脑力劳动，通过思考寻找策略可以解决问题。决策有三要素：决策者、决策对象、决策信息。决策需要决策者依据信息，在一定的人力、财力、物资、时间等资源限制条件下，对决策对象及需要解决的问题进行分析，从两个或者两个以上策略中进行决断，以达到较好效果。智能决策是利用大数据和人工智能技术进行的决策。国外管理信息系统起步于 20 世纪 60 年代。20 世纪 70 年代麻省理工学院教授斯格特·默顿（Scott Morton）最先提出决策支持系统概念，并且研究利用计算机模型辅助管理决策。中国的管理信息系统开发比美国晚 20 年左右，1987 年陈文伟等开发了模型操纵语言，进行模型管理和运行控制。21 世纪，人工智能开始应用于中国的决策支持系统。利用大数据和人工智能技术，对碳减排相关数据进行深度分析和挖掘，为政府和企业提供智能化的决策支持，提高碳中和治理的精准性和科学性。

---

① S. Ladi. Think Tank Traditions: Policy Research and the Politics of Ideas [J]. Future Survey, 2006, 4 (84): 380 - 384.

随着碳达峰碳中和目标的推动，越来越多的行业开始使用大数据和人工智能技术，监测、控制和优化碳管理，为降碳减排提升效能服务。智能决策系统拓展了决策者的认知；智能决策技术是智能减排的基础。智能决策广泛应用于产业链供应链的研发、设计、生产、包装、运输、营销等环节，对每一环节都进行数字赋能，提高了决策的科学性、精准性。

从智能决策对产业链供应链的效能看，智能决策可以助力经营目标分解和产能产线规划，从而提升生产经营效率；同时可以使用灵活的策略组合拼接柔性制造；另外，还可以多目标协同优化财务目标、生产工艺工序、节能减排、元素平衡等。智能决策的实质是借助大数据和人工智能，使决策者快速获取碳排放相关信息，了解碳减排潜能，从而进行科学规划，预测并选取科学的决策方案。智能决策系统有市场需求决策系统、客户分析决策系统、生产优化决策系统、营销优化决策系统、财务决策系统等。智能决策降低了成本，增加了决策的信息含量，因此有力地提高了科学决策能力，帮助决策者进行量化决策。

第二节　碳中和治理的结构

碳中和治理中的德治、法治、自治和智治是一个整体，它们相互联系、相互促进。它们共同构成了一个全面的碳中和治理体系，为碳中和目标的实现提供了强有力的保障。德治、法治、自治、智治四位一体，形成了强大的社会治理动力，它们优势互补，相得益彰。德治是碳中和治理的基础，为碳中和治理提供思想指导和价值引领；法治是碳中和治理的重要保障，为碳中和治理提供制度保障和监管执行；自治是碳中和治理的重要手段，为碳中和治理提供基层基础和群众力量；智治是碳中和治理的重要支撑，为碳中和治理提供技术手段和智能化支持。“四治”的组合运用，对于实现碳中和目标有很大的帮助。

一、整体结构

在碳中和治理中，需要“四治”结合。“四治”结合不是简单的德治、法治、自治和智治的简单叠加，而是将“四治”的作用有机地融合在一起，充分发挥整体效应。“四治”交汇，兼容并蓄，融会贯通，你中有我，我中有你，相交相生。“四治”缺一不可，缺失德治，就会产生人生观、价值观方面的问题；缺失法治，会使碳中和治理成本大幅度提高；缺失自治，会造成混乱的绿色低碳社会运行秩序；智治不足，会产生碳中和治理效率不高、治理不力的问题。因此，碳中和治理中的“四治”不能割裂。在碳中和治理中，德治是碳中和认同的基础，在能源问题、气候问题等尚未出现或者尚处于萌芽状态时，德治在发挥法治与自治之间润滑作用的同时，还可以起到预防和调节的作用。依法治国是自治的保证，也是以德治国的依托。自治是绿色低碳社会运行的基本路径。智治是运用大数据、人工智能、机器学习等现代科技方法，实现碳中和治理的数字化、智能化、高效化、现代化和科学化。因此，智治是德治的重要支撑，也是法治的重要支撑，更是自治的重要支撑。

（一）德治是碳中和治理的基础

中国以德治国历史悠久。古之德治，既有先秦之儒术，又有后秦后汉之儒术。先秦的德治是普适的德治，例如孔子主张“仁者爱人”、孟子主张“民为重、社稷次之、君为轻”等观点。秦汉以后的德治，以三纲五常为核心，“三纲”为“君为臣纲、父为子纲、夫为妻纲”，“五常”为“仁、义、礼、信、智”。其中，以“忠君”为最高道义，以“忠君”为最高道德。中国现代化的“以德治国”是以马克思主义、毛泽东思想、邓小平理论、“三个代表”重要思想、科学发展观、习近平新时代中国特色社会主义思想为指导。中国现代的“以德治国”与中国传统社会的德治有着本质的区别，“以德治国”是以法治为基础的德治，是强调“德法兼治”的德治。习近平总书记强调：“必须坚持依法治国和以德治国相结合，使法治和德治在国家治理中相互补充、相互促进、相得益彰。”① 而中国传统社会的德治实质为人治，强调“德主刑辅”，德治是主要的、基本的，而法治是补充。

碳中和治理强调，在治理过程中贯彻落实生态文明和可持续发展的理念。通过加强宣传教育，增强公众的环保意识和责任感，形成良好的社会风尚，为碳中和治理提供道德和精神层面的支持。绿色、低碳、环保、节约、可持续发展等原则和理念，在碳中和治理中内化为公众的道德准则、价值理念和行为规范，以达到碳中和目的。

具体而言，在道德标准层面，公众自觉将低碳甚至零碳作为内在追求，自愿采取行动进行节能减排降碳。在价值观念层面，公众对碳中和涉及的碳排放权交易、碳汇、碳核查、碳足迹等专业知识及相关政策法律有了知识性认识，对生态环境的尊重和珍惜有了情感性认知，积极参加环境保护行动并自愿选择绿色生活方式。在行为规范方面，公众将绿色低碳固化为日常行为习惯和消费方式，竭力消除高排放、高能耗、高污染的行

---

① 习近平在中共中央政治局第三十七次集体学习时强调坚持依法治国和以德治国相结合，推进国家治理体系和治理能力现代化［N］. 人民日报，2016 年 12 月 11 日.

为习惯。社会公德、职业道德、家庭美德在绿色低碳行动中得到大力弘扬。实现德治需要碳中和教育、碳中和舆论、碳中和信息公开多策并举、齐头并进。碳中和教育包括学校教育、干部教育、继续教育、终身教育。舆论对政府、企业和公众的碳排放行为起到监督作用，碳中和舆论的扩散需要借助传统媒体和新媒体的力量。碳中和信息公开内容包括企业和组织的碳排放量、碳来源、降碳规划、碳市场交易信息、碳汇信息、碳金融信息等。研究表明，长三角城市群金融一体化通过科技进步、人力资本存量这两条中介路径对碳排放有显著的抑制作用。①

（二）法治是碳中和治理的重要保证

亚里士多德（Aristotle）认为，“法治”是与“人治”相对的。法治是“平等的自由人之治”“对自愿的臣民的统治”。法治的主要特征包括：第一，法治以公众利益为目的；第二，全体公民手中的“最高治权”，寄托于“公民群体”，表现为决定国家大事的权力，实际上是由公审法庭或者议事会或者群众来决定；第三，以法律为最高权威，任何方面都要尊重法律，保持至高无上的权威，执政人员和公民团体在法律（通则）所不及的“个别”情况下，只应做出选择，二者都不应触犯法律，裁判的最终决定权，应该由官方制定的法律来决定；第四，统治的前提是公民不单独使用武力，自愿遵守法律。法律至上、人民主权、人权保障、权力制约、公平正义等是现代法治的主要内容。②

通过建立健全相关法律法规和政策体系，规范治理行为，确保治理的公正性、公平性和有效性。自1994年《联合国气候变化框架公约》生效以来，已有近20个国家和地区相继制定了应对气候变化的法律。中国制定了一系列有关绿色低碳发展的法律法规和政策规章。比如《中华人民共和国环境保护法》（1989）、《中华人民共和国节约能源法》（2007）、《中华人民共和国大气污染防治法》（2015）、《中华人民共和国可再生能源法》（2005）、《中华人民共和国能源法》（2020）、生态环境部颁布《碳排放权交易管理办法（试行）》（2020）、国务院发布《关于加快建立健全绿色低碳循环发展经济体系的指导意见》（2021）、教育部发布《高等学校碳中和科技创新行动计划》（2021）、国家发展和改革委员会、工业和信息化部、生态环境部、国家市场监督管理总局、国家能源局发布《关于严格能效约束推动重点领域节能降碳的若干意见》（2021）、国务院发布《2030年前碳达峰行动方案》（2021）、国家发展和改革委员会公布《全国煤电机

---

① 胡思凡，陈鹏宇，钱志权．金融一体化对长三角城市群二氧化碳排放的影响研究［J］．浙江金融，2023（01）：16.

② 亚里士多德．政治学［M］．吴鹏寿，译．北京：商务印书馆，1983.

组改造升级实施方案》（2021）、国务院发布《“十四五”节能减排综合工作方案》（2022）、生态环境部发布《“十四五”环境影响评价与排污许可工作实施方案》等。制定低碳发展相关法律法规和政策规章，为碳中和治理提供了法律支持，保护了相关主体的合法权益。

（三）自治是碳中和治理的重要手段

党的十八大以来，习近平总书记提出了“全过程人民民主”的重大命题，总结了新时代中国特色社会主义民主政治建设的经验。党的二十大报告进一步把发展“全过程人民民主”纳入中国式现代化的本质要求之一，明确提出2035年中国基本实现社会主义现代化的总体目标之一就是要实现“全过程人民民主制度更加健全。”① 党的二十大报告还要求：“完善基层直接民主制度体系和工作体系，增强城乡群众自我管理、自我服务、自我教育、自我监督的实效。”②

碳中和自治，是通过自我修养、自我约束和自我升华，积极培养和践行低碳生产方式和绿色低碳生活方式，遵守和尊重碳中和相关倡议，减少碳排放，将人类对美好生态环境的需求转化为降碳节能减排行动。通过发挥政府、企业和公众的自我管理和自我约束作用，形成自我激励和自我监督机制，提高治理的效率和效果。

政府与自治相关的内容和方式，包括制定并实施碳中和法律法规、推广碳中和理念、推动科技创新和绿色发展、实施低碳治理、推广低碳文化、加强国际合作等。企业与自治相关的内容和方式，包括通过碳补偿实现碳中和、实施低碳或者零碳发展规划、建立碳管理体系、积极参与碳中和行动、优化生产方式以降低碳排放、推动产业链供应链绿色转型、参与碳足迹核算与管理、强化碳中和相关信息披露等。公众与自治相关的内容和方式有应对气候变化、推动低碳经济发展、维护公共健康、促进社会进步、保护生态环境、增强环保意识、参与绿色消费活动、监督企业行为、传播碳中和知识、开展舆论宣传、表达利益诉求等。

推动自治还可以增强治理的灵活性和适应性，及时应对各种问题和挑战。在碳中和治理中，随着不同的时间和空间变化，各种问题也会随时随地产生。这源于自治理念，碳中和治理的行为主体，不管是个体还是组织，都会结合具体的时间特征和空间特征，寻找最合适的治理方式。在碳中和治理过程中，各主体相互连接，政府通过制定法律法规和政策规章来约束企业的行为，企业从事生产经营活动，公众通过投票、消费、社会

---

① 习近平．高举中国特色社会主义伟大旗帜 为全面建设社会主义现代化国家而团结奋斗：在中国共产党第二十次全国代表大会上的报告（2022年10月16日）[M]．北京：人民出版社，2022：24.

② 习近平．高举中国特色社会主义伟大旗帜 为全面建设社会主义现代化国家而团结奋斗：在中国共产党第二十次全国代表大会上的报告（2022年10月16日）[M]．北京：人民出版社，2022：39.

参与对政府和企业的决策产生影响。

（四）智治是碳中和治理的重要支撑

智治是指通过运用信息化手段和智能化手段，实现精准治理、科学治理、高效治理，以提高治理的智能化水平。整合党建、综治、城管等网络，构建“全科网络”，实现多职能部门治理信息实时共享和社会风险联防联控，强化科技支撑的数据基础建设，探索大数据、人工智能等现代科技与社会治理的深度融合。①

智治在碳中和治理中的应用包括以下七个方面：一是建立数字化平台，二是推广智能化技术，三是构建智能化监管体系，四是推进智能化决策，五是加强数据安全保护，六是培育智能化人才，七是推动智慧决策。具体而言，通过建立数字化平台，实现碳排放、碳减排等数据的实时监测、分析和展示，为决策者提供科学依据。推广智能化技术，提高能源利用效率，减少碳排放的低碳技术、节能技术、智能化技术和新能源技术。运用物联网、大数据、人工智能等技术手段，对重点排放源实时监控和预警，提高监管效能。运用大数据、云计算等智能化技术，构建碳减排模型和碳足迹分析系统，为政策制定和产业布局提供科学依据。在利用智能化技术的同时，要重视数据安全保护，确保数据不被泄露和滥用。加强智能化人才的培养和教育，为碳中和治理提供人才保障。

碳中和智治需要政府、企业和社会各方的共同努力，通过智能化技术的应用，实现碳减排和碳中和的目标。随着碳中和治理的推进，要构建智慧化的碳中和治理体系，实现碳中和治理的精准化、一体化、科学化，需要运用大数据、人工智能等新一代信息技术。智治的主要内容是建立数据库、设立数字化平台、实施数字化治理。

智治的实现途径有以下五种。一是建立和完善碳排放监管和评估体系。二是推进碳排放数据管理智能化，运用大数据、人工智能等技术手段，提高碳排放数据的收集、整理、分析和利用效率。三是加强碳排放信息的公开和共享，推动各地区、各部门、各行业间的信息交流与合作。四是鼓励企业开展低碳技术研发和应用，促进低碳技术创新和推广，提高能源利用效率，降低碳排放。五是推进低碳教育宣传，促进全社会参与低碳行动，提高社会公众对低碳的认识。建立规范市场运行、发挥市场配置资源重要作用的碳排放权交易市场。加强国际合作与交流，共同应对气候变化这一全球挑战。

实现碳中和治理体系现代化、高效化、精准化的有效路径是完善碳中和治理体系，

---

① 鲁可荣．共同富裕视域下完善共建共治共享的社会治理制度路径研究——以长三角先发地区为例［J］．社会科学辑刊，2022（06）：105.

实行德治、法治、自治、智治“四治融合”。通过梳理相关文献发现，学术界对“三治融合”关注较多，对“四治融合”尚未大规模讨论。张文显教授等认为，在治理过程中，自治是主体，德治和法治属于两翼辅助。① 郁建兴教授等认为，“三治”是整体论，各有侧重点，次序有优先，同时要发挥相互结合的“乘数效应”，需要相互交织的力量，进行相互促进。② 如何实现最好的组合治理，不同国家排序不同，美国先自治后实行其他治理方式；德国、英国忽视德治等，强调法治在先。③ 碳中和治理是为实现碳中和目标而实施的有效善治，在“三治”基础上加入“智治”这一治理方式，从而形成“四治融合”。为实现“四治融合”，需要注意以下三点。

（1）要在创新“四治”结合的有效载体基础上，加强顶层设计。建设党委④和政府部门⑤“四治融合”的碳中和治理体系是一项系统工程。要科学设置管理体系和组织构架，理顺政府、社会、市场三方关系，统筹协调社会各方力量，把“四治”融入党委、政府及其有关部门的工作之中。基层碳中和治理的创新经验很多，需要将其中的有效经验予以梳理、提炼、概括、总结，从而创新碳中和治理的有效载体。要充分挖掘中国绿色低碳生活、俭朴生活的传统，努力形成规范有序的碳中和治理格局，在党建引领、四治融合、智慧治理方面不断创新和发挥优势。

（2）要扩大公众的有序参与。碳中和治理事务繁多，因此，不能依靠政府大包大揽。“政府已无法成为唯一的治理者，它必须与非政府组织、社区、民众和私人部门一起来治理，推行公共服务的社会化和市场化。”⑥ 另外，“中国的最大特点是超大规模，中国文明与政治共同体从一开始就是超大规模的，在这样超大国政治体中维护健全秩序的唯一有效模式是社会与政府分开、合作的多中心治理。”⑦ 多中心治理强调政府、市场、社会各司其职，对于自身能解决的问题分散化解决，个体无法解决的问题多元主体复合共治。从发达国家的经验来看，多元主体社会共治是环境保护和建设生态文明的有效途径，也是生态文明建设的必然趋势。中国新修订的《中华人民共和国环境保护法》也对此作了原则性的规定。⑧ 为此，必须形成公众有序参与的完整体制机制，实现政府

---

① 张文显，徐勇，何显明，等．推进自治法治德治融合建设，创新基层社会治理［J］．治理研究，2018（06）：5－16．

② 郁建兴，任杰．中国基层社会治理中的自治、法治与德治［J］．学术月刊，2018（12）：64－74．

③ 杨开封．桐乡“三治”实践的解读［J］．党政视野，2016（07）：7－9．

④ 党委相关部门有党建、宣传、政法等部门。

⑤ 政府相关部门有发改、科技、司法、生态环境、交通运输、农业农村、文化和旅游、教育、工业和信息化、自然资源、住房和城乡建设、商务、水利等部门。

⑥ 人民论坛编．大国治理［M］．北京：中国经济出版社，2014：37．

⑦ 人民论坛编．大国治理［M］．北京：中国经济出版社，2014．

⑧ 刘国翰，郅玉玲．生态文明建设中的社会共治：结构、机制与实现路径——以“绿色浙江”为例［J］．中国环境管理，2014（04）：43．

治理、社会调节、居民自治的良性互动，健全公众参与碳中和治理的制度化路径。

（3）需要充分利用大数据、人工智能、机器学习等现代信息技术手段，建立人与人、人与物、人与组织的有机联系，提升碳中和治理的数字化、智能化、网络化水平。现代信息技术已经渗透人们的日常生活，一部手机走遍天下的梦想成为现实。在碳中和治理中，以智治为依托，能够较好地实现精细化管理，使信息传达更为充分；依托大数据预警系统，可以提前预防能源危机和气候变化带来的问题。

二、两两结构

德治、法治、自治、智治都是人类治理国家和社会的智慧结晶，也是社会治理的基本方法。德治弘扬社会正能量，法治是社会平稳、有序运行的保障，自治为社会增添生机和活力，智治提升社会运行的智能化、精准化、科学化。按照功能互补、强弱不同的方式，将“德治、法治、自治、智治”四者排列组合起来，并运用在碳中和治理中。本书将对德治、法治、自治和智治两两之间的关系分为德治与法治、德治与自治、自治与智治、法治与自治、德治与智治、法治与智治，并将它们的关系分析如下。

（一）德治与法治

碳中和治理需要以法治为基础，强化法治观念，注重道德自律与法治他律的结合。在最通常的意义上，道德是人们生活中关乎善恶、对错的行为法则、规范以及相应的人性与人心状态。① 新时代中国特色社会主义法治是法律之治、依法而治、良法善治。② 在碳中和治理中，德治强调的是碳中和理念、社会责任和道德观念，通过宣传教育、舆论引导等方式推动治理目标的实现；而法治则强调制度建设、法律规范和监管执行，通过制定相关法规、政策、标准等，运用刚性规则、透明程序确保碳中和治理的规范化和有效性。

社会主义核心价值观提出了构建法治社会的基本价值准则，也对全体公民提出了道德要求。社会主义核心价值观是法治中国的灵魂。习近平总书记强调：“对一个民族、一个国家来说，最持久、最深层的力量是全社会共同认可的核心价值观。”③ 坚持德治与法治相结合，就必须增强法治的道德底蕴，以道德涵养法治精神。习近平总书记还指出：“要把道德要求贯彻到法治建设中。以法治承载道德理念，道德才有可靠制度支撑。

---

① 王小章．结构、情感与道德：道德转型的社会学探索［J］．社会学研究，2023（02）：94.

② 张文显．一体推进基层法治和德治建设［J］．中国党政干部论坛，2021（08）：33.

③ 中共中央宣传部．习近平总书记系列重要讲话读本［M］．北京：学习出版社，人民出版社，2016：18.

法律法规要树立鲜明道德导向，弘扬美德义行，立法、执法、司法都要体现社会主义道德要求，都要把社会主义核心价值观贯穿其中，使社会主义法治成为良法善治。”① 法律的实施离不开道德的浸润。通过开展形式多样的教育宣传活动，巩固社会主义法治理念所贯彻落实的道德基础，弘扬社会主义核心价值观，增强公民法治意识和道德观念。道德判断一般都体现在法律上，只有合乎人心的道德，才是人们愿意遵循的道德。只有在人民当家作主的当代中国，在以“全心全意为人民服务”为宗旨的共产党领导下，国家对于民众的情感认同和责任担当才能真正落到实处。② 同时，只有符合社会公平正义的法律才能被人们自觉遵守。因此，无论是立法、司法还是执法，都要把社会主义先进道德的要求体现出来，都要贯穿于社会主义核心价值观的始终。

要增强法律的道德底蕴，就要在立法、执法、司法、守法各环节，贯穿中华民族的传统美德。立法要立好法，执法要扬正气，司法要辨善恶，守法要重契约。以道德涵养法治精神的道德教育，旨在强化法治内涵、彰显规则意识、倡导契约精神，维护社会公平正义，引导人们自觉遵守法律规则、履行法律责任。坚持德法兼治，“要坚持严格执法，弘扬真善美、打击假恶丑。要坚持公正司法，发挥司法断案惩罚扬善功能。”③

道德建设需要用法治来维护道德，一方面要强化法治对道德的支撑作用，另一方面要用法治的手段来解决道德领域存在的突出问题。大力树立司法权威，充分运用法治手段对道德领域存在的突出问题加以解决，强化道德的支撑作用。习近平总书记强调：“法律要发挥作用，首先全社会要信仰法律；道德要得到遵守，必须提高全体人民道德素质。要加强法治宣传教育，引导全社会树立法治意识，使人们发自内心信仰和崇敬宪法法律；同时要加强道德建设，弘扬中华民族传统美德，提升全社会思想道德素质。”④

（二）德治与自治

德治和自治的基础都是个体的自由，古往今来，德治和自治都是相互影响、相互融合的。“德治”是以道德为引导，以共同体共享的行为规范为制约，养成人们的羞耻心、自尊心，使人能够做事有底线、有原则，从而达到自治的效果。⑤ 以弘扬正气、引领社会发展方向的中华民族传统美德和社会主义核心价值观为德治理念。世代相传的中华民族的传统美德有“家国情怀”“爱国奉献”“以身报国”“民为邦本”“舍生取义”“公而忘私”“坚忍不拔”“自强不息”“同舟共济”“守望相助”“克己守纪”“尊老爱

---

①③ 习近平．习近平谈治国理政：第二卷［M］．北京：外文出版社，2017：134.

② 赖金良．“中国奇迹”背后的中国社会［J］．浙江社会科学，2020（10）：80.

④ 习近平．习近平谈治国理政：第二卷［M］．北京：外文出版社，2017：135.

⑤ 司文晶，宣朝庆．论社会治理的共同体传统及其应用价值［J］．江苏社会科学，2023（05）：128.

幼”“团结互助”“仁者爱人”“天下大同”等。[①]

德治是以内化道德规范为前提的，而自治又不能依靠外部强制力，因此自治是德治的深厚根基。自治在民间形成了社会共识。2019 年 1 月，习近平总书记出席中央政法工作会议并发表重要讲话，提出：“要完善基层群众自治机制，调动城乡群众、企事业单位、社会组织自主自治的积极性，打造人人有责、人人尽责的社会治理共同体。”[②]在发挥社会活力的问题上，社会质量理论将社会赋权和社会参与作为衡量社会发展状况的基本方面。在改革开放的“新时代”，仍然要通过增能和赋权来增强广大群众创造历史的积极性。[③] 党的十九届四中全会提出，坚持和完善共建共治共享的社会治理制度。从以前的共建共享到共建共治共享，是对公共治理理念的吸纳和认同。共建主要是所有权的问题，共享主要是收益权的问题，共治主要是参与权的问题。[④] 改革自治需求随着个体或组织自我意识的提高而不断增强，通常有自上而下和自下而上两条渠道，自治需求满足更多依靠道德素质和价值观念的主观引导。[⑤] 同时，自治也因为有德治的存在而更加有序、更加有效、更加规范。

自治是自我治理，强调的是主体性、自觉性、自发性、自律性的人的自我治理，以激发公众的创造力和活力。自治贯穿于人类发展历史中，在任何社会中自治都不可缺少。但是如果派人监督每个人，治理成本过高。中国推行自治，是外部力量嵌入自治制度并贯彻执行，具有一定的刚性。然而，由于自治与德治浑然一体，因而创造了自由、平等、公正、民主、文明、和谐的社会氛围。在碳中和治理中，气候系统是全球公共资源。公共资源是所有人都可以使用，但是无人宣称对其所有权，或者说公共资源是对某种资源的共同所有资源。气候系统作为公共资源，没有统一的外部权威介入，必须由政府、企业、非政府组织和个人共同承担责任，以施加规则、监督执行和执行惩罚。公共资源可持续发展，需要信任和互惠，而信任和互惠是中华民族的传统美德。由此可见，德治已经深深根植于自治的脉络之中，因此，必须以自治为基石，把碳中和自治的实践不断引向深入。

自治是自我创新与率先创新，是积极推动碳中和治理的重要方式。因为在自治过程中，不仅全面推动碳中和治理相关活动，同时还要不断增强主体化意识，这对于公众全

---

① 赖金良．“中国奇迹”背后的中国社会［J］．浙江社会科学，2020（10）：77.

② 习近平．全面深入做好新时代政法各项工作，促进社会公平正义保障人民安居乐业［N］．人民日报，2019年1月17日.

③ 林卡．中国社会发展的新时代与包容性发展［J］．中国社会科学评论，2019（01）：33.

④ 冯仕政，李春鹤．新发展阶段与新社会治理［J］．社会治理，2022（01）：19.

⑤ 岳经纶．城市基层行政组织的制度调适：一个“主体需求——制度结构”的分析框架——基于深圳市Y街道的实践［J］．行政论坛，2023（05）：88.

面提升绿色低碳认知水平是非常有效的，所以深化碳中和治理一定要以自治为基础，以使全面推动碳中和治理工作的顺利进行。要积极发挥在碳中和自治行动中，中华民族传统美德和社会主义核心价值观的作用。低碳社会的高效治理和有效运行，离不开社会公德、职业道德和家庭美德的引领和指导。以文明礼貌、助人为乐、爱护公物、保护环境、遵纪守法为主要内容的社会公德，在《新时代公民道德建设实施纲要》中明确提出要推动践行。《新时代公民道德建设实施纲要》还提出，要推动践行以爱岗敬业、诚实守信、办事公道、热情服务、奉献社会为主要内容的职业道德。另外，《新时代公民道德建设实施纲要》还提出，以家庭美德带动家庭健康发展为主要内容，促进尊老爱幼、男女平等、夫妻和睦、勤俭持家、邻里互助等家庭美德的实践。

（三）自治与智治

自治和智治是碳中和治理中的两个重要手段，二者相辅相成，共同推动碳中和治理的进步。自治是指通过发挥政府、企业、非政府组织和个人的主体作用，推动绿色低碳发展，如企业加大碳减排力度、个人践行绿色低碳生活等。智治则是指运用现代信息技术和智能化手段，提高碳中和治理的效率和准确性，如建立碳排放监测系统、开发绿色金融应用等。

受成都市政府指导，“碳惠天府”绿色公益平台由成都产业投资集团有限公司建设并负责运营。2019 年，成都提出打造“碳惠天府”平台，旨在降低碳排放，改善生态环境、推动绿色生产、营造绿色生活。2020 年，成都出台了《关于构建“碳惠天府”机制的实施意见》，提出在全市推广低碳生产、低碳生活、低碳消费模式。2021 年 5 月，“碳惠天府”绿色公益平台正式在微信、支付宝等软件上线。引领低碳生活新风尚的“碳惠天府”绿色公益平台通过建立公众碳减排积分奖励机制，鼓励公众通过微信、支付宝等小程序设置步行、共享单车、新能源汽车驾驶、环保随手拍等低碳生活场景。同时，“碳惠天府”绿色公益平台在设置低碳生活场景的基础上，通过发放低碳消费积分、构建双重积分和积分兑礼制度等方式，不断推出商场、酒店、餐饮、景区等低碳消费活动，提高公众对低碳生活的参与度和获得感。“碳惠天府”还助力低碳绿色金融发展。平台鼓励商业银行参与平台碳排放认购活动，包括银行在内的金融机构借助认购获得碳积分，并为银行等支持绿色产业发展的金融机构提供碳排放交易线上场所。通过“碳惠天府”绿色公益平台“牵线搭桥”的方式，银行等金融机构对减碳的企业有所了解。

智治依托科技创新、数字赋能，推进生态环境治理。全国多地已经初步建成陆海统筹、天地一体、上下联动、信息共享的生态环境监测体系，合理运用全球定位系统、卫星遥感、视频监控、红外探测等数字技术。由1400多个城市环境空气质量自动监测站、2700多个地表水环境监测断面、1800多个水质自动监测站，1500多个海洋环境监测点和近8万个土壤环境监测点组成的国家层面的生态环境监测站点已经形成。它由国家级监测机构统一监测和运行维护，使环境保护业务趋向精细化、具象化，具体涉及污染源监控、环境质量监测、监督执法和管理决策等，实现实时采集、高效传输有效信息。①

（四）法治与自治

法治是自治的一个必要条件，任何程度的自治都需要良好的法律体系，没有法治，自治将无从谈起。② 自治需要遵守法律法规和规章制度的规定，法治保障自治依法有序、稳定运行，在合法范围内参与公共事务。毋庸置疑，自治必须符合法治精神，而人们对法律权威崇敬的理想境界就是法治精神。《牛津法律大辞典》的编著者戴维·M.沃克曾经一针见血地指出："法治精神是指所有的权威机构、立法、行政、司法及其他机构都要服从于某些原则，如正义的基本原则、道德原则、公平和合理诉讼程序原则等，这些原则一般被看作是表达了法律的各种特性，它含有对个人的至高无上的价值观念和尊严的尊重。"③

将法治精神贯穿于立法、司法、执法、守法各个环节，引导法治发展方向，是法治的核心价值所在。碳中和治理的自治需要法治精神的指引，更需要法治与自治的整体融合。自治需要以法治为基础和前提。一方面，法治是实施碳中和治理的基础保障。中国完整的法律规范体系以《中华人民共和国宪法》为核心，是所有组织、所有个体的行为准则。在碳中和治理中，各主体只有严格遵守宪法、法律，其行为才有合法性，才能得到法律的保障。反之，违反宪法、法律的行为都将受到追究。另一方面，法治是碳中和治理创新的前提。所有与碳中和治理相关的创新的理论研究和实践探索都必须在法治的前提和框架下进行，做到合规合法。

碳中和治理的创新本质上是运用法治实现碳中和治理的科学性与民主性，推动碳中和治理的科学化、法治化、民主化。碳中和治理是为了促进社会的良性运行和协调发展。在碳中和治理的实施过程中，由政府、企业和公众等主体共同推动和协同努力、平行协商，柔性化运作，引导、协调、打理、规制碳中和中的社会关系状态。而法治恰恰为社会良性运行和协调发展提供制度规范，减少了政策风险、人为风险，增加了组织和

---

① 顾金喜．生态治理数字化转型的理论逻辑与现实路径［J］．治理研究，2020（03）：33－41．

② 陈柏峰．基层社会治理模式的变迁与挑战［J］．学习与探索，2020（09）：49．

③ 沃克．牛津法律大辞典［M］．中国社会科学发展研究所，译．北京：光明日报社出版社，1988：790．

个人行为的规范性和协调性。

发展法治离不开碳中和治理的推动。随着碳中和治理体系创新的持续推进，需要建立和完善与碳中和治理实践相适应的法律体系，由此产生对法律的立、改、废、释的新要求，从而对法治发展产生推动作用。碳中和治理通过对治理主体、治理理念、治理方式等方面的改革与创新，带来了治理效应，这将为中国碳减排进程的推进创造更好的社会条件。

（五）德治与智治

德治是儒家理论的思想精华，其在中华民族实践几千年，并得到了发扬。德治要求通过道德伦理潜移默化的作用，树立正确的价值观，营造和谐的社会氛围，达到“有为而治”的目的。德治强调“仁”“礼”，是柔性的治理手段，它运用特有的文化资源和道德规范，构建起公众自愿遵守的行为规范体系，提高公众的道德素质和文化水平，使其自我教育和自我管理。

德治的适用条件为：首先，有德可依。治理者和治理对象都是有德之人，双方都守德才能推行德治。如果治理者无德，德治会是欺诈；如果治理对象无德，德治可能难以见效。例如，《三国演义》中诸葛亮“七擒孟获”之后才推行德治。其次，德有共同性。“德”作为一种行为规范和价值理念，必须在社会成员共同认可下才能推行。如果没有共同性，德治就难以实施。最后，德治以人际关系和谐为目的。推行德治是为了促进人际关系的良性互动。

智治是运用数字化、网络化、智能化的技术手段和工具，推动碳中和治理的现代化、科学化和高效化。社会实践在信息化时代的三种基本形态是数字化、网络化和智能化。数字化是主体通过数字化的信息或程序，认识话题，掌握和作用对象的社会实践；网络化是主体之间、主体与客体之间通过信息媒体系统进行网络沟通的实践；智能化是通过智能手机模拟专家系统或人的智慧进行感知、思考和行为的过程，是模拟专家系统或人的主体进行的一种实践活动。①

智治的适用条件为：首先要有数字化、网络化、智能化的技术手段和工具。智治是以大数据、物联网、5G通信、云计算、区块链、人工智能等为主要依托的。其次是适用于长期之治。数字化、网络化、智能化的技术手段和工具带有长效性，可以提高工作效率，同时技术手段不断迭代升级。最后是适用于竞争环境。技术手段和工具往往以逐利为目的。

智治是“双刃剑”。一方面，数字化、网络化、智能化的技术手段和工具给人类提

① 刘少杰．从实践出发认识网络化、数字化和智能化［J］．社会科学研究，2022（02）：68．

供平台功能，比如信息平台功能、交流平台功能、服务平台功能、工作平台功能、消费平台功能、监督平台功能、娱乐平台功能、疏解平台功能。[①] 另一方面，数字化、网络化、智能化的技术手段和工具也带来了诸多网络社会问题，分布于网络服务运行、网络传播规制、网络舆论引导、网络内容供给、网络强势垄断，网络素养培育领域。[②]

对网络社会问题的解决，除了解决相关技术手段外，关键是解决人的问题。“移动互联与社交媒体让我们的世界小到尽在掌握，但在技术革命背后，传播消息和情绪的最终还是人与人构成的网络。”[③] 对网民进行道德教化，也是德治十分重要的内容之一。网民有道德自律精神，严格恪守社会公德、职业道德、家庭美德、个人品德，知道在智能场景何可为、何不可为。

（六）法治与智治

碳中和治理中的智能场景需要法治保障。法治是一个国家或者社会依照法律所形成的良好的社会秩序。法治是和民主联系在一起的，是社会治理的一种理念。法治以刚性规则、透明程序弘扬社会正义、遏制违法行为。

当然，法治也有两个明显的缺陷：一是相对滞后。法律一般是在大量社会行为发生之后，才能归纳、总结、提炼出规律，从而制定有针对性的法律规范。因而在现实生活中，会出现法律真空或者法律与实际不符的情况。碳中和治理的智治依托的数据库、数字化平台以及数字治理，缺少法治约束。二是法律程序比较烦琐，执法成本较高，执法程序未细化。碳中和治理的执法机构包括环境保护局、能源管理局、排放交易监管机构等，其法律职责有监测、检查、处罚等。碳市场制度体系创设了诸多新制度，但执法程序还没有细化，导致执法程序衔接空白。

针对法治的相对滞后性，判例法有一定的合理性。判例法可以为遇到的新问题提供依据。2023 年 2 月 17 日，最高人民法院召开新闻发布会，发布《最高人民法院关于完整准确全面贯彻新发展理念 为积极稳妥推进碳达峰碳中和提供司法服务的意见》暨司法积极稳妥推进碳达峰碳中和典型案例，包括温室气体排放环境侵权、碳排放配额清缴行政处罚、碳排放配额转让合同、国家核证自愿减排量技术服务合同、破坏环境监测计算机信息系统、碳排放配额强制执行等碳中和治理的相关案例。这些案例都是针对新类型案件的判例，这些判例对于指导人民法院审理碳中和治理相关案件具有重要意义。

---

① 李一．网络社会治理新论体系完善与功能整合［M］．杭州：浙江人民出版社，2022：62.

② 李一．网络社会治理新论体系完善与功能整合［M］．杭州：浙江人民出版社，2022：206.

③ 马修·杰克逊．人类网络：社会位置决定命运［M］．余江，译．北京：中信出版社，2019：1.

针对法律程序烦琐、执法成本较高、执法程序未细化问题，需要构建综合行政执法体系，进行政府—市场—社会协商式执法。整合生态环境保护、能源管理、排放交易管理、城乡建设、金融监管、科技管理等部门，组成多部门综合行政执法体系，在碳排放、碳核算、碳监管等领域制订责任清单；对执法人员进行常态化培训，提升其法治意识、道德素质、知识水平和专业技能。

第四章　碳中和治理之法治

碳中和法治是在习近平法治思想、习近平生态文明思想指导下，为实现碳中和目标而形成的法律和制度体系及其相关的社会治理措施，其目的在于通过强制性约束，推动碳中和目标实现。随着碳中和行动的展开，碳中和法治问题逐渐成为法治理论研究的热点。碳中和法治强调依法治理，即碳排放监管、碳市场和碳定价、碳减排技术和创新的支持、碳信息公开等有关行为要在法律的框架下进行，以法律手段来保障碳中和目标实现。碳中和治理中的法治内容主要从立法、执法、司法、守法四个层面展开。中国特色社会主义碳中和法治体系建设有利于协调各方利益，汇聚“双碳”目标实现的各方力量。为了保障碳中和法治的有效实现，必须坚持党的领导、政府主导和民主治理。

第一节　法治在碳中和治理中的定位

党的十八大以来，习近平总书记高度重视依法治国，立足于新发展阶段，创造性地提出了一系列全面依法治国的新思想、新理念、新战略，形成了习近平法治思想。“凡属重大改革都要于法有据。在全面深化改革开放的历史进程中，要高度重视运用法治思维和法治方式，发挥法治的引领和推动作用，加强对相关立法工作的协调，确保在法治轨道上推进改革。”① “用最严格的制度、最严密的法治保护生态环境”是依法治国在生态文明制度建设中的基本共识。党的二十大报告作出“积极稳妥推进碳达峰碳中和”②的重大决策，从依法治国的角度来看，这一重大决策也需于法有据。实现碳达峰碳中和既是经济社会的系统性变革，也是一场生态治理的革命，不仅需要协调各方利益，也需要强有力的法治保障。法治成为护航碳中和治理的关键法宝，将推动碳中和目标的有效实现。法治为碳中和治理划定了底线思维、强化了刚性责任、明确了预期目标。底线的设定有助于规范行为、维护社会秩序，明确和承担各方责任有助于保护权益、维护公平

---

① 中共中央文献研究室．习近平关于全面深化改革论述摘编［M］．北京：中央文献出版社，2014：153.

② 习近平．高举中国特色社会主义伟大旗帜 为全面建设社会主义现代化国家而团结奋斗——在中国共产党第二十次全国代表大会上的报告［N］．光明日报，2022年10月26日（002）.

正义，设定和实现预期有助于引导行为、促进进步。法治作为国家治理体系和治理能力的重要依托，确保社会各方按照法律要求行事，共同保障碳中和目标的实现。

一、底线思维

"底线"指最低的条件或限度。[①] 在社会生活中，通常指不可逾越和触碰的规则，使人们的行为在活动界限内，有时也被称为"高压线"或是"警戒线"。"底线"通常是就事物或事态变化而言的，指的是事物从量变到质变的界线。底线是法治的根本内核，是指行为合法性和合规性的最低标准，是秩序的基石。法治通过确立底线，明确禁止的行为和红线，减少行为的不确定性，为社会成员提供了明确的行为规范和参照，有助于防止任意妄为、违法乱纪的行为，维护生态治理的正常秩序和公共利益。

（一）底线思维的本质规定

在碳中和治理中，法治底线思维的本质具有两个重要内涵。第一，底线思维体现了法治作为一种底线的本质，即行动主体基于客观情况所设定的最低期望目标，这种划定主要体现为定量方面。国家可以设立法律法规和政策，规定企业的温室气体排放限额，对超出限额的行为进行严厉处罚，确保碳中和目标的切实落实。这种制度安排在法治层面为碳中和目标的实现提供了明确的法律依据。第二，底线思维也涉及依法治理的基本原则和行动准则，即在制定政策和措施时必须遵循。在这一层面，底线思维体现了对法治原则的尊重和奉行，以确保制度的公平性和有效性。例如，在制定碳中和相关政策时，必须严守科学的温室气体排放计算方法和排放权分配原则，确保整个制度体系具备公正性和可操作性。这种划定不仅规范了行动主体的行为，也保障和维护了整个碳中和治理体系的可持续运行。

马克思主义哲学基本原理揭示了质变与量变规律，即"量变引发质变"。任何事物都有量和质两个方面。量指事物的大小、密集程度，质指事物的本质属性、性质、组成方式等。在一定条件下，量的变化是渐进的、是数量上的变化，但当量的积累达到一个临界点时，质会发生跃迁，产生根本性变化。量的积累为质的飞跃提供了基础，事物通过质变向高层次质态"飞跃"，或是通过质变向低层次质态"坠落"或"蜕变"，均为社会事物在现有质态下可能的运动方向。所谓"底线"，就是社会事物保持其现有质态的"度"的下限，是往倒退或坏的方向质变的临界点，一旦突破此"下限"或"临界

① 中国社会科学院语言研究所．现代汉语词典（第7版）[M]．北京：商务印书馆，1978：282.

点”，事物就陷入一个更低层次的质态，甚至坠入不堪设想的可怕境地。[①] 因此，对于消极的、不利的量变，一开始就要采取切实措施，努力加以抑制，做到防微杜渐，以免积重难返。[②] 法律——作为法治国家的工具，维护了社会的基本运行秩序，体现了社会运行的底线思维。

（二）碳中和法治底线思维的功能

作为一种治理方式，法治具有明确行为规范、促进公平竞争、强化管理和监督以及保障公民权益的功能，能够为碳中和目标的实现提供法律框架和保障。正是由于法律在某种意义上表现为一种质态蜕变的临界点，所以法律也就成为一种不可逾越的底线。在碳中和治理的法治化进程中，法律要为“双碳”行动设定一定的边界，划定经济社会发展可以承受或能够认可的阈值的下限，或者说是最低期望值或不容侵犯的警戒线。在法治的引导下，行动主体能够基于客观情况确定最低期望目标，同时遵循基本原则和行动规范，以推动碳中和治理向预定方向发展，但是，如果突破底线将对行为主体造成难以估量的后果。

碳中和法治是通过制定法律法规和政策，明确碳排放的底线标准和约束性要求，确保企业、组织和个人在碳中和行动中遵守法律，实现零碳或净零碳排放的要求。法治将碳中和目标转化为法律规定，对违法行为进行惩罚和制止，并保障公民合法碳排放权益。法治底线思维对于碳中和治理有着直接的指导性功能，管理部门可以根据科学的研究方法对碳排放指标进行评估，确定碳排放的极限和阈值，并依法对超过碳排放阈值的行为加以限制和处罚。法治通过制定和执行相关法律法规，对碳排放行为进行规范和监管，确保碳中和目标的达成。通过依法治理碳排放，可以明确界定不可逾越的底线，减少或禁止破坏性碳排放行为发生，更加有效地使个人、企业和政府在碳中和行动中遵守法律，不得无视碳排放要求牟取私利和发展经济。

（三）碳中和法治底线思维的意义

党的十八大以来，习近平总书记将底线思维不仅应用于中国特色社会主义建设的各个方面，还运用于治国理政全过程，其中就包含了碳中和法治建设方面。底线思维应贯穿于法律制定、执行和遵守的整个过程中，由此，在碳中和治理中，底线思维要求行动主体必须遵循法律的基本原则和行动规范，如科学性、公正性、公平性、公约的履行

---

① 杨玉成．从忧患意识到底线思维：党的几代领导人的坚持和发展［J］．毛泽东邓小平理论研究，2022（07）：4.

② 上海市高校《马克思主义哲学基本原理》编写组编．马克思主义哲学基本原理［M］．上海：上海人民出版社，2003：113.

等。同时，在执行碳中和措施时，应当保障各方的权益、遵循环境公约的约定，确保行为的合法性和合规性。政府、执法机构和司法机关应当根据法律规范和底线思维，依法行政、公正执法和公正司法，这有助于维护社会的公平正义，增强公民对法治的信任和支持。

首先，促进底线思维的形成和认同对于实现碳减排目标和推动碳市场的发展至关重要。公民可以对碳减排行动的边界和限制有清晰认识，并将其融入决策和行为中，有助于引导个人、企业和政府合理选择碳减排方式，形成有利于碳中和目标实现的行为习惯。其次，底线思维的认同有助于推动碳市场的发展。碳市场作为实现碳减排目标的重要机制，需要有规范的行为准则和底线的约束。再次，底线思维的认同可以促使市场参与者遵循市场规则、自觉履行责任，避免规避和操纵市场，确保碳交易的公平性和透明度。同时，底线思维的认同也有助于实现共同构建碳中和目标的法治环境。碳中和的实现涉及各个层面的法律和制度安排，包括碳市场监管、碳减排目标管理、碳交易契约执行等。最后，底线思维的形成和认同为这些法律和制度的建立提供了基础。将底线意识纳入行为决策中，使公众遵守法律规范和原则，并且认识到碳减排的法律约束和法律责任。这有助于构建规范的法治环境，推动碳减排行动的合规执行和公正监督，确保实现碳中和目标。

二、刚性责任

我国力争2030年前实现碳达峰，2060年前实现碳中和，是党中央经过深思熟虑作出的重大战略决策，是对国际社会的庄严承诺，也是推动高质量发展的内在要求。[①] 我国已步入全新的发展阶段，推进“双碳”工作成为解决紧迫的资源环境制约问题的当务之急。推进“双碳”工作既是适应技术进步的趋势、推动经济转型升级的紧迫要求，也是促进人与自然和谐共生的切实需要。在新的发展阶段中，推进“双碳”工作这一举措不仅有助于解决严峻的资源环境问题，也有助于确保未来可持续的发展路径。同时，它也紧跟技术进步的脚步，引领经济结构的升级和转型，使我国在新时代的发展中更具竞争力。除了经济层面的考量，推进“双碳”工作还应顾及人民群众的合理期待。随着人们对美好生态环境的需求不断增强，碳中和治理成为满足这一需求的一个方面，有助于实现人与自然的和谐共生。在这个过程中，我国要积极担当起大国责任，为全球碳中和贡献力量，向构建人类命运共同体的目标不断迈进。为了实现这一宏伟目标，需

---

① 习近平．正确认识和把握我国发展重大理论和实践问题［J］．创造，2022，30（07）：4．

要强有力的制度约束和法治保障，因此，只有将其作为一种刚性责任，才能动员全社会的力量投入这一战略行动。

（一）刚性责任的现实意义

责任是法治的核心要素，是法治社会运行的基本原则。法治通过界定权利与义务、禁止与允许的范围，使社会成员在行使权利的同时承担相应的责任。法治社会建立在法律的基础上，所以每个人都有责任遵守法律的规定。个人应遵守公共秩序、尊重他人权益，不进行任何违法和不道德的行为。组织和企业也有责任遵守相关法律法规，保护公民权益，履行社会责任。政府有责任制定和执行合理的法律政策，促进社会秩序的稳定和公平。责任还意味着承担行为后果和补救义务。在法治社会中，每个人的行为都有可能对他人造成损害或侵害他人的权益，因此，当个人或组织的行为导致他人受到损害时，必须有责任承担相应的后果并采取补救措施。这包括赔偿受害人的损失、修复被破坏的环境、承担法律责任等。

责任的承担不仅是对受害人的一种公正回应，也是维护社会秩序和公共利益的需要。责任意味着透明度和问责制。法治社会要求权力行使者对其行为负责并接受公民的监督。组织和企业也应当对其行为和决策负责，并接受相关机构或公民的监督。个人在行使权利时也要明确自己的责任和义务，不滥用权力或侵犯他人的权益。“越是领导干部，越是主要领导干部，越要自觉增强法规制度意识，以身作则，以上率下。”① 要落实领导干部“双碳”责任制，严格考核问责以确保行使的权力合法合理，避免发生权力滥用和腐败行为，对那些不顾“双碳”目标盲目决策、造成严重后果的领导干部要追究其责任。

（二）碳中和法治的责任和义务

碳中和法治明确了“双碳”目标各方主体的责任和义务，碳中和作为对气候变化的战略性响应，需要确保所有主体都积极参与和承担责任。通过法律约束、强制要求、执法和监管以及违法行为的惩罚，确保相关行业和企业履行其在碳减排方面的责任，推动碳减排目标的实现。在传统的环境保护法律框架下，碳中和的目标和要求被纳入法律体系，使各个主体不仅对碳减排和碳吸收行为负有责任，还要承担法律追究的风险。这种刚性责任的确定可以促使各个主体更加认真地履行碳中和义务，确保碳减排和碳吸收行动的真实性和有效性。

碳中和法治的刚性责任与碳中和目标的达成密切相关。在实现碳中和目标的过程

---

① 中共中央文献研究室．十八大以来重要文献选编：上［M］．北京：中央文献出版社，2014：135.

中，法律规定了明确的时间表、指标和措施，督促各个主体按照规定的要求进行碳减排和碳吸收行动，如有违反法律的行为将会面临严重的法律后果，以此确保碳中和目标的有效实施和达成。将碳中和纳入法治的框架可以强化监管和执法机制。政府在碳中和法治中扮演着重要的角色，通过制定和实施相关法律法规，监管各个主体的碳中和行动，评估和监测其履行情况，并对违法行为进行处罚。法治的框架可以确保监管机构的独立性和专业性，保证监管和执法的公正性和公平性，从而提高碳中和行动的可信度和可持续性。

碳中和法治的刚性责任还可以促进技术创新和推动经济转型。在法律的约束和强制下，企业和个人将会面临减少碳排放的激励和压力，这将进一步推动企业的技术革新。通过法律的强制力，可以加速企业对清洁技术的研发和应用，推动经济向低碳、绿色和可持续方向转型。这些法律框架可以为地方政府、企业和个人提供明确的指引，并推动他们采取行动以实现碳中和目标。

（三）碳中和法治的现实约束力

碳中和法治责任是刚性而非柔性的，这意味着这份责任具有强制性，而非选择性，因此不能随意选择性地履行或回避。与柔性责任不同，刚性责任不允许个人、组织或企业根据自己的意愿或利益来选择是否履行碳中和责任。碳中和法治责任的遵守是义务性的，不能被个人、组织或企业随意违反或规避。强制性责任可以使国家和政府能够进行更加准确的碳排放规划和监管，这使政府能够更好地衡量和控制碳排放水平，进行有效的政策调整和管理措施。另外，政府通过强制性责任的监管，确保企业和组织遵守碳中和法规和政策，减少违规排放的发生。在缺乏强制性责任的市场经济情况下，企业和个人可能会倾向于选择经济利益而不是环境利益，因此，设定强制性责任可以强制执行减排目标，并让更多企业和个人积极参与到碳减排行动中，加快实现碳中和的进程。国家可以通过法律法规和政策措施对碳中和责任进行强制性约束和监督，包括制定法律，规定碳排放限额和标准，设立相应的处罚机制来追责违法行为。

法治在碳中和目标的实现中发挥着刚性的规范和约束作用。国家应当通过法律法规和政策措施明确企业的碳排放限额，并通过环境监测和追责机制来保证碳排放限额的有效性。企业需要按照法律要求，在减少温室气体排放、发展低碳经济等方面承担起刚性责任。法律的刚性规定和追责机制，使碳中和目标得以落地和执行，并推动整个社会朝着碳中和方向迈进。碳中和涉及各个行业和企业，因此在减排成本、技术创新、市场竞争等方面存在差异。碳中和法治化可以通过建立公平、公正、透明的市场规则和交易机制，避免不正当竞争行为，确保企业在碳市场中公平竞争。同时，法治也能够为企业提供合理的补偿机制和政策支持，以平衡不同企业之间的利益，推动全社会共同参与碳中和行动。

法治提供了制定和实施气候变化政策的法律框架。通过法律，政府可以采取具体的措施减少温室气体排放、提升可再生能源和能效、调整工业结构等。法治还可以确保温室气体排放的监测、报告和核查（MRV）机制的建立和实施。合同、法律和监管机构的存在，能够全面跟踪、评估和核实温室气体的排放量，确保企业和组织遵守减排承诺，并为政府提供政策评估依据。法律框架可以鼓励和规范碳交易、碳定价和碳市场发展，促进碳中和行动。例如，通过设立碳排放配额制度、碳税或碳交易市场等经济刺激措施，激励企业和个人降低温室气体排放，采取可持续经营方式。同时，政府还可以制定奖励机制，鼓励企业和个人积极履行碳中和责任。刚性责任的落实可以确保碳中和行动的全面推进和公平分配，它可以避免因选择性履行责任而导致碳减排不平衡的情况，保证所有主体都承担相应的责任，共同为应对气候变化贡献力量。

法律的存在和执行会引导公民形成正确的生态观念，加强环境保护意识和责任意识。公民在生态文明建设中应该更加重视对法律法规的依从，自觉保护生态环境，形成全民参与的良好氛围。法治可以确保个人、组织和企业因违反减排承诺或损害环境的行为受到追责。通过司法系统和法律程序，个人、社会组织和政府有权要求强制执行气候政策，追究违反减排义务的责任，保护公民的权益。

三、明确预期

法治环境的构建使社会各界对碳中和有了明确的预期，进一步推动了碳中和行动的实施。法律的角色是为各方提供稳定和可预期的法治环境，促进社会的共同参与和合作，实现碳中和目标并推动可持续发展。通过法律的制定和实施，碳中和目标和行动得到了明确定义，各方主体明确了自身的权利和责任，以及相应的法律后果，各行业可以据此来预测未来发展的战略目标和行动方案。明确预期有助于促进各方的合作和协调，实现碳中和目标。法治通过制定明确的法律规范和制度安排，设定社会的预期和目标，并为合理预期提供保障。预期是法治对社会行为结果的要求，是社会规范和法律的落地检验；预期的明确性和稳定性，有助于引导社会成员在法律框架内进行行为决策；预期也涉及对法律的公正和有效执行，它能够增强公民对法律的信任，增加法治的合法性和公正性。

（一）治理角色预期

从参与主体的角度来看，参与碳中和治理的各主体可以在法治环境下明确各自的预期。党和政府在碳中和法治中扮演关键角色，需要在建立健全法律框架和政策措施方面积极采取行动。第一，党和政府需要确保包括相关的环境法律和气候政策在内的制度和法律的制定和执行，明确规定碳排放目标、责任和减排措施，并提供法律依据和指导，确保其可执行性和透明度。第二，党和政府需要确保环境法规的有效执行，建立有效的执法机制和监督体系，如监管和审计机构。第三，党和政府需要制定激励政策，包括经济激励，如税收优惠、奖励和补贴，以及非经济激励，如认证和标准化。第四，党和政府还要支持绿色技术创新，通过资金支持、研发补贴和知识产权保护等方式，促进绿色技术的创新和应用。

企业和各行业在实施碳中和举措中有重要责任。企业和各行业要积极主动地落实碳中和目标，对碳排放透明度负责，采取绿色生产方式，推动清洁能源的发展。同时也应该遵守相关的法律法规，充分履行企业社会责任，为碳中和目标作出积极贡献。公民和社会组织在碳中和法治中扮演监督和参与的角色，他们能够积极参与碳中和决策的过程，并行使知情权、参与权和监督权。公民和社会组织需要强化碳中和政策和行动的意识，积极推动社会的碳意识和环保行为，并就碳中和事项提出建设性的意见和建议。

研究机构和专业人士能够进行相关研究和技术创新，为制定和实施碳中和政策提供科学依据和技术支持。通过开展研究项目，评估温室气体排放、可再生能源开发、碳捕集与封存技术等措施的效果和可行性，推动技术的研发和应用。根据科学和技术的前沿知识，进行相关研究和技术创新，为制定和实施碳中和政策提供可靠的科学依据和技术解决方案等。研究机构和专业人士还可以开展碳排放数据的收集和分析，为相关机构提供全面且准确的信息，评估碳减排策略的成本效益，帮助制定碳市场机制和碳税政策，协助各方了解碳中和的问题和面临的挑战。

（二）行业发展预期

从行业发展的角度来看，碳中和法治化的发展使不同行业在战略目标的设定和实现方面有了明确的预期，各行业通过技术创新等方式来优化行业绿色发展潜能成为普遍的追求。能源行业是碳排放的主要来源之一，因此有望通过转型和创新来实现碳中和。能源行业的碳中和预期或战略计划包括增加可再生能源的比例、减少化石燃料的使用、推广能源储存技术和智能电网系统，以及改善能源效益和能源管理。制造业是另一个碳排放量较高的行业，其碳中和预期或战略计划包括改进生产工艺和技术、减少能源消耗和废弃物产生、使用环保材料和可持续设计、推广循环经济和延长产品寿命周期，以减少碳排放和对环境的影响。交通运输业碳中和预期和战略计划包括推广电动交通工具、加强公共交通线路规划和鼓励低碳出行方式、提高燃料燃烧效率和推广可再生能源在交通供应链中的使用，以减少尾气排放和其他交通因素对气候变化的影响。建筑和房地产业对碳中和治理预期或战略计划包括采用节能和高效的建筑设计、推广可再生能源和绿色建筑认证标准、提高建筑材料的可持续性和循环利用、提高建筑能源管理和室内环境质量。农业和食品产业对碳中和治理预期或战略计划包括采用可持续农业实践、减少化肥和农药使用、改善土壤碳储存、推广气候友好的畜牧业和食品生产方式、减少食品浪费和碳排放等。

从法治运行逻辑的角度来看，可以通过制定法规或政策，明确规定碳中和的目标和时间表，这为企业、产业和其他组织提供了明确的碳中和治理指导和预期，使他们能够制定相应的战略。法律可以规定碳减排责任和义务，要求企业和组织在特定期限内降低碳排放，这使各主体在实现碳中和目标时有了明确的责任预期和时间预期。

从激励机制和支持措施的角度来看，法律可以设立激励机制和支持措施，鼓励各主体积极参与碳中和行动。例如，通过提供减税、奖励和补贴等政策来支持低碳技术的开发和推广，从而使各主体对参与碳中和更有动力。在环境监管和违规处罚方面，依法建立环境监管机制，对碳排放进行监督和管理。通过执行相应的违规处罚和制裁措施，确保各主体履行碳中和目标，维护公平竞争和环境保护。此外，法律还要求在碳中和决策和实施过程中进行公民参与和信息公开，这使公民能够了解和参与碳中和行动的制定和实施，对相关政策和行动有更明确的心理预期和意见。

第二节 碳中和依法治理的内容

“法治兴则国家兴，法治衰则国家乱。用法律的准绳去衡量、规范、引导社会生活，这就是法治。”① 构建碳中和行动的法治框架是推动其由政策引领、技术推进向法治保障转变的当务之急。宪法序言和总纲中的相关规定是构建碳中和法治框架的统领，环境保护法体系、能源法体系及其相关法律是构成碳中和行动的法治框架和支撑，它们共同塑造了碳中和行动的法治框架的雏形。② 立法、执法、司法和守法是碳中和法治建设相互依存、相互支持的四个方面，它们共同构建了碳中和法治的完整体系。立法制定法

---

① 中共中央文献研究室．习近平关于全面依法治国论述摘编［M］．北京：中央文献出版社，2015：9.

② 王江．论碳达峰碳中和行动的法制框架［J］．东方法学，2021（05）：122.

律，执法执行法律，司法依法审理案件，而守法则是社会成员对碳中和相关法律的遵守。在碳中和重大战略实施进程中，坚持走中国特色社会主义法治道路，建设中国特色社会主义法治体系，建设社会主义法治国家，就是要全面推进科学立法、严格执法、公正司法、全民守法，全面推进碳中和法治化发展，为实现碳中和目标筑法治之基、积法治之势，为国家治理注入良法的基本价值，提供善治的创新机制。法理基础是厘清碳中和法治保障逻辑并对法治过程中遇到的问题有序进行回应的核心与前提，法理的形成过程也是法治的必经之路。实现碳中和目标的法理基础由时间、空间、价值、规范四个维度搭建，以共时性与历时性的统一、普遍性与特殊性的结合、专业主义与权力主义的平衡、公法与私法的融汇为基本呈现。① 在完善的法理基础之上，碳中和法治从立法、执法、司法和守法四个方面进行构造和运行。

"法治体系是国家治理体系和治理能力的重要依托"②，作为应对气候变化的关键部署，碳中和的实现不仅依靠科学技术的创新突破、规模化的运用发展，更依靠以气候变化为基础，气候变化应对法、环境保护法、能源法、知识产权法等相关法律规章的不断优化与持续完善。应对气候变化的法律制度作为国家气候变化治理体系的关键内容，需要以完备的法治保障体系为碳中和目标的实现提供稳定的制度保障和规范的法律依据。中国特色社会主义法治体系是中国长期实践和探索的成果，涵盖了立法、执法、司法和守法等方面。这些要素相互联系、相互制约，构成了一个有机的法治体系，确保国家治理体系和治理能力的现代化。在法律实施过程中，立法、执法、司法和守法之间的相互作用和联系在碳中和法治中同样发挥着重要作用，它们确保了碳中和目标的有效实现。随着现代社会利益关系的日益复杂与多元化，生态环境领域的公益与私益不再呈现泾渭分明的结构形态，反而是十分近似的、相互支持的或彼此交错的。③

一、科学立法

法治是国家治理体系和治理能力现代化的内在要求，只有将碳中和纳入法治体系，才能使碳中和的各项制度不断精细化和具有实际的执行力。自 1994 年《联合国气候变化框架公约》生效以来，中国在全球气候变化治理中发挥着积极的作用。一方面，中国充分彰显大国责任担当，作为全球气候变化治理的参与者，积极推动全球气候变化治理

① 秦天宝．整体系统观下实现碳达峰碳中和目标的法治保障［J］．法律科学（西北政法大学学报），2022，40（02）：101．

② 张文显．论中国式法治现代化新道路［J］．中国法学，2022（01）：25．

③ 阿斯曼．秩序理念下的行政法体系建构［M］．林明锵，等，译．北京：北京大学出版社，2012：143．

新格局的形成。另一方面，中国也在国内稳步推进法治机制建设，以法律变革推动应对气候变化相关法律法规的发展和完善。从国际社会来看，国际组织、发达国家或地区拥有率先实施碳中和行动的宝贵经验，同时，各国普遍运用法治来应对气候变化问题。有数据显示，世界范围内已有超过 120 个国家或地区以 2050 年实现碳中和为目标，陆续有国家或地区进行碳中和专门性立法，如《丹麦气候法案》(2019)、《德国联邦气候保护法》(2019)、欧盟委员会制定《欧洲气候法》(2020)、日本制定《全球变暖对策推进法》(2021)、韩国制定《应对气候危机的碳中和绿色成长基本法》(2022) 等，这些法案的制定和实施为我国碳中和立法提供了最为直接的依据。在 2023 年全国生态环境保护大会上，习近平总书记强调："要始终坚持用最严格制度最严密法治保护生态环境""要强化法治保障，统筹推进生态环境、资源能源等领域相关法律制度修订"。

(一) 立法机关的法治功能

立法机关是制定法律的主要机构。立法机关通过制定法律，明确法律的适用范围和原则，为执法提供了明确的依据。立法与执法之间存在着规范性和实施性的关系。立法机关通过制定法律，还明确了社会行为的标准和规范。立法在碳中和法治中是制定明确规则和目标的过程，为实现碳中和目标提供了法律基础；执法则是将法律规定具体化并付诸实践的过程。在碳中和法治中，立法要针对碳排放的减少、清洁能源的推广等制定明确的法律标准和措施；执法机关应根据法律规定，监督和管理碳中和政策的执行，确保各方遵守法律规定。立法的明确性和合理性为执法提供了依据，执法的有效性则验证了立法的可操作性和合理性。例如，中国在 2016 年颁布了《关于建立全国碳排放权交易市场的意见》，为碳交易提供了明确的法律基础。相关执法机构，如国家发展和改革委员会就负责监督和管理碳交易市场的执行情况，以确保企业遵守碳排放权交易的法律规定。

(二) 温室气体相关的立法实践

从国内立法实践来看，碳中和法治建设也取得了一些成果。尽管没有碳中和专项立法，但相关的低碳法律制度散见于《环境法》《气象法》《能源法》等一系列相关法律、行政法规、部门规章中。国家立法主体根据立法权限制定或修改相关法律、行政法规、部门规章等规范性文件，倡导性地将气候变化、温室气体排放、碳汇或者碳中和目标纳入立法调整。

1979 年，第五届全国人民代表大会常务委员会制定了我国第一部环境保护法，即《中华人民共和国环境保护法（试行）》，这标志着我国的环境保护工作开始正式迈出了依法治理的步伐。1989 年正式制定《中华人民共和国环境保护法》，而后针对大气、水等领域的污染防治、自然资源管理等法律也相继制定。国家把环境保护作为基本国策的理念逐渐深入人心。此外，在环境领域的细分法律也逐步制定和完善。在能源治理领域，2005 年颁布了《中华人民共和国可再生能源法》，以促进可再生能源的发展和利用，以减少对传统能源的依赖为目标，规定了可再生能源的优先发展和节能原则，以及可再生能源发电的支持政策和管理措施。2007 年颁布了《中华人民共和国节约能源法》，以促进节能减排、推动能源资源的合理利用和能效水平的提高为目标，规定了节能目标、节能标准和节能项目的管理要求，鼓励节能技术和产品的研发和应用。

随着生产力不断发展和环境理念的变化，1989 年版的《环境保护法》出现了实际操作性不强、环保执法疲软等问题。2014 年，第十二届全国人民代表大会常务委员会通过了新的《中华人民共和国环境保护法》，其他环境细分领域的法律也为逐步适应新形势和新要求进行了修订。21 世纪之后，我国政府陆续建立了环境状况公报、环境影响评价、污染排放控制、环境保护目标责任制和污染许可证交易、环保督察等制度，逐步形成了越来越细化的环境保护制度体系，也逐步加强了法治在环境治理中的功能。仅 2012—2017 年，我国完成了 7 部环保法律法规、8 部环保行政法规和 22 项环保部门规章的修订。这些法律法规共同构成了中国在低碳领域的法律体系，有效促进中国的低碳转型、提高了应对气候变化的能力，为推动低碳发展提供了法律依据和支持。

2015 年颁布实施的《中华人民共和国大气污染防治法》，主要是针对防治大气污染，包括控制和减少温室气体排放，规定了温室气体排放的管理和监测措施，以及减排目标和政策措施。2020 年 12 月 31 日，生态环境部发布《碳排放权交易管理办法（试行）》，适用于包括碳排放配额分配和清缴，碳排放权登记、交易、结算，温室气体排放报告与核查在内的全国碳排放权交易及相关活动，以及对前述活动的监督和管理。这部《碳排放权交易管理办法（试行）》已经成为我国碳交易领域监管的核心法规。2024 年颁布《中华人民共和国能源法》，以推动新能源的发展和利用、加快清洁能源替代传统能源为目标，规定了政府支持新能源发展的政策和措施，包括新能源电力消纳、电力市场改革和新能源补贴管理等方面。

（三）碳中和立法的探索

2021 年是“十四五”规划开局之年，也是我国碳中和的元年。推动碳中和行动的政策体系框架加速形成，党中央、国务院成立了碳达峰碳中和工作领导小组，加快制定碳达峰碳中和时间表、路线图、“1 + N”政策体系。国务院发布《关于加快建立健全绿色低碳循环发展经济体系的指导意见》，其核心是在发展高效利用资源、严格保护生态环境、有效控制温室气体排放的基础上，建立健全绿色、低碳、循环发展的经济体系，推进“双碳”目标顺利实现，推动我国绿色发展走向新的高度。国家发展和改革委员会、生态环境部、工信部、能源局、市场监管总局于2021年10月22日发布《关于严格能效约束推动重点领域节能降碳的若干意见》，决定选择综合条件较好的重点行业，率先开展节能降碳技术改造。待重点行业取得实质性进展、相关机制运行成熟后，再研究推广至其他行业和产品领域。同年10月24日，国务院印发的《2030年前碳达峰行动方案》指出，要把碳达峰、碳中和纳入经济社会发展全局战略的重要地位，明确各地区、各领域、各行业目标任务，加快实现生产生活方式绿色变革，推动经济社会发展，依托资源高效利用和绿色低碳发展的基础，确保如期实现2030年前碳达峰目标。11月3日，国家发展和改革委员会《全国煤电机组改造升级实施方案》启动能源行业结构优化升级方案，进一步提升煤电机组清洁高效灵活性水平，为促进电力行业清洁低碳转型，助力全国“双碳”目标如期实现发挥重要作用。

除此之外，部分地区为促进碳达峰碳中和还颁布了地方性法规。2021年9月27日，天津市十七届人大常委会第二十九次会议审议通过了《天津市碳达峰碳中和促进条例》。该条例是全国首部省级地方性法规，以促进实现碳达峰、碳中和目标为立法主旨。在该条例的绿色转型篇章，支持风能、太阳能、地热能、生物质能等非化石能源发展，逐步扩大非化石能源消费，统筹推进氢能利用，推动低碳能源替代高碳能源。

为了实现“双碳”目标，国家行政管理部门打出了政策法规“组合拳”，仅2022年1月至8月，就有30余部环保低碳政策发布，将深入打好低碳“攻坚战”延伸到各领域、各行业。2022年1月24日，国务院《“十四五”节能减排综合工作方案》提出，到2025年，全国单位国内生产总值能源消耗比2020年下降13.5%，化学需氧量、氨氮、氮氧化物、挥发性有机物排放总量比2020年分别下降8%、8%、10%以上、10%以上，能源消费总量应得到合理控制。推动节能减排政策机制健全发展，重点行业能源利用效率和主要污染物排放控制水平基本达到国际先进水平，整体经济社会发展全面绿色转型取得显著成效。2022年4月29日，生态环境部《“十四五”环境影响评价与排污许可工作实施方案》积极开展产业园区减污降碳协同管控，强化开展产业园区管理机构和组织落实规划环评的主体责任，高质量开展规划环评工作，推动园区绿色低碳发展。2022年5月31日，财政部发布《财政支持做好碳达峰碳中和工作的意见》提出，到2030年前，有利于我国绿色低碳发展的财税政策体系基本形成，促进绿色低碳发展的长效机制逐步建立，推动碳达峰目标顺利实现。到2060年前，支持绿色低碳发展的财政政策体系成熟健全，推动碳中和目标顺利实现。2022年6月17日，生态环境部等七部门联合发布关于《减污降碳协同增效实施方案》提出，到2025年，减污降碳协同推进的工作格局基本形成；到2030年，减污降碳协同能力应有显著提升，并助力实现碳达峰目标；大气污染防治重点区域碳达峰与空气质量提高协同推进，以取得显著成效。2024 年 1 月 5 日，国务院第 23 次常务会议公布《碳排放权交易管理暂行条例》（以下简称《条例》），自 2024 年 5 月 1 日起施行。碳排放权交易是通过市场机制控制和减少二氧化碳等温室气体排放，助力积极稳妥推进碳达峰碳中和的重要政策工具，为全国碳排放权交易市场运行管理提供明确法律依据，保障和促进碳排放权交易市场的健康发展。

（四）碳中和立法的难点

法治实践尽管都涉足了减碳的范畴，但在具体实施过程中仍然存在一些现实的困境。其一，碳中和专项立法缺失，对碳中和目标的实现缺乏针对性约束。截至 2024 年 1 月，在北大法宝法律法规数据库检索“碳中和”，相关司法解释有 3 条，部门规章有 20 条，党内法规有 1 条，团体规定有 1 条，行业规定有 70 条。若将“气候变化”“碳排放”“温室气体”“二氧化碳”“碳汇”“低碳”“碳达峰”等作为主题词进行检索是可以搜到相关的法律，可见在“双碳”目标出台前就设立了相关法律，但内容和形式较为分散。立法在监管的主体、对象、手段等方面存在形式不同，协调的难度比较大，碳中和目标提出后也未及时进行修改，相关立法条款在回应“双碳”目标上存在差异，导致碳中和目标推进过程中出现执法依据不明确、不统一等问题。其二，碳中和目标主要靠部门规章和政策推进，作用力有限，约束力不足。地方性法规不能逾越上位规范性法律文件的规定，在减排和降碳方面的法律功能受到了一定的限制。其三，相关税收政策必须在法律层面作出调整，而税种、税率等只有国家立法机关才有权予以规定，相关政策、部门规章和地方性立法均不得凌驾于国家立法权之上。

碳中和如何立法，国内学者持有不同的观点，主要包括制定范围更广的气候变化法、编撰生态环境法典、碳中和专项立法、碳中和分步走立法四个主流观点。结合已有的相关法律制度实践，从立法难度、可行性和及时性角度来看，出台专门的碳中和专门促进法是最现实可行的方案。碳中和专门促进法，不仅可以协调原有法律中相关利益主体之间的矛盾，明确法律实施主体的范围，提高碳中和制度在法律层面的针对性和约束力，同时也可以增强我国在气候变化国际治理中的影响力和话语权。习近平总书记指出：“中国走向世界，以负责任大国参与国际事务，必须善于运用法治。”① 国家立法部门要在借鉴国际碳中和立法经验的基础上，结合自身国情，制定专门的碳中和促进法，确保碳中和目标的实现。同时，量化并防范化解其他国家碳中和战略对中国低碳发展可能产生的风险和影响，积极推动国际法治体系建设，借助国际法来协调不同国家之间的

---

① 习近平．论坚持全面依法治国［M］．北京：中央文献出版社，2020：225.

碳中和行动，加强国际交流合作。通过加强与其他国家之间的国际碳交易和低碳技术合作，积极参与并推动应对气候变化的国际规则和标准的制定，提高中国在全球低碳绿色治理领域的话语权，实现全球共赢的低碳绿色发展局面。

除了行政法建设以外，碳中和相关的社会法立法也应当纳入碳中和立法范畴，应用于保障公民在碳中和领域的社会权利，尤其是保障社会弱势群体的利益。包括与碳中和相关的安全生产法、社会救助法、保险法、公益组织活动管理法、宣传教育法等。

二、严格执法

执法是碳中和法治的核心，相关执法机构负责监督和管理碳中和政策的执行情况，并对违反法律规定的行为进行惩罚，包括生态环境部、国家能源局、排放交易监管机构等在内的碳中和执法机构都应当履行监测、检查、处罚等法律职责。它们的主要任务包括定期监测碳排放情况、评估进展和达成目标的可行性；对企业和组织进行检查，核实是否符合碳中和法规的规定；对违反法规的行为进行处罚，对表现突出的行为给予奖励。国家或地区应设立专门的环境执法机构，这些执法机构应具备专业的人员和技术，能够对碳排放进行监测、检测和数据核查，确保企业和个人的温室气体排放数据真实可信，并按照法律规定实施减排措施。依据我国相关法律的规定，环境保护执法的部门主要包括县级以上人民政府的环境保护主管部门、公安机关、检察机关等。健全的执法机制和严格的执法行为可以保证立法的有效执行。

（一）执法机构的法治功能

执法机关根据法律的规定，执行法律、保障法律的有效实施。执法机关依据法律进行实际操作，将抽象的法律规定转化为具体的行为。立法的合法性和明确性为执法提供了合理的基础，执法的有效性和公正性也验证了立法的合理性和适用性。如果执法机关在执法过程中发现法律存在问题或者需要完善，可以通过反馈意见，促使立法机关对相关法律进行修订。通过独立的监察机构、审计机关和行政诉讼等手段确保行政机构合法行使职权和依法行政，防止权力滥用和腐败。执法机关负责在实际应用中进行法律的适用和执行，确保社会行为符合法律规定。而司法机关则在争议或纠纷出现时，依法进行审判，对执法的合法性和正确性进行监督和评价。

（二）保障执法的有效性

执法的有效性取决于执法机制的有效运作。管制模式和激励服务型执法是执法的两种思路，传统的环境管制模式主要体现了权力机关对公民的单向管制，而如今的环境合作治理模式则展现了公法和私法的融合。为了更好地应对碳中和，立法机构需要加强规划和标准的制定或修订，特别是以减污降碳为基础，进一步提升应对气候变化和生态环境保护执法工作的协调与衔接。与此同时，通过行政机关的宣传教育等行政指导机制，以及气候投融资和碳交易等经济激励机制，可以更好地完善应对气候变化的促进性机制，进一步推动市场化和法治化的发展。碳市场制度体系创设了许多新制度，但执法程序尚未细化，造成了执法程序衔接空白。以相对人救济程序为例，“异议处理”规则规定，排放单位对核查结果若有异议，可以自核查结果之日起 7 个工作日内，向组织核查的省级生态环境主管部门申请复核，但若对复核结果不满意，是否可以申请行政复议尚不明确。进一步延展，针对涉及碳市场的其他监管行为提起行政复议，是否因涉及侵犯行政相对人自然资源所有权或者使用权而适用复议前置，也需要进一步考量。

（三）确保执法的权威性

严格执法是碳中和执法治理有效性的保障，确保了环境法律的严肃性和权威性。生活中出现的很多问题，往往同执法失之于宽、失之于松有很大关系。[①] 严格执法具有保障政策效果的作用。只有在法律得到严格执行的情况下，才能确保社会各界尊重和遵守相关法规。如果不严格执法，执法和司法公信力也难以建立起来。低碳政策的效果取决于低碳政策是否能够得到严格的执行。严格执法确保企业和个人必须遵守低碳政策，以减少温室气体排放。如果执法松弛或不严格，企业和个人可能会因为缺乏遵守法律的动力对低碳措施不予理会。严格的执法将迫使企业与个人遵守政策，采取低碳措施，从而推动碳中和目标的实现。只有在执法机构对相关法规进行严格监督和执行时，企业和个人才会受到激励，采取更多的低碳措施和技术，防止规避监管方式的排放，从而减少温室气体排放。

严格执法可以预防违法碳排放行为的发生或制止违法行为损害的进一步扩大。一旦出现违法行为，如果执法不严格，违法者可能逃避法律制裁，导致违法行为继续增加。在发现违法行为后，执法机构迅速介入，采取必要的处罚措施，制止违法行为的进一步蔓延，这不仅有助于维护低碳治理的稳定性，还为社会公民遵守法律做了良好示范。严格执法对推动低碳技术创新和产业转型也起到了积极作用。低碳治理需要企业和产业进行技术创新和转型，采用更加环保的生产方式。如果执法不严格，企业可能会在转型过程中采取违规手段，抵制技术更新；而通过严格执法，可以监督企业的技术创新和产业转型过程，确保技术更新的顺利进行，推动低碳产业的发展。在气候变化问题上可以说全球各个国家和地区是一个命运共同体，既影响共同的利益，也负有共同的责任。严格

① 中共中央文献研究室．习近平关于全面依法治国论述摘编［M］．北京：中央文献出版社，2015：4.

执行低碳法律和政策，展示了一个国家或地区对气候变化问题的认真态度和实现碳中和的决心，同时，也向国际社会表明了其在应对气候变化方面的责任心和承诺。国际社会通常会对那些采取切实行动的国家给予赞赏和支持，这些国家也由此树立了良好的国际形象。严格执行低碳法律和政策有助于提升国家或地区的国际声誉。

（四）提高碳中和执法效能

随着法律体系的不断完善，更加贴近实际的制度将推动环境执法迈上一个新的台阶，依法保障"双碳"目标的早日实现。《中华人民共和国行政处罚法》修订后，新增通报批评、限制开展生产经营活动、限制从业等处罚方法。随着实践案例增加，在后续执法活动中，信用惩戒、负面评价、限制资格等处罚种类、执法措施也会逐步适用。二氧化碳虽然不属于污染物，但其作为温室气体与大气污染物具有同根、同源、同时的密切关联性，因此"双碳"背景下的环境执法，需要立足"一盘棋"协同监管理念，执行《中华人民共和国大气污染防治法》等法律法规，发挥间接减少温室气体排放的作用。然而，在温室气体的法律属性未明确以及法律未修改前，执法机关应当遵循现有规范，做到有法必依、严格执法，不宜将二氧化碳等温室气体认定为大气污染物而强行使用相关规定。

2021 年 6 月，我国生态环境部发布《关于优化生态环境保护执法方式提高执法效能的指导意见》，要求通过建立执法事项目录、完善履职责任制度、强化现场检查计划制度、明确执法职责，切实落实行政执法责任，通过完善"双随机、一公开"监管制度、建立实施监督执法正面清单制度、推行非现场监管方式、完善区域交叉检查制度、建立专案查办制度、优化执法方式，高效统筹行政执法资源。通过健全执法监测工作机制、健全部门协调联动机制、强化行政执法与刑事司法衔接机制、探索第三方辅助执法机制、完善执法机制，着力提升行政执法效能。通过推行行政执法公示制度、落实执法全过程记录制度、规范行政处罚自由裁量权、完善典型执法案例指导制度、健全执法普法制度以规范执法工作，严格约束行政执法行为。

三、公正司法

司法是以判断权和裁决权为核心的法律适用活动，审理和裁决案件是司法的基本职能。司法活动不只限于对个案的审理和裁决，还包括司法解释、司法政策的制定以及典型案例的发布等。作为一种规范方式，司法活动一直是国家和社会治理体系的重要环节。①

---

① 宋保振．司法的社会功能及其实现［J］．济南大学学报（社会科学版），2020，30（06）：39．

司法治理不仅能够弥补碳中和立法空白，倒逼碳中和执法，还能够培育公民对碳治理问题的价值判断与内在认同，在实现“双碳”目标过程中具有不可替代的现实意义。党的十八届三中全会之后，最高人民法院提出，“法院应当积极参与社会治理，并承担起相应的社会治理责任。”司法的角色逐渐演变成一种独特的社会治理方式，在国家治理中发挥着独特的功能。

（一）司法机关的法治功能

司法机关负责解释和适用法律，保障公正和平等的司法实践。司法机关可以对政府的行为和决策进行法律审查，以确保其合法性和符合公共利益。司法机关通过审判，对违法行为进行处罚和裁决，强制性地保障了法律的执行。司法在碳中和法治中是确保法律实施的重要环节，审判机关对于碳排放的违法行为进行裁决和惩罚。而公民的守法行为是司法的前提和基础，公民守法意识的强化有助于减少违法行为，从根本上减轻了司法的负担。守法则是个体和组织遵守法律规定的过程。司法的判决结果也促使更多人自觉守法，形成了良性的法律遵守氛围。例如，当涉及企业未遵守碳减排法规，导致环境污染问题产生时，司法机关会依法判决其承担法律责任。守法行为的强化有助于司法的有效实施，同时司法判决也促使更多人自觉守法。

司法的独立性保障了执法的公正性，执法的实施情况也为司法提供了案例和事实基础。在碳中和法治中，执法机关负责监督和执行碳中和政策，确保实际行为符合法律要求。司法机关则在争议和纠纷出现时，对相关案件进行审判，维护执法的合法性和公正性。这种方式保障了执法公正和法律的权威性。例如，如果企业未按照法律要求实施减排措施，执法机构会对其进行处罚。而在司法方面，2019 年，最高人民法院成立了环境资源审判庭，专门负责审理环境资源领域的案件，确保环境法律得到有效执行。

（二）司法治理对碳中和的重要意义

司法治理是保障碳中和法治顺利实施的重要路径，最高人民法院作为最高司法机关，负责统一解释法律，确保法律在全国范围内的统一适用。法律统一解释有助于保持法律的一致性和稳定性，提高司法公信力。司法判决是法律的具体应用，对于违法行为的惩罚起到威慑和警示作用。司法机构对违法行为进行惩罚和纠正，维护了法律的权威和公正。英国哲学家培根曾说过：“一次不公正的判断比多次不平的举动为祸尤烈。因为这些不平的举动不过弄脏了水流，而不公的判断则把水源败坏了。”[①] 司法的腐败，即使是局部的腐败，也是对正义的源头活水的玷污。

---

① 培根．培根论文集［M］．水天同，译．北京：商务印书馆，1983：193．

司法机关可以对政府行政部门和其他公共权力进行司法监督。司法独立是保障公民权利的基础，通过司法监督，确保政府行政的合法性，防止滥用公共权力。司法机关的主要职责是处理与碳中和政策相关的纠纷和争议，通过判决现有案例，为未来类似案件提供法律指导。然而，我国司法的预防价值不足，需积极采用预防性司法措施保障汇碳、固碳，推进碳减排与自然碳汇方案并举，发挥司法的预防性功能。对于与碳中和相关的案件，法院应在遵循基本法律规范的基础上，充分运用法官的司法审判经验，发挥自由裁量权的主动性作用，在法律规范容许的解释空间内，运用司法策略化解难题，彰显司法的救济性功能。①

（三）碳中和司法规范的重要作用

自 2016 年 9 月我国加入《巴黎协定》至 2023 年 2 月，全国各级人民法院共审理 112 万件一审审结涉碳案件。虽然涉碳案件呈现增长趋势，但作为一种新类型案件，在“双碳”领域和法律界仍存在较为明显的隔阂现象，为此，最高人民法院决定起草为实现“双碳”目标的指导意见。

在 2023 年 2 月 17 日出台的首部“双碳”规范性文件——《最高人民法院关于完整准确全面贯彻新发展理念 为积极稳妥推进碳达峰碳中和提供司法服务的意见》（以下简称《意见》）暨司法积极稳妥推进碳达峰碳中和典型案例。其中包括比特币“挖矿”服务合同、水泥产能指标转让合同、温室气体排放环境侵权、破产案件中将危险废物处置费用认定为破产费用、碳排放配额清缴行政处罚、碳排放配额转让合同及国家核证自愿减排量技术服务合同、破坏环境监测计算机信息系统、碳排放配额强制执行、滥伐盗伐林木碳汇赔偿等方面的内容。这些案例都是针对新类型案件审理结果的总结和梳理，这些典型案例的发布，对各级人民法院依法妥善审理各类涉碳新领域的案件具有重要的指导作用。同时，对企业实施碳达峰行动，深入推进能源革命，加强煤炭清洁高效利用，加快规划建设新型能源体系具有重要的引导作用。《意见》指出，审理碳排放权交易案件，要依法明晰碳市场交易相关主体之间的权责关系，助力提高市场流动性、形成合力稳定碳价，增强企业碳减排动力。审理碳排放配额等担保案件，要充分加强碳市场业务基础制度创新的稳定性，助推融资功能在碳交易产品中的实现，稳定市场预期。碳排放数据是开展碳交易的基础，而数据质量是碳市场发展的“生命线”。《意见》提出，审理温室气体排放报告案件，行政机关要依法对部分企业虚构、捏造、瞒报、漏报温室气体排放数据的行为进行行政处罚；行为构成犯罪的，应对其依法追究刑事责任。鉴于

---

① 秦天宝．整体系统观下实现碳达峰碳中和目标的法治保障［J］．法律科学（西北政法大学学报），2022，40（02）：110.

此，《意见》对于提振市场信心，助力全国碳市场发展秩序化提供了坚实的法治保障。

“双碳”相关案件的公示，具有响应政府号召、发挥司法指导引领作用、规范审判行为、防止涉碳违法行为等价值。为推动“双碳”法律服务市场更好发展，宣传“双碳”法治成就，构建“双碳”法律交流合作平台，北京天达共和律师事务所在法律界率先成立碳合规业务团队后，开始收集与“双碳”领域相关的法律法规、各类典型案件，以及行业指引、历年碳排放数据的抽查情况等，并形成涉碳“法律法规库”及“案例库”，方便社会各界查询。2022 年 7 月 15 日，北京天达共和律师事务所碳合规业务团队推出《碳合规法律资讯》月刊，填补了律师涉碳法律服务空白。在最高人民检察院公布的 11 个涉碳典型案例中，有 3 个案例分别在北京天达共和律师事务所《碳合规法律资讯》2022 年首刊及 2022 年 06 期中作为典型案例进行法律评析。

（四）碳中和司法改革方向

环境司法是“双碳”目标法治回应的关键切入口，应以环境司法的专门化改革作为道路承载，以环境司法的专业化发展作为方向承载，为实现绿色低碳转型贡献司法之力。[①] 在碳中和立法进程缓慢、行政手段单一的状况下，司法对弥补立法、执法的不足具有现实意义。首先，需要建立健全的司法体系，确保环境案件在受理、调查、审理全过程的公正性和高效性。其次，在碳中和司法实践中，可以设立专门的环境法庭或环境法专家小组，加大对温室气体排放违法行为的打击力度，为企业和个人的合法权益提供保护。最后，要完善法律援助制度，为环境案件当事人提供必要的法律援助，确保司法的公正和权益的保障。

我国最高人民法院积极践行恢复性司法理念，不断探索运用认购碳汇的方式来履行对生态损害的赔偿责任。环境是公共资源，维护环境公共利益是生态环境司法的重要目标。生态环境司法通过维护环境权益，保护公民的健康与生存权利，维护社会的整体利益。生态环境司法的实践也有助于推动环境法律的完善。在审理环境案件的过程中，司法机关发现法律的不足之处有助于引起立法机关的重视，推动环境法律的完善和修订，以适应新形势和挑战。生态环境司法通过对环境违法行为的严厉打击，维护了绿色发展的法治氛围。对环境违法者的处罚起到了警示作用，有助于促进企业和公民形成绿色发展理念，加强环境保护意识。检察机关在办案中引入“碳汇”修复理念，探索适用认购碳汇替代生态损害赔偿，破解原地难以补植复绿、生态服务功能期间损失无法修复、当事人修复能力不足等难题。例如，贵州省剑河县检察院针对某水投公司水库项目非法占用林地问题，依法民事公益诉讼立案。该公司委托第三方公司编制方案，投入资金

---

① 张忠民，王雅琪，冀鹏飞．“双碳”目标的法治回应论纲［J］．中国人口·资源与环境，2022，32（04）：44.

34.3万元，补植树木4800余株，播撒草种100多千克，并自愿认购1423.7吨碳减排量，弥补生态服务功能期间损失。

四、全民守法

亚里士多德说："邦国虽有良法，要是人民不能全部遵循，仍然不能实现法治。"① 守法也是法治实践中的一个重要环节，守法的程度是衡量法治建设实效最重要的标准，也是评估规制和治理效果的重要途径。② "要坚持把全民普法和全民守法作为依法治国的基础性工作，使全体人民成为社会主义法治的忠实崇尚者、自觉遵守者、坚定捍卫者。"③ 习近平总书记指出："全民守法，就是任何组织或者个人都必须在宪法和法律范围内活动，任何公民、社会组织和国家机关都要以宪法和法律为行为准则，依照宪法和法律行使权利或权力、履行义务或职责。"④ 可见，守法是碳中和法治的基础性工作，要通过普法工作推进全民守法，通过增强全民守法意识营造良好的碳中和法治环境，使全社会形成文明守法、绿色低碳的生产和生活方式。在推进碳中和治理的过程中要求各主体，包括政府、企业和公民，都必须遵循法律法规和政策，履行相应的碳减排义务。法治观念、契约精神和守约意识在碳中和治理中同样是至关重要的，这些观念和意识可以指导各主体在碳减排过程中的行为，确保他们的行动符合法律法规的要求。

（一）守法的法治功能

守法与立法之间体现了"法律效力"和"法律权威"的关系。法律效力来自人民群众的共同遵守，而立法机关制订的法律则体现了国家法律权威。守法不仅是对法律的尊重，也是对国家法律权威的认可。守法的社会风气有助于维护法律的权威性和公信力，也为立法奠定了反映社会需求的基础。在碳中和法治中，守法意味着个体和社会对法律的尊重和遵守，为法律的实施提供了基础；立法则是对碳中和目标的明确规定和指导。守法行为促使立法机关根据社会需求制定更加切实可行的法律，反之，法律的明确性和合理性增强了守法行为的自觉性。

社会组织和公民对行使权力起到监督和制约的作用。独立媒体、民间组织、非政府组织等可以通过舆论监督、调查报道和集体行动来影响政府和其他权力机构，保护公民权益和社会公正。宪法和法律，将权力分散给不同的机构，如立法机关、行政机关和司

---

① 亚里士多德．政治学［M］．吴寿彭，译．北京：商务印书馆，1965：199.

② 肖惠娜．人们为什么不守法？——守法理论研究述评［J］．中国法律评论，2022（02）：108.

③ 习近平．论坚持全面依法治国［M］．北京：中央文献出版社，2020：167.

④ 中共中央文献研究室．习近平关于全面依法治国论述摘编［M］．北京：中央文献出版社，2015：87.

法机关，以避免权力过度集中和权力滥用。

（二）全民守法的实现主体

在全民守法中，各主体的守法行为各有侧重。首先，政府必须为守法治理创造守法条件和守法氛围。政府需要制定和完善相应的碳减排法规和政策，建立监测核查等机制，确保依法实施碳减排。政府还应当加强对碳中和相关信息的公开透明，让公民了解相关政策和法规，促进公民积极参与碳中和治理的过程。另外，政府可以树立权威形象，增强政策的执行力和社会认可度。其次，企业必须坚持守法经营。企业在实施碳减排措施时，必须遵循政府制定的碳排放限额和碳减排标准，确保企业的碳排放不超过法律规定的限值。此外，企业要遵循市场化机制，参与碳交易等活动，确保自身的碳中和行为合法合规。通过依法经营，企业不仅可以避免法律风险，还可以树立良好的社会形象，为企业绿色低碳发展创造有利条件。最后，公民作为碳中和治理的参与者，同样需要遵循守法原则。公民可以通过参与志愿活动、倡导低碳生活方式等方式，积极推动碳减排行动。公民要遵循政府制定的法律法规，不仅确保自身行为的合法性，也可以影响他人积极参与碳中和治理。通过守法参与，公民可以成为碳中和治理的积极推动者，与政府和企业共同实现碳减排目标。

（三）有法可依是守法的前提

实现碳中和守法治理需要综合考虑法律体系建设、法治宣传教育、法律监督和执法机构建设等方面。首先，要建立健全碳中和治理的法律体系，制定、修订和完善法律法规，使碳中和法律体系具有科学性和系统性，加强相关法规解释和司法解释的制定，提高碳中和相关法律适用的明晰度。其次，要加强碳中和法治宣传教育，普及碳中和相关法律知识，提高公民的法治观念。重点加强在学校、社区、媒体等领域进行碳中和法治教育，培养公民守法意识。再次，建设强大的法律监督机制，建立独立、有效的司法机关，确保司法体系的公正和独立。还要加强对执法过程的监督，建立有效的投诉和申诉机制，保障公民权益。最后，还要提高执法机关的专业水平，通过培训和提高法律素养，确保执法人员不仅具备专业的法治素养，还具备碳中和专业素养。建设高效、透明、廉洁的执法机关，防范腐败现象，增强公民对执法机关的信任。

（四）普法是实现守法的重要工作

在中央全面依法治国工作会议上，习近平总书记特别指出，普法工作要在针对性和实效性上下功夫，特别是要加强青少年法治教育，不断提升全体公民法治意识和法治素养。要加强碳中和普法，增强公民守法意识和低碳理念，形成实现“双碳”目标的良好社会氛围。通过教育和宣传，提高公民对碳中和法规的认知和理解，增强守法意识。生态环境具有公共属性，碳中和治理需要全社会共同参与。全社会和全体公民只有秉持法治理念、坚持法治思想、树立法治观念、践行法治行动，赋予“双碳”这一广泛而深刻的经济性、系统性的社会变革以高度的社会责任感和使命感，才能有效保证其在法治轨道上平稳运行，并取得实际的成效。

增强公民的守法意识是普法的关键。要了解国家和地区的法律法规，这包括宪法、刑法、民法、交通法规等各类法律条文。公民可以通过官方渠道学习相关法律知识、参加法律课程或咨询法律专家来提高对法律的理解。对法律保持尊重和敬畏之心是守法的基础。领会法律的重要性是其作为社会规范和秩序的基石。道德观念和法律意识密不可分，因此公民要树立正确的价值观、培养道德良知、对自己和他人负责、遵守社会公德，意识到每个人的行为都会对他人和社会产生影响，认识到不仅要对自己负责，也要对他人负责。坚持公平、公正、平等、不偏袒、不歧视任何人，这有助于保持守法的意识，避免违法行为。了解社会多元化，尊重他人的观点和生活方式，不因意见不同而采取违法行为或恶意行为。自律是守法的关键。培养自我约束和自我监督的能力，及时纠正可能的违法行为。参与社会活动，了解社会问题和法律变化，增加对法律意识的实践理解。与家人、朋友、同事等分享守法的意义和重要性，鼓励他人也加强守法意识。总的来说，增强守法意识是一个渐进的过程，需要长期坚持和努力。保持良好的道德品质和积极的社会责任感，有助于塑造一个更和谐、更有序的社会。

在全民守法的过程中，健全普法宣传教育机制同样重要。各级党委和政府要强化普法工作，实行国家机关的“谁执法谁普法”制度，通过案例解释法律的方式，使法官、检察官、行政执法人员、律师等发挥以案释法的作用。宣传部门、文化部门、教育部门和人民团体也应在普法教育中充分发挥职能，同时加强普法讲师团、志愿者队伍的建设，使全民守法理念深入人心。此外，建立完善的公民和组织的守法信用记录，能够营造遵法守法的社会氛围，塑造守法光荣、违法耻辱的价值导向，从而鼓励全体公民积极遵法学法守法。

第三节 碳中和治理中的法治实现

在中国特色社会主义制度下，中国共产党的领导对于碳中和法治的实现具有重要作用。中国共产党的领导作为中国特色社会主义事业的核心，以马克思主义为指导，代表着广大人民的根本利益。这种领导体现在各级政府、公共机构和社会组织中，既确保各项工作有序开展，又将依法治国、民主治理贯穿其中，推动国家治理体系和治理能力的现代化进程，也为碳中和治理行动的有效开展提供了有力支持。在中国的治理体系中，法治原则被赋予了重要地位。强调在中国共产党的领导下坚持依法治国，通过法律和制度手段来规范社会行为，保障公民权益，推动社会的稳定和发展。碳中和法治的实现应该包括如何实现、以什么方式实现以及靠谁来实现等具体问题。法律法规的制定和执行，能够明确碳减排的目标、责任、标准以及相应的激励和惩罚机制，从而形成一套科学合理的治理框架，为碳中和法治的实现提供了前提。中国共产党的坚强领导，将碳中和治理纳入中国式现代化事业发展全局。中国共产党的指导思想能够为碳中和法治提供思想引领和价值导向，使碳中和治理更加具有全局意识和长远眼光。在中国共产党的领导下，多元主体的共同参与和民主治理，以及形成协同治理局面是碳中和法治实现的必然形态。

一、党的领导

习近平总书记在党的十九大报告中指出："党的领导是人民当家作主和依法治国的根本保证，人民当家作主是社会主义民主政治的本质特征，依法治国是党领导人民治理国家的基本方式，三者统一于我国社会主义民主政治伟大实践。"① 坚持党的领导，是社会主义法治的根本要求，是党和国家的根本所在、命脉所在，是全国各族人民的利益所系、幸福所系，是全面推进依法治国的题中应有之义。② 依法治国是指广大人民群众在党的领导下，依照宪法和法律规定，通过各种途径和形式管理国家事务、经济文化事业、社会事务，保证国家各项工作都依法进行，逐步实现社会主义民主的制度化、法律化，使制度和法律不因领导人的改变而改变，不因领导人看法和注意力的改变而改变。在碳中和法治领域，党的领导确保了碳中和目标在国家发展战略中的统一性和一致性。党建引领下的碳中和法治体系可以更好地协调各部门和社会各阶层之间的合作，形成整体合力，推动碳中和目标的有效实施。

依法治国和党的领导是中国特色社会主义社会治理体系的两个重要方面。党的领导既是依法治国的重要保证，也是依法治国落地实施的组织保障。党的领导确保了依法治国的宏观稳定性和有效性，推动法治化进程。同时，依法治国也加强了党的领导的制度

---

① 习近平．决胜全面建成小康社会夺取新时代中国特色社会主义伟大胜利——在中国共产党第十九次全国代表大会上的报告［N］．人民日报，2017－10－18（1）．

② 本书编写组．中国共产党第十八届中央委员会第四次全体会议文件汇编［M］．北京：人民出版社，2014：79．

规范和法治基础，使党的领导更加科学、民主和集中统一。要坚持党在“双碳”社会治理机制中处于领导地位，坚持政府在社会治埋机制中扮演“承上启下”的主导角色，构建以党委领导、政府主导、企业主体、公民参与为核心的多层级气候变化应急治理体系。在党的领导下，可以加强碳中和法治的治理效能和执行力。通过党建，可以建立健全碳中和政策的落实机制，强化执法力量，提升执法效果，从而确保碳中和目标的顺利实现。

（一）党的领导是碳中和法治事业的根本保证

我国宪法是以根本法的形式反映了党带领人民在革命、建设、改革中取得的成果，反映了在历史和人民的选择中形成的党的领导地位。① 党的政策和国家法律代表着广大人民群众的根本意愿，二者一脉相承、融会贯通，因此，需要保持正确的态度和观点处理二者之间的关系。党的政策是国家法律的前提导向和行动指南，是制定法律过程和依法执法司法的重要依托。只有通过制定法律法规，将党的意志转变为国家意志、社会主义意志，并在此基础之上通过法律反作用于党的政策，保障其实施落实，才能确保党发挥总揽全局、协调各方的核心作用。因此，在党的政策转变为国家法律的前提之下，遵循法律法规不外乎执行党的意志决定，依法行政不外乎执行党的政策规定。党既领导人民制定宪法法律，也领导人民执行宪法法律，党自身必须在宪法法律范围内活动，做到党领导立法、保证执法、支持司法、带头守法。② 党的建设有助于形成科学的决策和政策制定的机制。碳中和法治需要涵盖广泛的领域，党的科学决策能够综合考虑经济、社会、环境等方面的因素，制定出符合国情和发展需要的法律法规，以及有针对性的政策措施。

治国必先治党。党内法规是实现“中国之治”的核心密码。现行有效的党内法规有3600余部，已经形成了比较完善的党内法规体系，但涉及“双碳”的党内法规建设较晚，体系尚不成熟，只有中央生态环境保护督察、领导干部离任环境审计、环境保护党政同责以及终身责任制等党内法规与“双碳”相关，与国家法律法规的呼应性不足。构建“双碳”党内法规和国家法律协调衔接、相互补充的格局对党领导碳中和治理的全面开展十分关键。

（二）中国共产党是碳中和治理的根本领导力量

党的领导为构建绿色低碳社会明确了发展方向。党内法规体系是维护党的纪律和治

---

① 习近平．论坚持党对一切工作的领导［M］．北京：中央文献出版社，2019：57.

② 习近平．论坚持党对一切工作的领导［M］．北京：中央文献出版社，2019：45.

理环境的基石，多项党内法规的出台，如《中央生态环境保护督察工作规定》《开展领导干部自然资源资产离任审计试点方案》《党政领导干部生态环境损害责任追究办法(试行)》等，逐步构成了一系列生态文明建设的制度框架。这些法规涵盖了领导干部的离任环境审计、中央环保权责追究、环境保护党政同责等多项制度，对绿色低碳发展的法治保障起到了积极推动作用。在此基础之上，更需要强化国家生态环境法律体系与党内生态文明规范体系相互衔接与协调。社会规范在社会治理中也具有重要作用，加强居民公约、村规民约、行业规章、社会组织章程等社会规范的建设，有助于在社会层面推进贯彻绿色低碳理念。这些规范在规范社会行为、协调社会关系以及维护社会秩序等方面具有积极意义，特别是在绿色低碳发展的实践中，将绿色低碳理念融入其中，以推动其在社会各方面的融入与落实。党的领导将在绿色低碳发展的法治过程中继续起到重要的指导和推动作用，确保法律规范与党内规范、社会规范协同推进，形成有力的法治保障体系。

要进一步加强“双碳”党内法规制度建设，首先，要将“双碳”实现路径和工作规范要求融入党员教育管理、党政领导干部选拔任用、全面从严治党等方面的党内法规，增强党员推动绿色低碳发展的本领。其次，完善“双碳”目标责任考核制度，促进党内政治责任向各层级落实，压实决策部署的推进和落实责任，明晰责任主体与具体追责情况，精准化追责。最后，注重对“关键少数”违反党内法规的行为真抓严管、狠抓落实、全面从严，通过“关键少数”带头严格执行“双碳”党内法规推广至全体党员，确保党和国家“双碳”重大决策部署落到实处。

党的集中统一领导，有利于确保强有力的法治保障得以实现。坚持全国全党范围内的协调统一，坚持加强顶层设计和“摸着石头过河”相结合，充分发挥制度优势，深化推进各方面和全过程中的碳减排和碳捕捉技术的研发与应用。在碳中和市场机制方面，如碳市场的配置与交易、电力体制和能源市场的调整，以及在碳中和中的行政支持和规制等方面，绿色低碳发展都取得了积极进展。另外，也需要在绿色建设、生产、流通、生活和消费等方面推进绿色低碳理念的实施，使经济社会发展的绿色转型变为现实。同时，要将碳中和理念融入全球化努力中，推动低碳减排和应对气候变化的国际合作，将中国的绿色发展理念和实践融入“一带一路”倡议，并推动制定国际规则和标准。就应对气候变化和低碳发展专门的法律而言，需要建立相关的碳排放总量和目标控制制度、碳排放交易制度、碳基金制度、碳税制度、碳汇制度以及促进低碳技术应用的制度等。法律体系内容较为复杂多样，在法律体系的具体构建方面，需要建立以法律为核心，以行政法规和地方性法规为主体，规章为补充的纵向法律体系。还要全方位、多层次考虑涉及政府、市场、企业和公民各方面的法律制度。在法律规范的横向协同方面，应强调多个法律部门的协同规范，确保公法与私法、环境法与能源法等法律关系相互协调，稳步推进。

（三）强有力的法治保障须在党的领导下得以实施

中国共产党坚持将碳中和治理贯穿于经济建设、政治建设、文化建设、社会建设和生态文明建设的各个方面和全过程。为此，党要加强全面领导，引导领导干部提升碳中和治理的能力水平。同时，党要全面贯彻落实碳中和领导责任制，强化对碳中和违法行为的查处和问责，加强行政执法机关、监察机关和司法机关的衔接配合。要强化检察机关在生态环境公益诉讼方面的作用，推动人民法院贯彻绿色司法理念，进一步加强生态环境司法专业化，完善人民法院的生态环境审判机构设置。同时，严密的法治监督体系由党中央的生态环境保护整治制度、国务院的政府督查制度、人大的监督机制（即根据《中华人民共和国环境保护法》规定的国务院及地方各级政府定期向同级人民代表大会报告环境保护工作的制度）、领导干部离任审计制度以及社会舆论监督等方面构成。

二、政府主导

事实上，尽管碳中和治理人人有责，但没有政府的牵头，是无法调动全社会的力量开展碳中和行动的。每个国家的政府作为世界舞台中的一个角色，本身也是碳中和治理的主体。政府作为国家的管理机构，具备立法、监管、政策制定和资源调配的权力，可以推动和引导整个国家朝着碳中和的方向发展。政府可以推动制定法律和政策，这些法律和政策可以激励企业和个人采取有效措施，鼓励可再生能源的发展，限制碳排放高的产业等。同时，政府通常还会提供资金支持、减排激励等措施，鼓励企业和公众积极参与碳中和行动。各国政府需要制定具有针对性的环保政策和法规，以推动各个领域的碳减排行动。例如，设定减排目标、推动清洁能源发展、促进能源效率提升等。政府还需要建立监管机构，确保企业和机构遵守环保法规，落实减排措施，防止环境污染。政府在碳中和治理中需要承担公众教育和宣传的责任，通过教育、宣传活动、媒体传播等方式，提高公众对碳减排的认知和理解，鼓励公众采取低碳生活方式，减少碳足迹，共同参与环保行动。

政府天然地拥有碳中和治理的权力和资源，能够为各方面的问题制定整体的治理策略，同时可以借助监管职能和丰富资源，引导其他治理主体有序参与碳中和治理。中国的国家治理具有一个重要的制度优势，就是在面对重大事件和挑战时，能够快速形成决策共识，并较快地动员国家和社会力量付诸行动，产生新的制度供给。在应对碳中和治理的集体行动中，中国可以利用这一制度优势迅速建立一套碳中和治理体系，同时针对温室气体的公共性和外部性特征，以科层制管理体系下的“命令控制”体系推动各级政府担负起碳中和治理的责任，建立起可信承诺。此外，政府运行机制中的监督机制可以进一步为各级政府的可信承诺提供有效监督，使碳中和治理体系具有有效的制度支撑。碳中和是全球面临的集体行动任务，也是我国就应对气候变化问题对国际社会作出的庄严承诺，对中国气候变化治理体系和治理能力的现代化提出了新的挑战，更为中国气候变化治理体系的创新发展提供了重大机遇。政府要在碳中和行动中充分发挥制度优势，把握主动权，发挥碳中和治理的主导作用，引领其他主体参与碳中和治理。

（一）政府指导碳中和标准体系的建设

碳中和治理是国家治理体系和治理能力现代化的一个重要方面。2023 年 4 月 21 日，国家发展改革委、工业和信息化部等机构联合国家标准委员会一同发布了《碳达峰碳中和标准体系建设指南》（以下简称《指南》）。《指南》阐明了构筑碳达峰碳中和标准体系的主要方向，将标准体系划分为基础通用标准、碳减排标准、碳清除标准和市场化机制标准四大主要子体系，包含了 15 个二级子体系和 63 个三级子体系，详细规划了每个二级子体系下标准制修订的关键使命。在基础通用标准方面，涉及碳排放核算核查、低碳管理和评估、碳信息披露等内容，目的在于改善碳排放数据的准确性和透明度问题。在碳减排标准方面，着重强调通过完善节能降碳、推广非化石能源利用、发展新型电力系统、实现化石能源清洁低碳利用、减少生产和服务过程中的排放，以及推动资源循环利用等标准，来实现减少碳排放。在碳清除标准方面，关注固碳、碳汇，以及碳捕集利用和封存等内容，有效应对碳排放的中和问题。而市场化机制标准则侧重于制定绿色金融、建立碳排放交易体系、评估生态产品价值等标准，支持碳排放的可量化和可交易，促进市场化机制在碳中和方面的发挥。这些任务的展开将为关键行业和领域的碳中和工作提供全方位、一致性的标准支持。《指南》的发布标志着中国在推动碳中和方面迈出了重要一步。

（二）政府主导碳税政策和碳市场发展

政府角色正在不断转变，由过去的“管制型”逐步演变为“服务型”，为企业、公众等各方主体提供协助和指导，激发他们的智力潜能。在协助各主体履行治理职能的同时，政府也减轻了自身碳中和压力，提升了整体治理效果。中国提出碳达峰和碳中和目标，这代表着作为全球最大的发展中国家，任务不仅是推动经济增长，还要快速履行全球最为紧迫的碳减排义务。这个义务无疑具备极高的难度和对全球的巨大贡献。根据以往的经验启示，建立碳市场是实现“双碳”目标的必然选择，然而，由于二氧化碳及碳排放权商品的特殊性，政府在碳市场运行中扮演着特殊的地位和角色。环顾全球市场，各国已经积累了丰富的节能减排经验，碳税和碳交易就是其中主要的两种政策手段，中国在节能减排的进程中主要采取了准碳税政策与碳交易结合的政策。在博鳌亚洲论坛2022年年会上，北京大学光华管理学院院长刘俏在接受媒体采访时表达了一个观点，他认为："从长远角度看，碳税肯定会纳入政策范围之中，只是它的前置条件是要有一个比较清晰、有效的碳价格信号。"建立和完善碳市场是实现"双碳"目标的重要途径之一，政府需要充分发挥主导作用推动碳市场的人为创设不断发展，市场机制不断完善。

习近平总书记强调："要在保证市场发挥决定性作用的前提下，管好那些市场管不了或管不好的事情。"政府作为主导碳市场发展的关键因素不是说政府直接对碳市场采取完全的行政干预，而是旨在通过政府治理现代化途径，促进有效市场和有为政府的协调统一、紧密结合。推进政府治理现代化，就是要适应现代化建设的基本趋势和基本要求，科学行政、民主行政、依法行政，并实现政府行政的制度化、规范化、程序化。①

政府要构建完善的国内碳市场体系，实现"双碳"目标。一是要建立一个全国统一的碳市场。在这一框架下，政府能够更好地调配碳资源，达到碳减排的最佳效果，同时，也有助于统一碳市场规则，减少地方性差异。政府要设定碳排放总量和碳价格，对碳预算、碳配额和碳定价的制定应该科学合理，这样可以确保碳市场的公平和有效运行，使减排目标更加可行。此外，明确的碳定价也将为市场参与者提供更明确的方向，促进低碳技术的研发和推广。二是要完善碳市场的法规制度，明确的法律框架将为碳市场的健康发展提供有力保障，防止不正当行为的发生，同时也为企业提供了更明确的指引，使其能够更好地融入碳市场。政府应发挥社会主义制度优势，引导企业积极参与碳减排。通过激励政策和支持措施，鼓励企业投入到碳减排的行动中，推动实现"双碳"目标。

（三）政府推动碳中和治理的国际合作

国际合作是政府在碳中和治理中的另一个重要的责任。气候变化是全球性问题，需要各国共同努力，政府应加强国际合作，参与国际气候谈判和制定协议，共同制定减排目标和行动计划。气候变化已经成为全球共识，世界各国政府在碳中和治理中扮演着主要角色。通过制定环保政策、推动法规落实、加强国际合作、提升公众环保意识等方式，政府能够为全球碳减排和环境保护作出积极贡献，推动实现可持续发展目标。政府的责任不仅关乎国内的环保事务，也对全球气候变化治理产生深远的影响。清华大学发

① 薄贵利．推进政府治理现代化［J］．中国行政管理，2014（05）：52．

布的《2023 年全球碳中和发展报告》显示，截至 2023 年 9 月，全球已有 150 多个国家作出了碳中和承诺，覆盖全球 80% 以上的二氧化碳排放量、GDP 和人口。纵观国际上的碳中和行动，各国纷纷致力于构建公平、繁荣的社会，积极发展低碳经济，以控制碳排放总量为核心，推动能源、技术以及整体经济结构的改革转型，从而促进可持续发展，实现生态环境与经济增长的协调。

2020 年 12 月，日本政府发布《2050 年碳中和绿色增长战略》，将投入 2 万亿日元的财政预算促进生态友好型的商业模式和创新发展，以尽快落实 2050 年的碳中和目标，成为环境友好型投资领域的引领者。美国在 2021 年 11 月正式发布《走向 2050 年净零排放的长期战略》一文，揭示了在 2050 年美国实现碳中和目标的时间安排和技术路线。该目标旨在通过对清洁能源提供资金支持、推动交通和建筑电气化成效、实施工业化转型以及减少甲烷和其他非二氧化碳温室气体的排放，支持构建可持续、有韧性、更公平的碳排放发展愿景。2024 年 3 月 5 日，李强总理在第十四届全国人大二次会议作《政府工作报告》中提出要“加强生态文明建设，推进绿色低碳发展”；提出积极稳妥推进碳达峰碳中和，扎实开展“碳达峰十大行动”；提升碳排放统计核算核查能力，建立碳足迹管理体系，扩大全国碳市场行业覆盖范围。

三、民主治理

民主是现代国家治理的本质与核心。治理的兴起反映了这样一种社会现实：国家政府并不能垄断一切合法的权力，政府以外的机构和单位也负责维持社会秩序，参与公共事务的管理和控制。① 民主治理因其秩序性和效率性的双重优势，被西方现代民主国家广泛采用，这些西方现代国家在经济和社会方面通常保持相对平稳发展，国家福利水平也相对较高。然而，任何一种政治体制都有其独特的优点和局限性。西方的民主治理模式作为特定国情和政治社会发展紧密相关的产物，在不同的国家有着不同的模式与作用。因此，西方的民主治理模式面临诸多挑战。

首先，在激烈的政党竞争、金钱角逐和资本操控的背景下，西方的民主形式不以公民的基本需要为主导，政策难以保障公民的根本利益，政策的长期性、稳定性也易产生动摇。其次，权力分散可能削弱政府有效运转，导致行为一致性降低，易出现不同地区使用不同治理方案的现象，使政治效率降低。再次，由于选举过程受到金钱、财团、媒体和既得利益集团的操控，选举开支逐渐攀升，远超出公民所能负担的选举

① 张昕．转型中国的治理与发展［M］．北京：中国人民大学出版社，2007：38．

开支和政治成本，导致公众参与率受到影响。最后，金融资本可能操纵财富分配，使社会两极分化严重，社会的大多数财富被少数人所占有，公民的不满情绪和大规模骚乱时有发生。

民主治理模式是一种以民主为核心的管理和决策机制，它强调整体性。改革开放以来，我国在吸收中国古代理论、借鉴西方治理实践成果、汲取传统社会主义治理经验的基础上，进行了国家治理的实践创新，在推进社会主义民主政治的制度化、规范化和程序化方面，取得了积极进展，初步形成了具有中国特色的新型社会主义民主治理模式，为保障党和国家长治久安、奠定了坚实的制度基础。中国共产党坚定不移走中国特色社会主义政治发展道路，积极推进政治体制改革创新，大力强化社会主义民主和法治建设。在政治制度方面，我国形成了具有中国特色的民主制度体系，主要包括人民代表大会制度这一根本政治制度，中国共产党领导的多党合作和政治协商制度、民族区域自治制度、基层民主制度等基本政治制度。在依法治国原则的指导下，我国形成了以宪法为核心的部门齐全、层次分明、结构协调、体例科学的中国特色社会主义法律体系。在法律制度方面，遵循我国正处于并将长期处于社会主义初级阶段的基本国情，逐步建立立法体制机制，完善立法程序，保障国家法治统一发展。

（一）碳中和民主治理的原则

民主治理的目标在于实现一个公正、包容和决策合理的社会和政治秩序。人民群众是全面依法治国最广泛、最深厚的基础，因此，必须坚持一切为了人民、一切依靠人民。依法保障人民的根本权益，是推进全面依法治国的根本目的。贯彻落实党的领导、人民当家作主、依法治国三者的有机统一是实现碳中和民主治理的基本原则。党的领导确保碳中和法律和政策的正确指向和落实，人民当家作主强调公民参与碳中和治理，而依法治国则保障政策的合法性和公正性，三者形成了一种协调统一的治理模式。积极回应人民群众新要求新期待，不断增强人民群众获得感、幸福感、安全感，用法治保障人民安居乐业。① 在这些关系中，法律的效力、权威性、合理性以及公正性起到了重要作用，同时法律的适用和实施也受到了社会行为的影响。这些原则和关系在中国特色碳中和法治体系中相互交融，构建了一个协调有序的法律运行体系，确保了碳中和法治体系的完备性和现代化。

（二）碳中和民主治理的核心特征

第一，碳中和民主治理的核心特征表现为公民对碳中和治理的广泛参与。民主治理

---

① 习近平．论坚持全面依法治国［M］．北京：中央文献出版社，2020：2．

强调公民的广泛参与和政治平等。公民有权利和机会参与政治决策，可以通过选举、公民投票、意见反馈和集会等方式表达自己的意见和想法。在碳中和法治中，广泛的公民参与至关重要。碳中和目标的实现需要社会各界的共同努力，而公民的广泛参与可以确保政策制定和执行的合理性和民意代表性。公民可以通过公开听证会、意见反馈、社会研讨会等方式参与碳中和政策的制定，从而确保政策更加符合社会需求和环境保护的要求。

第二，碳中和治理坚持以人民为中心，民主治理要求政府代表人民意愿并为人民服务。政府通过选举或其他合法程序产生，并负责制定和执行政策，代表和服务公民利益。在碳中和法治中，政府需要代表人民的意愿并为人民服务。政府在制定碳中和政策时应当考虑社会各方的利益，确保政策的公平性和可持续性。政府也需要在碳中和实施中充分担负起责任，确保顺利地实现碳减排目标和人民的低碳福祉。

第三，在碳中和治理行动中保障和尊重人的基本权利，包括基本权利以及社会和经济权利。另外，环境权利作为人权的重要组成部分，在碳中和治理过程中也需要得到充分尊重和保障。人们应该有权表达对碳中和治理问题的看法，以及对碳减排政策的关切。此外，碳中和过程中的政策和措施也应当确保公平、合理，不损害公民的基本生存权和发展权。

（三）碳中和民主治理的实现方式

民主治理是一种政治体制和决策过程，其中包括公民参与决策，政府代表人民意愿，政府行使权力并受到监督。民主治理需要通过教育和信息传播，提高公民对碳中和的认知和理解。党的十九届四中全会通过的《中共中央关于坚持和完善中国特色社会主义制度、推进国家治理体系和治理能力现代化若干重大问题的决定》，明确提出要建设人人有责、人人尽责、人人享有的社会治理共同体。碳中和治理无疑也需要在民主治理原则下，形成碳中和社会治理共同体。政府和社会组织要开展公民教育宣传活动，向公民传递关于碳中和的科学知识和政策信息，促进公民参与和支持碳中和治理的相关政策。

碳中和治理涉及多项社会经济变革，民主原则对公民全面、全过程参与治理决策赋予了权利。民主治理要求政府在实施碳中和政策时保持透明，并对政策的执行进行监督和问责。政府应当向公民公开碳中和政策的制定过程、执行情况和效果评估，接受公民和监督机构的监督，征求公民意见，尊重公民对碳中和政策的看法和需求，公民可以参与听证会、磋商、咨询等以了解和明悉碳中和的相关政策。实现碳中和需要建立一系列法律法规，包括碳排放标准、清洁能源发展、碳市场建设等。这些法律应当经过立法程序，确保合法、公正和合理。同时，法律要保障公民的权利，确保公民在碳中和过程中受到公平对待。民主治理需要建立独立的司法体系，确保法律的实施和执行不受政治和经济利益的影响。碳中和政策会影响各方利益，包括企业、公民、地方政府等。公民和利益相关者应有权利向法院提起环保诉讼，维护碳中和政策的合法性和公平性。民主治理要求政府在制定政策时平衡各方利益，确保碳中和政策的公平性和可持续性。

第五章　碳中和治理之德治

“国无德不兴，人无德不立。”[①] 国家治理不单是一个政治问题，也是一个伦理问题，基于道德标准的治理是碳中和治理的一种有效途径，因此，德治自古以来便是国家治理的传统方式。碳中和德治就是为实现碳中和目标而形成的道德标准、价值观念和行为规范的总和，旨在引导人们遵循绿色低碳原则和理念，为实现“双碳”目标进行自我思想约束和行为约束。从公民道德建设的角度出发，碳中和德治的主要内容蕴含在社会公德、职业道德、家庭美德之中。加强碳中和教育、强化碳中和正面舆论引导、优化碳中和信息公开是碳中和德治实现的主要路径。

第一节　德治在碳中和治理中的定位

碳中和治理是涉及人们的生产生活、思维方式和价值观念的革命性变革。尽管学术界尚未明确提出“碳中和德治”的概念，但是在讨论环境治理问题时，学者们已经诉诸了有关实现碳排放平衡的道德问题。基于道德标准的治理方式是碳中和治理的一种有效途径和重要补充。碳中和德治就是为实现碳中和目标而形成的道德标准、价值观念和行为规范的总和，旨在引导人们遵循绿色低碳原则和理念，为实现“双碳”目标进行自我思想约束和行为约束。它是过去一段时间以来以及未来中国社会正在逐步形成和兴起的一种可持续发展的生产生活理念，对政府、企业、个人都具有道德约束力。在推进碳中和的过程中，需要各行为主体弘扬勤俭节约、诚实守信、公正廉洁、保护环境、尊重科学等优良道德品质，遵守法律规范，倡导绿色生活方式，共同营造良好的生态文明理念。“推动明大德、守公德、严私德，提高人民道德水准和文明素养”[②]。同时，在碳中和治理中，需要重视市场机制和价值导向的作用，创造公平竞争的产业环境，倡导绿色低碳的消费理念，减少生产、生活过程中的碳排放，并鼓励碳中和领域的技术创新，

---

① 习近平．青年要自觉践行社会主义核心价值观［N］．人民日报，2014 年 5 月 5 日（002）．

② 习近平．高举中国特色社会主义伟大旗帜 为全面建设社会主义现代化国家而团结奋斗［N］．人民日报，2022 年 11 月 1 日（001）．

主动增加碳汇，实现碳中和的目标。

一、道德底线

道德是人类在社会活动中逐渐形成的行为规范和价值观念系统，属于意识形态的范畴，是对好与坏、义与利、正义与非正义等问题的判断和选择。道德底线即道德上的“红线”，是人类社会活动中对是非对错的边界。人类道德观念的起源与人类自身社会化进程和共同生活、相互交流中所产生的价值观念紧密相关。在早期的人类社会中，道德观念通常与信仰和宗教联系在一起，并随之发展成一整套复杂的价值系统。马克思与恩格斯认为，道德首先是一种被经济基础所决定并能对经济基础有反作用的社会意识形态，这构成了马克思主义道德本质论的基本观点。①

迄今为止，人类社会先后经历原始社会、奴隶社会、封建社会、资本主义社会和社会主义社会五种形态，与此相适应出现了五种道德形态。随着时代的变迁和文明的发展，道德观念也在不断演变和完善，成为推动人类社会稳定发展的重要因素之一。当一个人遵守道德时，他会做出社会认可和符合价值观念的行为，遵守道德不仅有助于个人培养良好的品德和价值观念，还可以增强自我控制力和责任意识。同时，通过遵守道德，一个人可以建立起良好的社会形象和信誉度，并获得社会认可。

（一）道德的规定性

国家治理不单是一个政治问题，也是一个伦理问题。道德对于人类社会活动的规则和秩序做了一定的规定。从社会发展的角度来看，道德行为是保持社会秩序和稳定的基础之一。在一个社会中，如果多数人能够遵循并适应该社会环境的道德标准，那么这个社会就会和谐、团结和进步，人与人之间的信任感就会不断增强，进而形成稳定而和谐的社会关系。一个人遵守道德时，既有益于个人的成长和发展，也有利于社会的繁荣和发展。古今中外，秉持正义、公平、诚信的道德原则，为自己的行为负责并对周围的社会作出贡献是公认的道德追求。道德不仅局限于对个人的要求，也关注整个社会及其内部群体之间的公平、正义和秩序。道德具有一定的泛指性，道德原则适用于各个领域，并涵盖了所有可能出现场景。此外，道德不仅具有相对稳定性，也具有一定的可变性，即随着时间和文化环境的变化，道德标准也是不同的。

---

① 李志强．社会主义道德的基本理论、丰富资源和具体实践——谈《思想道德与法治（2023 年版）》第五章的逻辑主线［J］．思想教育研究，2023（04）：83．

（二）碳中和道德观的形成

碳中和道德作为环境道德的一部分不仅继承了中国古代传统的生态思想，又有现代新的内涵，即碳中和道德是对中国古代生态思想的传承。道德观念的形成是一个逐步深化和演变的过程。最初，人们对于道德对象的认识往往侧重于放在个人思想和行为上，人们所谈论的道德主要针对个人行为的规范，如诚实守信、友善待人，认为人与人之间的交往要有道德约束。随着人类经济的迅猛增长和科技的不断发展，人类与自然界的伦理关系越来越得到关注，人与自然环境之间的关系也由此受到同等程度的道德约束，这种观念逐渐蔓延到社会生活的各个领域。人类对于道德对象的范围从原来人与人之间的社会关系扩展到人与自然的关系上。《论语》中记载，将垂钓、伐木和狩猎等活动时节的规定，上升为道德行为。古代大量的帝王诏书、村规民约、族戒家训中都有体现生态道德思想。

随着人类社会的发展，人类不断加大对环境和自然资源的利用，各种环境问题越来越突出，如全球气候变化、海洋污染和物种灭绝等，这些严重的环境问题引起了全球范围内的高度关注和共同行动。各种极端气候事件、环境污染问题和资源匮乏的现象给人类中心主义思想带来了挑战。在全球环保意识不断增强的背景下，人们开始重视环境保护、可持续发展和气候治理等问题。随着气候治理的重要性逐渐得到重视，碳中和观念也开始广泛传播，而碳中和道德观念的形成就是在这样一个背景下逐渐萌发的。环境道德观的形成，表现了人类道德认识历史的一次大转变，人们逐渐认识到，应该将环境也看作道德对象，并以生态环境保护为核心改变经济发展模式，做好环境保护和资源利用之间的平衡。此外，中国传统文化中蕴含着许多关于平衡的思想，如“阴阳”理论、五行学说等。这些思想强调自然界和人类社会中的各种力量和元素需要保持一种平衡与和谐的状态，因此，碳中和与这些传统思想也有着相似之处。碳中和主要是通过减少碳排放或增加碳吸收，达到二氧化碳等温室气体净排放量为零的一种状态。这也可以看作是现代社会对自然界碳流动平衡的一种努力。人类在奔向发展和进步的道路上，要遵循可持续发展的道德原则，确保人与自然之间的和谐共生。碳中和作为一种新兴的环境道德观念，从低碳生活、节能减排、清洁能源使用等方面着手，加强对气候变化、环境破坏的认识，并呼吁人们采取行动来改善环境状况，保障自然资源的可持续利用和地球的健康稳定。

碳中和道德观念的形成需要长时间的积累和传承，需要政府、企业和公民的共同努力推动。政府更应该加强政策引导来鼓励企业和社会各界采取更多低碳、环保、可持续的行动；企业也应牢固树立碳中和意识，增加碳汇，降低碳排放，主动实现碳中和；公民应秉承低碳生活理念，从自身的行动出发，树立绿色低碳的良好社会风尚，让碳中和观念深入人心，贯穿于每一个人的生活，共同打造气候舒适型社会。然而，建立在对自然环境实质性认知基础上的新型道德体系还远未趋于成熟。除了爱护地球、节约能源等理念，在普遍层面上，对自然界的道德认识和应该承担的道德责任还需要进一步探讨和加深。

自然界既是人类所依赖的资源库，也是人类为之付出代价的对象。对环境的道德观念扩展，意味着人们意识到保护环境并不仅是品德问题，更是一种责任和义务，应该将其作为长远发展和可持续性的前提去行动。随着科技的不断进步，更多的清洁能源替代了传统燃料的使用，同时，各种节能技术和环保技术的不断涌现，也为碳中和道德观念的形成提供了必要基础。首先，人们要借助科技力量，尽可能降低人与自然环境之间的摩擦，减少人类活动给环境造成的影响。这就包括极大程度地减少人类活动对生态系统的干扰，限制破坏性消费和过度工业化形式，提高资源利用效率等。其次，人们应该注意自身生态足迹，减少个人的碳排放、水耗能等不良习惯，本着“尊重、了解并保护生命信息”的原则建立起一种全新的、生命圈层级关系观念。再次，政府和企业应该加强相关法规和标准的制定，明确人与环境之间的行为规范。最后，通过税收、财政、经济刺激和制裁等经济手段鼓励企业采取更多的环保、可持续性措施，以此维护生态系统的稳定和健康。

（三）碳中和道德底线的内涵

美国实用主义哲学家约翰·杜威认为，任何问题是否“属于道德的”问题，至少需要三个因素的介入。[①] 第一个关键因素是自愿性，即行动者必须明确自身行为是一个自愿的结果，并且愿意将这一行为固化为自身稳定的品格。在这个情境下，将碳中和视为一种道德底线，意味着个人自愿地采取碳排放的让步，将低碳、无碳作为自身的追求和稳定的品格。第二个关键因素是社会性，即行动者的行为必须在社会脉络中产生，与社会的利益休戚相关，或者说其行为的选择必然与他人的利害产生关联。从这个角度看，碳排放行为必然与外部的社会环境产生联系，与他人的利益发生交互作用。碳排放行为的社会性体现了碳中和作为一种道德观念在社会中得以实施的可能性。第三个关键因素是选择性，一项行为必须在有选择的情境下才能具备道德的特质。决定是否选取某种清洁能源代替高碳排放的能源、何时何地以及以何种方式排放，这些决策都体现了作为道德行为的选择性。碳中和道德底线体现了在特定条件下对碳排放的最低道德限制和约束。碳中和作为一种道德底线涵盖了多个维度。自愿性表明人们自愿采取行动以减少碳排放；社会性强调碳中和行为对社会的影响和利益；选择性凸显了以保护环境和可持

---

① John Dewey, James Tufts. Ethics [M]. New York: Henry Holt and Company, 1932: 176.

续发展为导向，在不同情境下做出的选择。碳中和这种道德底线在于引导人们在日常生活中采取具体行动来减少碳排放，为环境保护和全球气候变化作出贡献。

道德是一个多面且复杂的话题，涉及伦理、哲学、社会科学等领域。只有遵循良好的道德标准，才能够建设更加和谐、公正、秩序井然的自然环境和人类社会。随着全球对环境保护的关注程度不断提高，低碳道德观念已成为我国全社会必须关注并践行的一个基本倡议，也必将成为人们共同遵守的道德底线。碳中和道德底线要求在追求控排的同时，必须遵守一系列的道德标准和伦理准则。这些标准和准则包括但不限于环保、社会公正、经济可持续性等方面，同时还会从技术、政治、社会多个方面进行实践。人类需要通过共同努力、守护大自然、减少碳排放，让人类以低碳、减碳、零碳、碳汇为生活的追求，自觉守住道德底线，为实现碳中和目标铺平道路。

二、价值观念

价值观念是作为主体价值意识中深层次，且长期积淀的关于主客体之间的一类价值关系的基本观念。[①] 价值观是个体持久的信念，是主体用以判断事物的依据。价值观是个体行为的基础，会影响、引导个体的行为表现以帮助个体实施行为目标或选择适当的行为规范。价值观具有意义和强度两个范畴，一定意义上是个体用来评判不同事物或行动在个体心中的重要性的尺度。个体通过意义来判断某种行为、事物是否重要，通过强度来评判某种行为或事物的重要程度。碳中和价值观的核心理念是通过有意识地降低碳排放或增加碳吸收，实现碳中和目标，并最终达到全球碳中和以缓解气候危机。碳中和价值观的核心内容包含尊重自然、绿色环保、可持续发展等内容，低碳价值观念主导的社会文化有利于形成一种绿色低碳的生产、消费和生活方式。

（一）碳中和价值观的内涵

碳中和价值观是人们对碳减少或碳吸收及其属性满足与被满足的总体看法。这种价值观念在引导公民确定低碳目标、做出低碳决策和采取低碳行动时具有内在导向性。碳中和价值观可以对个人和对低碳事物的态度和信仰产生影响，而个体对低碳事物及其属性进行排序和评判，形成了形塑行为目标、端正主体态度的低碳价值思想观念体系。在一个低碳观念体系中占据核心地位的是低碳价值观，其不仅影响低碳思想的形成和知识的建构，还对塑造个体低碳态度，培养低碳习惯，确立低碳信仰具有积极而深刻的影

---

① 裴学进．自发与自觉：主导价值观转化为主流价值观的两种方式［J］．马克思主义研究，2016（10）：102.

响。尊崇低碳价值，强调节能环保，主张低碳发展理念作为低碳价值观的基础特征，这些不仅强调个体责任，也需要政府、企业以及整个社会的广泛合作和行动。

（二）碳中和价值观的重要意义

碳中和价值观在实现社会的可持续发展方面具有重要意义。从经济角度看，加强对碳中和价值观的建设可以促进经济转型升级和绿色发展，提升企业的竞争力和创新能力，同时也可以促进就业和助力脱贫攻坚；从生态角度看，低碳价值观有助于减缓气候变化、提高环境质量和保护生物多样性，为后代留下一个更加美好的地球。在实现低碳目标的过程中，低碳价值观深刻影响着社会各界的实践活动、政策制定以及个人行为的选择。对待低碳问题，不同的价值观念和生活态度将会产生大不相同的结果。例如，在行政层面，某些地区可以制定具有针对性的低碳政策和支持措施，以鼓励企业和公民采取低碳生活方式和环保措施。对于企业和政府而言，低碳价值观能够促进其从传统的高碳经济向低碳经济转型，推动可持续发展的进程。其中，重要的一个方面在于企业与政府开发清洁能源和做出更加环保可持续的选择；通过推广绿色技术手段，减少企业在工业生产中的能源消耗与碳排放。对于公民而言，低碳理念有利于从思想源头限制个人购买大量的不必要的生活物资。

碳中和价值观同样也反映了人类对生态环境的看法。一方面，如果一个社会崇尚碳中和的价值观，就意味着它的社会成员尊重自然、热爱自然、珍视资源。另一方面，低碳文化以碳中和价值观为核心，鼓励绿色生活、勤俭节约，推动环保行为的发展和普及，并以此来改变人们对环境和消费的认知。总之，在应对气候变化的最前线，碳中和价值观是形成低碳生产生活方式和建设可持续社会经济的关键手段。通过培育和践行低碳文化，可以从根本上解决环境问题，实现人与自然的和谐共存，让人类社会走向更加纯净、和谐和可持续的未来。

（三）碳中和价值观的内在结构

碳中和价值观的结构主要由认知、情感、行动三个层面来构成。认知层面包括对碳中和生活与可持续发展的知识体系以及认知模式；情感层面包括对自然环境、资源的尊重和珍惜；行动层面则是具体的环保行为和绿色生活方式。

从认知层面看，碳中和认知受多种外部因素影响。一方面，要建立对碳中和理念所涉及的专业术语以及相关政策法规的知识性认知。从碳排放权交易、碳排放情况核查、碳信用积累等方面入手，全面理解并学习碳中和的知识体系。另一方面，需要对不同行业领域的碳排放方式、减排技术、低碳生产模式有一定的了解。此外，为了保证碳中和的质量和效果，还需要掌握相关评估体系和标准，了解碳抵消和环境保护之间的关系。

要加强对可持续发展的认知，包括以资源节约为基础的循环经济理念，以绿色科技为核心的可持续发展战略，以社会公平为原则的可持续城市规划等，并将碳中和置于整个可持续发展战略中去理解。

从情感层面看，人类要建立对自然环境的尊重和珍爱。研究表明，人类排放的二氧化碳等温室气体是导致气候变化的最重要原因，这种变化不仅危及自然生态环境的平衡，同时也影响人类自身的生存，因此，需要从保护森林、减少污染源、节约能源等方面入手，积极参与环保行动。地球上的许多资源都具有不可再生性，如果无节制地从自然获取资源，将导致资源枯竭、排污增高等问题，因此，应尽可能使用可再生资源，减少对环境和自然资源的侵害，这样才能在碳中和的实践中，更好地倡导人类与自然的协调发展。情感层面的问题是对公平性的思考。由于各国之间的发展水平不同，其贡献度和获得的收益也会有所区别。因此，在实施碳中和实践时，需要加强国际合作和技术转移，以确保所有参与者都享有平等的福利。

从行动层面看，碳中和行动是体现碳中和价值观的另一个维度。碳中和行动反映了人们对提高环境质量的关注，体现人类对未来社会可持续发展的一种信念，也体现了人们对守护地球的共同责任感。不论是个体还是组织，都需要积极行动起来，共同追寻低碳、可持续的生活方式。碳中和行动预示着一种未来发展的趋势和方向，推动人们采取相应的行动向碳中和目标前进。作为地球居民，每一个人都拥有共同的责任，都不能过分依赖碳排放量丰富的能源，而是应该努力去控制温室气体的排放量，做好碳中和的实践。只有兼顾价值观与共性意识，将思想转化为实践，才有可能实现人与自然和谐共生的理想愿景。

（四）碳中和价值观的培育

倡导碳中和价值观意味着通过调整人们的价值信念和生活方式来促进一种对于人与自然和谐共处的思想体系和行动方式的形成，以实现减少温室气体排放、促进可持续发展的目标。碳中和价值观作为自然生态价值观念，并未明确列入社会主义核心价值观的范畴，但就其外延而言，富强、民主、文明、和谐的国家层面价值观已然包含了生态文明的要求。从价值角度看，一方面低碳社会文化赋予人类享有、利用、发展自然环境资源的权利，另一方面人类应认识、理解、承担保护自然环境资源的责任。全面提升生态价值观教育，有助于树立全社会低碳生活理念、道德意识、伦理价值，有助于增强个体的精神力量，促进低碳发展成为人们的目标动力和行动导向。

为了深化习近平生态文明思想的大众化传播，增强全社会生态文明意识、全民生态环境保护的思想自觉和行动自觉，全国人大常委会将 8 月 15 日设立为全国生态日，全国各地在这一天开展多种形式的生态文明宣传教育活动。在 2023 年首个全国生态日到来之际，习近平总书记作出重要指示强调："生态文明建设是关系中华民族永续发展的根本大计，是关系党的使命宗旨的重大政治问题，是关系民生福祉的重大社会问题。"价值观念的形成是一个过程，碳中和价值观应该通过教育来培育，包括家庭教育、学校教育和社会文化宣传教育。在家庭方面，需要培养节约能源、杜绝浪费的消费习惯，贯彻"减少、再利用、回收"的循环发展思路。在学校方面，可以通过课堂教育、"绿色校园"建设等途径，帮助学生理解碳中和概念及其背后的知识体系。要通过教育引导学生正确认识碳中和的意义，并帮助学生形成碳中和思想和行为模式。在社会文化宣传教育方面，相关政策的制定以及全民参与的绿色生活运动，也是培养碳中和价值观的有效手段。

三、行为习惯

全球范围内对人类活动对环境破坏行为的批判，以及关注自然资源的消耗、气候变化造成的风险增加等原因推动了人类对于碳排放的思考，并逐步将碳中和理念转化为一种社会文化影响力。国际社会对低碳发展的呼声越来越高，人类也逐渐认识到碳中和的重要性，对于控碳行动的参与日益增多。同时，各国政府也在各自范围内推动和促进低碳经济、绿色技术等的发展。控制和约束碳排放作为良好的个人行为习惯，体现了内在道德修养，同时也是一种生活态度和人生价值观。

（一）行为习惯的形成机制

按照《辞海》的释义，行为是心理学上泛指有机体对所处情境的所有反应的总和，包括所有内在的和外在的、生理性的和心理性的反应。行为习惯的养成与大脑神经回路的形成密切相关，重复的行为会在大脑中形成特定的神经通路，随着重复次数的增加，神经通路会逐渐加强，最终形成稳定的习惯模式。行为习惯反映的是一个人的思想、行为以及情感长期实践所积累形成的一些固有的、自动化的活动方式。行为习惯具有相对稳定性，一旦养成，往往不需要做太多意识层面的刻意努力就可以轻松完成。日常生活中，许多重复性的行为都可以成为一种行为习惯，例如洗脸、刷牙、写字、开车等。

行为习惯具有二重性，即好的行为习惯和坏的行为习惯。良好的行为习惯可以有效提高学习效率和工作效率，坏的行为习惯会对人类健康、生活和事业带来消极影响。因此，每个人都希望拥有良好的行为习惯。一个好习惯的养成，或者是用好习惯代替坏习惯需要一个长期坚持的过程，这不仅考验个人内在的强大意志力，还需要强有力的外部监督。《荀子》云："积行成习，积习成性，积性成命。"一个人长期坚持某种行为习惯，并以此逐渐形成固定的生活方式，最终便能够影响自己的性格、思考模式和行为方式，甚至决定一个人的命运。

（二）低碳行为习惯的价值

一名合格的公民不仅要有丰富的科学文化知识和道德品质，还需要具备良好的生活和行为习惯。养成良好的零碳行为习惯具有重要的个人和社会价值。就个人而言，零碳行为习惯可以帮助个人节约资源、降低生活成本，提升健康水平，彰显个人文明素养。良好的零碳行为习惯可以促进个人完善自身人格，有利于获得他人和社会的认可和尊重，进而有利于实现自我价值。也只有在长久的良好零碳行为习惯积累下，才能逐步形成稳定的零碳行为方式，最终折射出一个人良好的零碳思想作风和道德素质。在纷繁复杂的社会中，人往往通过外在的行为习惯表现自身的综合素养，同时也通过外在的行为表现判断他人的综合素养。如果一个人文化知识渊博、能力出众，却没有良好的行为习惯，也难以得到他人的尊重和接纳。

就社会价值而言，低碳行为习惯可以直接减少碳排放，缓解气候变化，这直接有利于碳中和目标的实现。此外，零碳经济是未来经济发展的趋势，发展零碳经济可以创造新的经济增长点，促进产业转型升级。零碳行为习惯体现了人们对自然环境的尊重和保护意识，有利于全社会构建绿色零碳的生产生活方式，促进新质生产力的发展。良好的零碳行为习惯通过彰显个人良好社会品格，进而彰显整个社会的文明程度。

（三）碳中和行为习惯的养成

每一名普通的公民都可以通过日常生活的行为习惯和消费方式来践行碳中和行动。鉴于行为习惯的持续性、稳定性、自动性等特征，人们需要尽可能地通过养成一个积极、健康而又高效的生活方式来达到碳中和或减碳的生活目标。同时，也要积极改变或消除高碳、高耗能、高污染性的行为习惯。

行为习惯是通过重复和强化获得的，重复的次数越多，行为就越容易固化成习惯。虽然在某种情境下，意志力会让人产生相应的零碳行为反应和行动选择，但是只有通过长期的积累和常态化的实践，让行为习惯深入到人的潜意识之中，才能真正将零碳行为融入生活，并使其成为自然反应。当这种自然反应形成，人就会不自觉地触发对应的行动选择，从而形成一种自然而然的零碳行为模式。因此，公民应该将自己的生活方式逐步转变为以低碳行为习惯为基础的正向方式，并通过积极地参与碳中和教育、宣传和实践活动，逐渐推广和培养良好的低碳行为习惯。

碳中和行为习惯养成具有持续性。碳中和行为习惯是长期积累的结果，因此需要人们付出情感意志来巩固。情感意志可以帮助巩固行为习惯，因为通过情感纽带强化低碳行为符合社会心理特点。当公民深入理解环保和碳减排的意义时，就会对碳中和行为产生更加积极的情感。此外，作为家庭的聚集地——社区组织是减碳行动的良好践行者。可以通过家人、朋友或社区的支持来促进碳中和行为的养成，营造良好的碳中和文化，让零碳逐步成为社会主流。

第二节　碳中和治理中的德治内容

在碳中和治理中，坚持德治理念是一项重要原则，德治理念的实践需要大力加强以社会主义核心价值观为内核的公民道德建设。围绕公民道德建设的要求，把绿色低碳作为公民道德建设的内容，以建设社会公德、职业道德、家庭美德、个人品德作为着力点，让零碳文化、零碳理念和价值观作为制度约束和道德追求，是一个重要的思路。作为一个国家和社会的基本单位，每个公民都应遵循良好的公民行为准则和道德标准。只有社会公德、职业道德、家庭美德以及个人品德都得到全面提升，才能够有效地促进零碳行动和零碳生活形成并使其深入到人们的意识系统中。同时，通过规章制度、奖惩机制、市场激励等手段来加速形成和强化在零碳行为方面的好习惯，从而实现减排和节能目标。通过贯彻和实践德治理念，可以加速推进零碳发展，确保生态环境得到保护，从而建设一个可持续发展且富有活力的社会。中国从古至今的道德建设实践，都强调通过合理的制度来践行核心价值；公民道德建设是道德引领、制度约束和道德实践共同作用的过程。①

一、社会公德

公民道德是指公民处理公共事务所持有的合乎道德的观念或行为方式。② 这一观点意味着社会公德产生于公民对公共事务的认知看法和价值观念。社会公德作为道德要求的基石，在指导人们社会交往和公共生活中具有重要意义。

（一）社会公德的社会治理功能

社会公德具有广义和狭义两个方面。从广义来看，社会公德涵盖了国家、民族、阶

① 周四丁．国家治理的伦理维度［D］．湖南师范大学，2020.

② 李萍．公民日常行为是考察公民道德的基石［J］．道德与文明，2005（02）：25.

级和社会共同群体利益的道德准则，其中包括部分特定社会或国家所强调和实施的道德标准，有时甚至表现为法律形式。从狭义来看，社会公德指的是人类在长期社会生产生活中逐步积累的、对于群体生活最基本、最基础的准则，通常涉及公共秩序、文明礼仪、卫生清洁等影响社会环境的行为规范。

社会公德的目的具有一致性，均是为了维护基本的社会关系秩序，确保社会的和谐稳定，反映了人类社会生活中最基本、最广泛、最普遍的关系。尽管各种各样的等级划分在阶级社会普遍存在，但同一时代的社会成员在相同社会环境中，为了彼此的交往和社会的基本秩序，都必须遵守适用于其所处时代和社会的基本生活规则。

“既然道德行为的目的是巩固和发展一定历史条件下的社会经济基础，因此人类的道德行为必然面对人与自然的关系，并能够在人与自然的关系中起到调节作用，使人与自然的关系更加和谐平衡。”① 绿色低碳作为社会公德的一项重要内容，通过节约资源，减少不必要的消耗，倡导绿色节能，对保障社会成员的身心健康发展具有重要作用，也有助于展示良好的社会风尚，有助于展现一个民族的文明程度和精神风貌。鉴于此，公民都应自觉践行零碳节能理念，把绿色低碳作为最基本的行为规范。同样，社会公德作为人类社会生活中最基础、最简便的行为准则，是为适应社会和个人发展的需要而产生的，与人民群众的切身利益息息相关。因此，社会成员应自觉履行社会公德，发挥其对社会群体的价值自觉和导向作用。

《新时代公民道德建设实施纲要》明确指出，要推动践行以文明礼貌、助人为乐、爱护公物、保护环境、遵纪守法为主要内容的社会公德，鼓励人们在社会上做一个好公民。好公民意味着对公共空间、公共领域的责任和义务。社会公德是建设和谐社会的基本要求。一个和谐的社会需要一种良好的社会风气，即有感恩思想、具有公平正义、注重和谐合作、尊重差异、讲究互利共赢和廉洁自律的良好行为习惯。这些行为举止都需要倡导并由每个人在日常生活中进行行动落实和实践，这样才能够使社会变得更加和谐美好。社会公德是文明城市和文明社区建设的重要保障。文明城市和文明社区所依靠的关键因素就是人们的行为道德和精神文明，如果人们遵循社会公德，就不会轻易出现乱扔垃圾、浪费资源、占道经营、信访滞留等影响城市和社会安定的不文明行为。社会公德是国家发展进步的重要基础。一个具有良好公德观念的社会，应具有行业职能顺畅，民生平稳，消费环节良性互动，企业运作透明公正等因素得以发挥其正义性等特点，这样才能够使社会走向良序、健康、可持续的发展方向。

---

① 方玉媚，汤德喜．科学发展观背景下的公民道德建设——从人与自然关系出发［J］．毛泽东思想研究，2009，26（02）：144.

控制温室气体排放一直是我国经济社会发展的一项重大战略。从“八五”计划到“十一五”规划，可以说每一个国民经济和社会发展五年计划都明确提出了要控制温室气体排放的目标。在2020年第75届联合国大会上，中国政府提出争取在2030年前实现碳达峰，在2060年前实现碳中和。2021年3月5日，在《2021年国务院政府工作报告》中指出，扎实做好碳达峰、碳中和各项工作，制定2030年前碳达峰行动方案，优化产业结构和能源结构。实现碳达峰、碳中和是以习近平同志为核心的党中央统筹国内和国际两个大局作出的重大战略决策，是着力解决资源环境约束突出问题、实现中华民族永续发展的必然选择，是构建人类命运共同体的庄严承诺。① 碳中和已经上升为我国未来一个时期的国家战略，体现了负责任大国参与全球环境治理的担当。公民积极参与节能减排就是参与国家乃至国际公共事务，其对碳中和事业的参与也体现了社会公德。

（二）低碳社会公德的内涵与外延

减少碳排放是碳中和的必然做法，其作为一种社会公德就是要求人们在社会公共生活中用行动践行低碳理念，遵守最低碳排放的要求，增加碳汇，崇尚零碳文明风尚。一个地区或国家的精神风貌往往最早从社会风尚中显露出来。换句话说，社会主义社会的社会公德在社会进程中扮演着基础性的作用。现代社会中的每位成员都应弘扬核心道德，增强公德意识，履行社会责任，将其纳入个人行动的准则，体现社会群体和公民的公共规范。遵守低碳公德就是一种现代文明社会对于生态保护的一种道德约定。

社会公德包含了对碳的认知，对碳中和的认同，以及对碳中和的自觉践行，进而形成一种文化自觉。自觉是社会公德的普遍要求，具有普遍性、综合性和实践性的特点。每个社会公民对于自然环境都负有责任，自然责任教育强调个人在减碳行动中的自我约束、自我觉察和自我管理等方面的能力。在碳中和行动中，正确认识自我需要，有意识地掌握自己的行为以及恰当的自我抑制有利于培养健康的碳认知和生活习惯。碳自觉是在社会活动中以一种认真负责和严谨的态度，有计划和自律性地完成减碳任务，保持积极进取的心态并反思自己的不足之处，进而培养优秀的减碳公民，提高全社会的生态公德。

（三）社会公德的形成及其对碳中和治理的影响

碳中和德治的实现需要社会公德来维护。社会公德引导个体在碳排放行为中考虑他人和社会的利益，形成积极的碳中和意识和行动，并为碳中和目标的实现提供有力的道

---

① 中共中央、国务院关于完整准确全面贯彻新发展理念做好碳达峰碳中和工作的意见［N］. 人民日报，2021年10月25日（001）.

德支撑。通过社会公德的引导，可以促使社会达成共识，形成广泛的社会参与，同时与法治相结合，共同推动碳中和治理取得更加积极的成果。

碳中和治理需要整个社会达成共识和共同努力。社会公德强调个体在社会交往中应遵守的行为准则，是维持社会秩序和谐稳定的基础。在碳中和治理中，人们需要意识到碳减排、碳吸收等行为对环境和社会的影响，树立起自觉遵守零碳生活方式的意识。通过社会公德的引导，个体会更愿意自觉地减少碳排放、参与碳减排活动，从而形成社会共同的零碳意识和行动。

碳中和治理需要各个层面的社会参与。社会公德强调个体在公共生活中的行为规范，包括在公共场所的秩序维护、文明礼貌等。在碳中和治理中，公共生活也包括了碳排放行为的规范。社会公德的引导可以促使人们在个体行为中考虑碳减排的影响，从而减少浪费、促进资源利用效率，形成对碳中和目标的自觉行动。

碳中和治理也需要法律法规的支持。社会公德是道德行为的体现，但在某些情况下，个体可能会忽视或违背社会公德。因此，法律法规可以作为社会公德的补充，对碳排放行为进行规范和约束。法律法规的制定和执行需要社会公德的支持和共鸣，形成法治与公德的有机结合，从而更好地推动碳中和治理的实施。

二、职业道德

职场是社会实践活动最活跃的场域。《新时代公民道德建设实施纲要》明确指出，要推动践行以爱岗敬业、诚实守信、办事公道、热情服务、奉献社会为主要内容的职业道德，鼓励人们在工作中做一个好的建设者。在工作中做一个好的建设者，要明确以奉献社会为指向的社会主义职业道德观。① 一个好的建设者要拥有良好的职业道德和职业品格，这反映了一个优秀工作者的人格完善。将绿色低碳、节能减排理念纳入职业道德的范畴是新时代职业道德建设的应有之义。

人的职业道德和职业生活是一个历史的范畴。职业道德与人的职业活动紧密相关，是与人的职业特点要求相适应的一系列道德操守、道德品质的总和。碳中和理念应该成为职业道德的题中之义，体现的是劳动者在职业互动中所要承担的道德责任与义务。因为职业道德的存在，社会道德更加细分化、具体化和明确化，劳动者可以有针对性地遵守和规范自身行为。职业道德的内涵有广义和狭义之分。广义的职业道德指的是从业人

---

① 李志强．社会主义道德的基本理论、丰富资源和具体实践——谈《思想道德与法治（2023 年版）》第五章的逻辑主线［J］．思想教育研究，2023（04）：87．

员在从事职业活动中遵循的行为规范，包括劳动者和服务对象，职业和劳动者以及不同职业群体之间的关系；而狭义的职业道德能够体现职业特征，对职业的关系起到调节的积极作用，是每位公民都应遵守的行为准则。

（一）碳领域职业分工的出现

由于社会分工不断细化，职业领域对劳动者公共责任的要求也不断深化，其中一个重要的体现就是在劳动者对公共环境的责任方面。碳中和事业的发展对各行各业的劳动者也提出了与节能减碳、增加碳汇有关的道德要求，其中，特殊的“绿色职业”对生态低碳的要求显得尤为突出。碳中和理念甚至已经成为绿色职业兴起的主要推动力之一。

2022 年，在人力资源和社会保障部发布的关于《中华人民共和国职业分类大典》中标注了 133 个绿色职业，拓展了新的就业机会和发展领域。这些职业不仅为个人提供了发展和就业的机会，同时也促进了环保技术和可持续发展领域的进步，对社会和环境都有着积极的影响。随着环保和可持续发展理念的普及，这些领域中的就业岗位也在不断增加。除了技术岗位外，环境教育者、可持续发展规划者等也在传播和实践绿色理念，这不仅为社会提供了多元化的就业机会，还为经济的转型和发展提供了新的动力。绿色职业的兴起既反映了“绿水青山就是金山银山”的理念，也显现了我国绿色经济的蓬勃发展以及新兴产业和业态的快速崛起。在“十四五”时期，我国聚焦于降低碳排放、促进污染减少和碳减排的协同增效，推动经济社会全面朝向绿色转型，以及实现整体环境质量的提高。据预测，“十四五”时期，我国需要的“双碳”人才数量约在 55 万人至 100 万人之间。为了贯彻执行“双碳”行动，推动构建美丽中国，需要持续壮大碳中和产业，加强科技创新。

（二）低碳职业道德对企业发展的价值

实现碳中和是以全国一盘棋的定力，强化顶层设计，发挥制度优势，实行党政同责，压实各方责任。事实上，在未来社会，如果一家企业忽视碳中和，也必将带来毁灭性的结果，包括行业的毁灭、职业的终结。因为，绿色发展已经成为各行各业共同遵守的社会责任，与碳中和相关的立法也在加快推进。《2022 年排放差距报告》指出，全世界必须实现 45% 的碳减排才能避免全球性巨灾的发生，因此多边共同行动刻不容缓。碳达峰碳中和是世界共同追求的目标，同时也是我国的国家战略目标。各级单位都要坚决遵守国家法律法规，不违法违规经营，承担应有的保护环境的社会责任。根据各地实际分类施策，鼓励主动作为、率先实现碳达峰碳中和。企业为实现碳中和目标，在承担利润责任的同时，也要加强员工碳中和教育培训，主动披露碳指标，提高品牌形象的美誉度，反映企业对未来永续经营，对社会责任，甚至对于员工安全、家庭幸福的看重，以及为追求更好的社会价值与自身价值不断探索前行。

将碳中和理念融入职业道德中，有助于激发从业者更强的责任心，促进行业在可持续发展的道路上行稳致远。将碳中和理念纳入职业道德范畴，可以有效助益行业的可持续发展。行业和企业的繁荣发展高度依赖于卓越的经济效益，而高水平的员工素质则是实现此目标的基石。员工素质主要包括知识、技能和责任心三个关键方面，其中责任心扮演着至关重要的角色。那些秉持低碳理念的从业者通常展现出杰出的职业道德水准，他们的责任心也异常突出。这种职业道德的强大，也在间接地推动着其所在行业的蓬勃发展。在这一过程中，职业道德不仅是社会道德的一个重要组成部分，同时也能够提升整个社会的道德水准。一方面，职业道德的范畴涵盖了每一位从业者对待职业和工作的态度，也体现了个人的生活态度和价值观念，它标志着从业者道德意识的成熟阶段，具备相当的持久性和持续性。另一方面，职业道德也代表着一个职业群体，甚至整个行业内所有从业人员的行为表现。若每个行业、每个职业群体都能持有崇高的职业道德，这无疑将对提升社会整体的道德水准起到积极作用。

三、家庭美德

家庭是德育工作的第一阵地。《新时代公民道德建设实施纲要》明确指出，要推动践行以尊老爱幼、男女平等、夫妻和睦、勤俭持家、邻里互助为主要内容的家庭美德，鼓励人们成为家庭中的好成员。相较于社会公德和职业道德，家庭美德的范围限定在一个人及其家庭成员中；相对于个人品德，家庭美德的范围又扩大到一个相对开放的而非只有个人存在的领域。[①] 家庭是社会最小的细胞，每一个人的思想品德形成、道德行为养成都与家庭教育有着千丝万缕的联系。一个人最初对生态环境的态度也主要来源于家庭对环境的态度以及生态理念。《朱子家训》提到："一粥一饭，当思来之不易；半丝半缕，恒念物力维艰。"勤俭节约是中华民族的传统美德，勤俭持家也是养成家庭低碳习惯的关键因素。

（一）家庭碳中和的重要性

一直以来，提到节能减排，人们首先想到的是在生产领域，尤其是高耗能重点行业如何减少碳的排放，事实上，减碳不仅在生产领域中，消费领域、家庭生活领域也是减

---

① 李志强．社会主义道德的基本理论、丰富资源和具体实践——谈《思想道德与法治（2023 年版）》第五章的逻辑主线［J］．思想教育研究，2023（04）：87.

碳的重要途径。《中国环境报》的一篇报道指出，我国居民生活消费是未来减碳的重点领域。北京大学光华管理学院应用经济学系教授翁翕在北大光华碳中和前沿沙龙“碳中和与消费变革”中指出：“这其实是一个很容易被忽略的领域。我国家庭生活消费所产生的二氧化碳等温室气体，占我国温室气体排放总量的50%左右。随着国人生活水平的不断提高，这个比例还会持续上升。这就意味着，家庭生活方式和消费变革在碳中和领域大有可为。”

碳中和更确切的定义是碳净零排放，碳中和并不是不能产生碳排放，而是要实现净零排放。净零排放就是一个组织或家庭在生产生活过程中所产生的实际的碳排放，可以通过碳汇手段，从空气中吸掉相同的碳量。对家庭而言，要实现碳中和家庭（零碳家庭），承担社会责任，成为碳中和时代的先进绿色之家，也是要实现家庭碳排放和碳汇量平衡。几乎所有的家庭消费都会形成碳排放，即使是一次简单的家庭活动，只要所消耗产品在生产过程和活动过程中使用了化石能源，就会产生了碳排放。家庭碳排放构成类型主要有购买的所有物品和服务、交通、其他消费活动等。

联合国环境规划署发布的《2020排放差距报告》指出，占据全球温室气体排放总量的2/3是家庭消费温室气体排放量，因此，加快转变公民生活方式成为减缓气候变化的必然选择。中国科学院研究报告表明，碳排放总量中有53%产生于居民消费，亟须广大居民得以重视。并且我国碳排放结构显示排放占比超过30%，其中有大约26%的能源消费直接用于群众生活。居家生活几乎每时每刻都在进行着直接或间接的碳排放行为，家庭当中最大的能源消耗来源于制冷、制热、设备待机、照明这四个方面。传统的家庭灯具往往都是满负荷运转，只要一开灯，就会按照电压所对应的功率运转。即使是在关闭开关但仍有插头待机的状态下，常用家电也在耗电，其待机能耗功率一般分别为空调3.47瓦，洗衣机2.46瓦，电冰箱4.09瓦，微波炉2.78瓦，抽油烟机6.06瓦，电饭煲19.82瓦，彩电8.07瓦，PC主机35.07瓦，这些都在无形之中浪费着巨大的电能。

随着智能照明设备的出现，可以对灯光控制系统和温控系统进行亮度和温度的控制，实现智能化调节。假如一个家庭全部的灯光都降低10%的亮度，一年下来，可减少385千克的二氧化碳排放量，相当于一个月不开车。如果人人坚持拔下电源这个小动作，全国每年可以节省约180亿度电，相当于三座大亚湾核电站年发电站发电量的总和，约减排1700万吨二氧化碳。依靠科学技术和能源创新，养成绿色生活习惯，能够使家庭生活碳排放量逐渐减少。根据密歇根州立大学研究学者对于碳排放量的估算，依靠房屋节能改造、家电维修更新、晾干代替烘干、保持热水恒温等绿色生活方式，可以使家庭碳排放总量减少超过15%。全国每年电梯耗用的电量约300亿度，如果在较低楼层选择走路上下楼，多台电梯可选时只按一台控制钮，在人流量不大时只开启部分电梯，每台电梯每年可节约 5000 度电，相当于减少 4.8 吨二氧化碳排放。如果全国 60 万台电梯采取此类措施，每年大概可节约 30 亿度电，相应减排 288 万吨二氧化碳。我国供电、供水和供气主要靠的是火力发电，因此会消耗大量的碳，并排放温室气体，因此在日常生活中，节电、节水、节气等行为就是低碳生活的一种方式。

（二）绿色家庭创建

2020 年，全国妇联、国家发展改革委等七部门共同发布《绿色家庭创建行动方案》，制定《城镇绿色家庭创建标准》和《农村绿色家庭创建标准》。编制《绿色家庭指导手册》从卫生管理、节能节水、节约粮食、垃圾分类、绿色出行等生活点滴出发，对创建绿色家庭给予具体指导。全国妇联与生态环境部等部门联合印发《“美丽中国，我是行动者”提升公民生态文明意识行动计划（2021—2025 年）》，对深入推进绿色家庭创建行动做出要求。

全国各地省市级创建绿色家庭热烈开展，因地制宜地进行当地绿色家庭建设。其中江西省妇联通过细化绿色家庭标准，以“净、齐、绿、美、和”为重要指标，设立绿色家庭“红黑榜”，充分调动群众建设绿色家庭的积极性，大力推进绿色家庭创建工作有序开展，使该活动实现覆盖超 98% 的村和社区。与此同时，四川省妇联在凉山州将“洗脸、洗手、洗脚、洗衣服”等基本生活方式与“环境卫生清洁美、物品摆放有序美、厨厕干净清爽美”等生活指标相结合，设计出具有民族特色的宣传画，发放到户、张贴上墙，并将宣传语用彝语翻译，以多样化形式大力推进绿色家庭建设，充分发挥当地 30000 余名村妇联执行委员和 400000 余名妇女积极分子的重要作用。通过点对点和手把手教会广大妇女叠衣被、堆柴草、擦家具、扫庭院等生产活动，使 92% 的家庭参与“绿色家庭”创建工作。

各地通过不断深化推进绿色家庭创建，进一步引导广大家庭成员深刻领悟习近平生态文明思想，增强践行绿色生活方式的思想自觉、行动自觉，主动从生活点滴入手参与节能降碳，助力夯实美丽中国建设的家庭基础。上海市将绿色低碳作为家庭文明建设的主要内容，各级妇联弘扬“绿色低碳”生活风尚，打造“百万家庭低碳行”等工作品牌，通过亲子环保主题活动、绿色环保课程、旧物改造、亲子收纳等各类服务与活动，推动绿色低碳生活理念进社区、进家庭，将垃圾分类变成百姓日常“好习惯”。除了节能降碳以外，绿色家庭创建的另一个举措就是通过家庭绿化增加家庭“碳汇”。为了提高城市绿化，2024 年 3 月 27 日深圳市城市管理和综合执法局颁布《立体绿化实施办法》，自 2024 年 4 月 18 日起施行。该办法鼓励社会组织、企业、个人积极参与立体绿化建设，深圳市各区组织开展家庭“最美阳台成长计划”，积极鼓励居民参与阳台改造，通过绿植造景为主的方式美化阳台，倡导绿色健康的生活方式，推广家庭花园式阳台。

（三）家庭碳中和的践行

建设碳中和家庭，要在家庭中倡导低碳生活习惯，节约能源、水资源，实行分类垃圾处理，大力推广绿色生活理念，特别是在饮食、交通、出游等方面，改变不良习惯。减少交通工具的碳排放，选择步行、骑行或者使用公共交通工具，如地铁、公交车等，尽量减少乘坐私家车。这不仅能够降低由汽车等交通工具带来的碳排放，还能够锻炼身体。倡导绿色消费，养成碳中和生活习惯和行为习惯，选择低碳的家电、照明设备、衣食住行等产品和服务，尽可能地进行垃圾分类、资源回收等，减少环境污染。改善能源消耗方式。减少家庭浪费电的行为，采用居家节能措施，如更换新型节能灯具、关注家用电器能效标识等。夏季采用自然通风等方法降温，冬季采用穿厚拖鞋、厚衣服等措施保暖，避免过度使用采暖设备。购买经济、耐用、符合环保标准的产品，避免使用一次性餐具、塑料袋等，促进可持续资源利用。选择使用环保纸张进行印刷，在商场和超市放弃不必要的包装或许多小商品，减少物流碳排放，以此支持社会的碳中和治理。

合理规划生活方式。注意饮食健康，减少肉食类摄入量，食用新鲜、本地的食品，积极参与家庭废物户外分类和垃圾回收工作中。同时考虑旅行的出行方式，选择绿色旅游产品和服务商，不擅自进入未开发和未对公众开放的自然保护区，对劳动环境进行操劳的环境工作者施以尊敬和感恩之情。每个人都能够关注到空气、水质，都应爱护环境，吸取更多治理碳和监管碳排放等知识，推行环保宣传教育，倡导绿色环保的理念和科技发展成果，实现碳中和事业不仅能够达到国家政策目标，也能够对个人身心健康产生积极的重要影响。

充分发挥家庭美德对于碳中和治理的思想功能。社区邻里之间的碳中和行动不仅有利于增加社区成员之间的横向交流，也有利于碳中和治理联盟行动的达成。社区成员可以通过邻里互动分享碳中和治理的好经验和可推广的方式，进而助力构建美好的生活环境和家庭空间。通过社区的正向互动，建设以“零碳为美”的家庭美德，打造零碳生活，提高家庭在碳中和行动中的贡献度。

第三节　碳中和治理中的德治实现

德治是一种以道德为核心的社会治理方式，其核心思想是要通过倡导和培养良好的道德品质，引导人们自觉遵循道德准则，达到构建和谐社会的目的。道德不是先验的，不是人生来就具有道德，因此德治建设必须是经过实践的，其过程需要长期的教育与内化，让公民在参与道德实践中成长。[①] 碳中和教育、碳中和舆论和碳中和信息公开是推动碳中和德治实施的必要条件和有效途径，需要通过多领域的社会参与，让碳中和知识、理念、思想、意识、信息深入人心，并获得更多人持久的关注，进而使碳中和德治成为塑造生态品格的关键力量。

一、教育倡导

学校教育作为教育活动的主要形式应该成为碳中和教育的主要途径。学校既要加强碳中和的知识科普教育，又要加强碳中和德育。加强碳中和知识科普教育，养成以合理节约能源和零碳意识为重点，从小培养学生碳中和自觉，创造有利于青少年低碳习惯养成的环境。加强碳中和德育，将低碳价值观教育纳入德育范畴是未来思想政治教育工作的重要环节。加强领导干部的碳中和教育是实现碳中和治理的关键环节，要不折不扣地提高领导干部“双碳”知识和管理水平，推动国家碳中和事业快速发展。加强碳中和继续教育和终身教育是碳中和教育的有效补充，可以让全体公民获得碳中和治理的学习机会，并以此获得碳中和文明素养。

碳中和教育是培养公民低碳行为的主要途径。尤其在青少年时期及更早的儿童时期，注重碳中和教育能够帮助孩子们在成长的过程中形成良好的低碳价值观念和道德品质，这对于零碳城市建设和零碳社会发展起到了至关重要的作用。因此，要把碳中和教育融入教学全过程，培养具有生态价值观和实践能力的社会主义建设者和接班人。此外，碳中和教育也可以提升普通人民群众的低碳意识和生态素养，促进人们自觉维护低碳的社会公德、职业道德和家庭美德，提高全体公民的低碳素质和文明素养，使低碳社会理念蔚然成风。

（一）碳中和教育纳入学校教育体系

截至 2022 年底，我国有 51 万多所学校、2.7 亿名在校学生、1600 多万名教师，教育体量是世界最大。新中国成立以后，教育总体发展水平跃居世界中上行列，我国的教育的普及化使几乎所有人都有机会进入学校接受系统性的教育。把绿色低碳发展纳入国民教育体系是教育主管部门需要加快推进的工作，主要目的就是通过加强环境保护和碳减排方面的教育，培养公民科学绿色低碳的思维方式和行为习惯，同时促进企业、公民

---

① 郁建兴，任杰．中国基层社会治理中的自治、法治与德治［J］．学术月刊，2018，50（12）：67.

自觉承担责任，以推动低碳可持续发展为目标，构建一个全社会动员、参与的低碳生态体系。

各级各类学校都要积极响应国家“双碳”政策，将碳中和教育纳入学校教育教学体系。组织大中小学生开展一系列活动，通过深入乡村社区、实地走访调研、参与社会服务、撰写调研报告等多样化实践形式，使学生走进企业，走入社区了解碳中和工作在基层开展的实际情况。通过不断强化社会实践来激发学生对碳达峰碳中和的浓厚兴趣，启发学生积极参与未来低碳社会建设。社会实践活动不仅能够拓宽学生的视野，更能培养他们的环保意识和创新能力。青少年学生群体的积极参与，可以更好地推动碳减排、促进可持续发展，为构建美丽中国贡献力量。

2022 年 10 月，教育部出台《绿色低碳发展国民教育体系建设实施方案》（以下简称《方案》），这一举措对我国环境教育体系的重要性非同小可。《方案》着重将绿色低碳发展融入国民教育体系的核心内容，具有显著的指导意义和深远的影响。《方案》明确提出了将绿色低碳理念融入教育体系的关键目标。它不仅是一份简单的文件，更是对教育体系进行重新构建的蓝图。通过针对性措施，着力构建具有独特个性、内涵丰富的绿色低碳发展国民教育体系，这将对年轻一代的思想观念和行为模式产生深远影响，引导他们在日常生活和未来发展中更多关注和实践绿色低碳理念。这一教育体系的建设将为青少年提供全面系统的绿色低碳知识和实践指导，为未来生态文明建设培养更多的可持续发展的人才。通过教育引导，青少年能够更深入地理解环保理念的重要性，从而积极参与到环保行动中，为社会绿色可持续发展贡献力量。《方案》要求将绿色低碳发展理念融入教学全过程，完善学科体系、教材体系和教育体系。针对不同年龄段的青少年特点，策划系统的碳中和理论教育和实践活动，构建高质量的教学资源库。

同时，加强教师的碳中和教育培训，推动教师团队和教学管理团队率先树立绿色低碳发展观念，提升传播绿色低碳知识的能力。通过传授绿色低碳发展的相关知识，引领和提升教育服务的贡献力。按照《方案》要求，2025 年前要将绿色低碳发展理念纳入大中小学教育体系，对在校学生全面推广和普及绿色低碳发展理念和低碳发展规范。

高校还需开展建设碳中和相关学科专业，注重提升专业科技创新和人才培养水平。到 2030 年，着力构建多层次的绿色低碳理念、教育体制机制，培养学生形成体系化的绿色低碳生活方式和行为观念，并将其贯穿于学生发展的全过程。在此基础之上，进一步扩大我国碳中和一流学科专业和科研机构在国际中的影响力和权威性。2021 年教育部出台《高等学校碳中和科技创新行动计划》，提出要立足实现碳中和目标，建设一批引领世界碳中和基础研究的顶尖学科，打造一批碳中和原始创新高地，形成碳中和战略科技力量，为我国实现能源碳中和、资源碳中和、信息碳中和提供充分的科技支撑和人才保障。国内一大批知名大学相继成立碳中和学院、碳中和研究院、碳中和研究所等机构。北京大学能源研究院于2021年3月成立碳中和研究所，围绕碳中和总体战略框架、支撑碳中和的政策市场体系、清洁能源高效利用技术等开展研究工作。清华大学一直在关注气候变化方面积极行动，1998年提出建设“绿色大学”，2017年12月成立清华大学气候变化与可持续发展研究院，2019年5月倡议成立“世界大学气候变化联盟”。2021年9月22日，在“双碳”目标提出一周年之际，清华大学正式成立碳中和研究院。此外，西北大学榆林碳中和学院、四川大学碳中和技术学院、华东理工大学碳中和未来技术学院、温州大学未来技术创新研究院、浙江农林大学碳中和学院等一大批高等教育研究机构从各个领域涉足碳中和教育研究工作。

（二）碳中和教育纳入干部教育培训体系

作为国家环保事业的引领者，干部队伍在碳达峰碳中和工作中的作用至关重要。2022年1月，中共中央政治局第三十六次集体学习时强调：“各级领导干部要加强对‘双碳’基础知识、实现路径和工作要求的学习，做到真学、真懂、真会、真用。要把‘双碳’工作作为干部教育培训体系重要内容，增强各级领导干部推动绿色低碳发展的本领。”深化干部培训对碳达峰和碳中和的重视程度，强化各级领导干部在推动绿色低碳发展方面的能力是碳中和教育的关键任务之一。首先，要将党中央有关碳达峰和碳中和的决策部署纳入干部培训体系，采取分阶段、多层次的干部培训措施，全面阐明政策要点，深入推进领导干部对碳达峰和碳中和工作的全面理解。其次，使领导干部明确认识碳达峰碳中和工作的重要性、紧迫性、科学性和系统性，提升领导干部在低碳发展方面的专业素养、碳控制的政策水平和实际应用能力。再次，着重深入解读碳达峰碳中和专业的相关知识，绿色低碳发展的时代政策，明确其职责和使命。最后，推动绿色低碳发展理念在干部这一少数队伍中首先树立起来。提高领导干部在普及低碳知识、传播低碳理念、实施低碳行政管理以及开展思想政治工作方面的能力，确保干部队伍全面掌握与碳达峰碳中和相关的内容，以更好地引领和贡献于绿色低碳发展进程。

为增强领导干部对碳中和基础知识等内容的深刻理解与把握，强化生态环境履职监管责任，推动企业低碳转型、碳管理及碳交易各方面能力提升，全国各地环保等政府部门纷纷开展“双碳”培训。例如，生态环境部宣传教育中心开展“‘双碳’新时代碳排放管理专题培训班”，培训人员涵盖各级党政领导干部、各职能管理部门负责人，各级生态环境部门负责人、环境执法、环境监测、污染防治、环境统计、环境影响评价、政策法规与宣教、综合管理及相关支撑单位的业务骨干及相关工作人员。培训内容涵盖了中国“1+N”碳达峰碳中和目标战略、碳排放权交易政策、碳排放核算核查、碳中和实现路径、企业“双碳”管理等。

（三）碳中和教育纳入继续教育和终身教育

中国有悠久的终身教育传统，《荀子·劝学》中明确提出，学习和教育是不可以停止的。终身教育把教育看成一个从出生到生命终止持续不断进行的过程。终身教育是时间和空间融合的统一体，其表现贯穿人的一生，是不断学习和完善的过程，同时也融合了学校教育、家庭教育和社会教育等方面，是“多元的立体的整合”①。终身教育思想认为，学校教育的阶段性结束并不是学习的终止，每个社会成员都应在工作中不断学习，以满足社会发展提出的新要求。

2022年，教育部印发《加强碳达峰碳中和高等教育人才培养体系建设工作方案》（以下简称《方案》），《方案》指出了加强绿色低碳教育是重点任务，而做好继续教育和终身教育是加强绿色低碳教育的一个重要方面。《方案》明确“要支持有关高校、开放大学加强与部门、企业、社会机构合作，共同开发非学历继续教育培训项目，多渠道扩大终身教育资源，满足经济社会发展和学习者对碳达峰碳中和领域知识能力的终身学习需求。”通过继续教育和终身教育，及时将非学历教育阶段的各类人士纳入碳中和教育的体系中，以满足新时代低碳发展的新形势。继续教育和终身教育是普通大众、企业家、社会活动积极分子和环保人士加强低碳学习的重要途径，为社会成员面向世界、面向未来的低碳生活提供了进一步的指导。

此外，主题展览等形式也可以加强碳中和教育和成果展示，加强全社会对碳中和的认同。2023年6月，上海国际碳中和技术、产品与成果博览会（以下简称“上海碳中和博览会”）在上海举办，以“走向碳中和之路”为主题，包括主题展览、系列论坛、贸易对接等多样化活动内容。上海碳中和博览会展览面积高达100000平方米，近600家国内外知名企业参与，其宏大的规模和观众的参观指导对本次博览会产生了广泛而深远的行业和社会影响。上海碳中和博览会上发布了《上海低碳倡议宣言》，呼吁并倡导将上海碳中和博览会的开幕日——6月11日，确立为“世界低碳日”。这一举措鼓励全球范围内的更多人关注低碳环保，共同参与碳减排和可持续发展的行动中。同年11月26日至28日，中国国际绿色低碳产业博览会（以下简称“碳博会”）在深圳国际低碳城会展中心盛大举行。展会规模达到20000平方米，汇聚了来自200多家行业的领军企业，展示了2000多项前沿技术和创新产品，同时举办超过20场高端论坛活动，打造了一个集绿色低碳融合应用示范场景于一体的一站式盛会。

这些博览会的举办，不仅为碳中和绿色低碳产业领域搭建了一个交流合作的平台，

---

① 柳海民．教育学原理［M］．北京：高等教育出版社，2019：39．

也为全球范围内推动碳减排、促进可持续发展贡献了积极力量。这些主题展览和盛会通过各种形式的展示、交流和倡导，有效地将碳中和的概念和实践向社会广泛传播，激发了公众对碳减排和绿色低碳发展的关注和参与热情，进一步加强了碳中和教育的普及和深化。

二、舆论引导

碳中和舆论的营造是推动碳中和德治的重要举措。中国在国际舆论场上面临诸多压力，在此背景下，中国在第 75 届联合国大会上郑重承诺努力争取在 2060 年前实现碳中和，这条新闻立刻成为国际媒体的头条。积极投身碳中和是中国促进与发达国家开展国际合作的重要抓手，也具有道义上的正当性。要积极营造国际国内碳中和舆论环境，推动全球走向低碳发展道路。舆论的社会影响力和政府对营造良好社会舆论的重视为碳中和治理提供了重要的思路和工作方法，以舆论工作加强公民绿色低碳理念，以促进减碳行动和低碳经济发展等具有明显的可行性和必要性。

（一）形成低碳舆论导向

舆论具有敦风化俗、引导社会意识的强大功能，碳中和舆论应当或已经成为一种广泛的社会共识被加以建构。低碳舆论对增强社会生态文明意识的普及有着不可替代的作用。海量科技期刊、生态新闻、有力笔者和桥梁专家等带头谈论节能减排话题，促进了大众对全球气候变化问题和低碳发展机遇的了解，提升了整个社会对低碳事业的共识，形成交流互动和公众参与反馈的有效途径。要在整个社会中构建可持续发展的理念和生态文明意识，培育绿色低碳、节能环保的价值观念，倡导公众使用绿色低碳生活方式，进而引导全社会产业结构纳入节能环保、绿色低碳、循环利用的生态化发展轨道。

在现代社会，新闻媒介是一种能够影响舆论形成全过程的强大力量，主要方式有：①吸引注意，唤起舆论；②提供讲坛，反映舆论；③施予影响，引导舆论。[①] 美国政论家沃尔特·李普曼曾指出“宣传不仅可以轻易操纵信息环境，而且可以通过象征符号，改变刻板印象，操纵大众对外部世界的感知。”[②] 掌握媒介的一直以来都是政治或意识形态领域斗争的主要工具，掌握了媒介的宣传工作也就掌握了舆论，进而掌握了公共话语。

在传统媒介时代，传播往往是比较单向的，通过政治权威性来获得大众的认同。党

---

① 童兵．新闻传播学大辞典［M］．北京：中国大百科全书出版社，2014：192－193．

② 李普曼．公共舆论［M］．阎克文，译．上海：上海人民出版社，2006：182．

的十九届四中全会提出，要完善坚持正确导向的舆论引导工作机制。为了形成良好的低碳舆论环境，媒体起到了至关重要的作用，所以，要充分利用广播、电视、互联网多方媒体进行舆论引导。大众传媒要主动作为，通过报道相关科技创新、政策法规、企业示范等实践案例来介绍碳中和的理念及实践情况，让公众了解低碳环保对全球气候变化和人类健康的重要影响，普及科学技术知识及环保常识，强调绿色低碳理念，形成绿色低碳的强大舆论引领力。尤其是要加强各级政府对碳达峰碳中和工作的重视，把握绿色发展规律，树立生态文明理念，形成科学发展观。可以通过开设相应的栏目或节目专门讲述低碳生活方式以及绿色家居、交通、节能减排等方面的实用技能，有针对性地宣传讲解绿色生活的小窍门，形成强大的舆论力量，使全社会形成对低碳发展的广泛认同。

新媒体的快速发展，使之成为社会生活的重要舆论阵地。网络媒体平台也应当承担碳中和的社会责任，积极搭建平台，宣传可持续发展和生态文明理念，倡导绿色低碳的消费方式和生产生活方式。然而，无论是传统媒体还是新媒体，都要坚持正确舆论导向，重视传播手段创新，从受众的角度优化碳中和舆论的传播效果，提高碳中和舆论的引导力、公信力、影响力。通过社交媒体的互动性将公众引向碳中和舆论引导的话语体系，面向不同的受众加强不同的舆论引导，进而影响人们的低碳思维方式和思想转变。对于普通大众，要用通俗易懂的语言和生动形象的艺术作品等形式开展宣传教育，建设绿色低碳的社会环境和文化环境；对于专业人士，要用优秀的科技作品和专业技术表达，用学术发言，建设健康的绿色低碳经济环境、科研环境、话语环境。

（二）监督碳中和目标实现

舆论对政府、企业、社会组织和个人的减碳行为可以起到监督的作用。随着网络的普及和生态文明教育的开展，公众对“双碳”治理问题的关注度和参与热情逐步提高，公众通过网络平台表达对碳排放的态度和回应对政府和企业的减碳行动产生了一定的影响。网络舆论的影响推动政府加强环境规制，推出更严格的环境政策和措施，以降低碳排放，这些举措导致能源生产和使用成本上升，有效地减少了能源消耗，抑制了碳排放，形成了“倒逼减排”的效应。另外，这些举措推动政府和企业做出更多的环保行动，引导广大人民群众共同参与到碳减排工作中。

舆论对碳排放的积极效应已经被学者证明。学者李佳佳收集了2011—2019年中国30个省份的省级面板数据，运用空间计量模型和链式多重中介模型进行实证分析，探索网络舆论对碳排放的影响效果和影响路径。研究结果表明，中国碳排放强度存在显著的正向空间溢出效应。从直接效应看，网络舆论可以显著降低碳排放强度；从间接效应看，环境规制和绿色技术创新在网络舆论对碳排放的影响中发挥了链式多重中介效应，网络舆论可以经由环境规制、绿色技术创新、环境规制促进绿色技术创新三条路径显著降低碳排放强度。① 发挥舆论监督作用，还要及时对违反低碳理念的经济活动、组织和个人言行以及各类现象进行批评、驳斥，激浊扬清、弘扬正气。

三、信息公开

利用信息公开政策工具，加强碳中和信息的公开有助于提高社会各界对气候变化和环境保护问题的认识和意识，鼓励政府、企业和公民采取更为积极有效的行动，共同推动全球向低碳社会转型。

（一）碳信息公开的价值

碳信息公开有利于促进“双碳”政策的制定和执行，加强政府管理的公信力和透明度。公众可以通过调查和监督手段，实时掌握政府的环境保护工作、能源消耗情况，密切关注碳排放目标的实现情况。政府可以通过公开碳中和相关政策的信息，让公众了解政府在应对气候变化方面的决策和行动，并接受公众的监督和评价。同时，政府还可以根据公众反馈和建议，调整“双碳”政策的方向和内容，进而有助于形成全社会共同参与、共建低碳社会的“大气候”，为实现“双碳”目标提供坚实的基础支撑。

碳中和信息公开有利于增强企业责任意识。企业是主要的碳排放主体，公开企业的碳排放量和减排措施，可以加强企业对环境保护和社会责任的认识和意识，激励企业采取更多的减排举措，同时也有助于加强公众对企业的监督和评价。碳排放数据的公开，能够让企业和公众更加准确地了解自己的碳排放情况，企业可以据此制订碳减排计划，指导生产经营活动。同时，碳排放数据公开也能推动企业良性竞争，促进节能减排、技术创新等环保实践的开展。企业要建立全链条、全过程、多层次的碳排放监测和数据公示系统，鼓励各类企事业单位主动公开碳排放、能源使用等数据，并通过榜样力量和政策奖励等方式对低碳先进单位给予表彰和支持，营造积极参与碳中和的良好氛围，同时还可以让市场参与方更好地了解碳排放数据，为合理投资碳互换、碳金融等行业提供重要支撑。

碳中和信息公开有利于增强公众参与和行动力，促进公众更多地了解、认识和支持碳中和工作，同时还可以引导公众采取绿色低碳的生活方式，从而推动整个社会向低碳发展。碳信息公开需要科学依据，建立便捷高效的社会低碳记录系统，披露资源消耗出

① 李佳佳．“双碳”目标下网络舆论对碳排放的影响——基于链式多重中介模型的影响路径分析［J］．城市问题，2023，332（03）：38.

清数据、各类设备能效数据和限额排放数据等细节，保障公众认识环境污染问题的权利。同时配合新技术与智能可穿戴设备的兴起，实现碳的倒推跟踪，促进公众主动了解碳排放与碳节约情况。

（二）信息公开的范围

碳信息公开主要包含企业和组织的碳排放量和碳来源等方面的碳排放数据，企业和组织为降低碳排放而制订的碳排放计划，包括使用清洁能源、推广节能技术等措施。另外，市场交易信息公开，即关于碳市场运行排放的取得、交易和变更等情况也包括在内，还包括碳交易市场中的交易量、价格变化等相关数据。2020 年 12 月颁布的生态环境部令第 19 号文件《碳排放权交易管理办法（试行）》为碳市场信息公开提供了明确的法规依据。《碳排放交易管理办法》中有多处明确指出要加强信息公开。在总则部分就提出了全国碳排放权交易及相关活动应当坚持遵循的原则：市场导向、诚实守信、循序渐进、公平公开。此外，《碳排放交易管理办法》要求各级环境部门要加强信息公开。生态环境部应将全国碳排放权交易市场所覆盖的温室气体种类和行业范围进行透明公开；省级生态环境部门则应按照上级的有关规定，公开公布本行政区内重点碳排放单位名册；同时，重点排放单位应及时控制温室气体排放指数，上报排放数据，公开各类信息，清缴排放配额，自觉主动接受生态环境主管部门的监督、管理、考核。

碳信息公开包含了碳金融信息的公开，如低碳环保投资情况、碳资产证券化发行等信息。碳金融泛指所有服务于限制温室气体排放的金融活动，包括直接投融资、碳指标交易和银行贷款等。① 碳金融作为绿色金融发展中的新兴领域，是落实“双碳”目标的重要抓手。2021 年中国人民银行正式颁布《金融机构环境信息披露指南》的金融行业标准，从多个角度如政策规章、产品创新、服务提升、风险管理、风险量化、环境影响等提出了相关内容的建议，同时发布配套的金融机构碳核算的做法，重视环境信息披露的激励约束的机制。设立了在环境信息披露方面要求更高的绿色金融改革创新试验区。我国在国际交流合作方面非常注重参与环境信息披露相关的国际规则的讨论和制定，包括国际可持续发展准则理事会（ISSB）。中国人民银行一直把可持续环境信息披露作为一项重要的工作。根据央行公开信息，2021 年就已经指导 200 多家金融机构在绿色金融改革试验区内试运行编制环境信息披露报告，同时开展了碳核算试点，这一系列举措显示了金融行业在推动环境信息披露方面的积极进展。碳金融信息的公开，将有助于加强碳交易市场的透明度。碳交易市场作为低碳经济的重要组成部分，其运行效率对整个低碳经济体系的有效性起着关键作用。碳交易市场通过公开碳金融信息，监管部门和投资

---

① 程瑞华．构筑绿色金融体系［N］．金融时报，2011 年 5 月 24 日（003）．

者得以掌握市场状况，制定科学合理的政策和投资方案，切实推动低碳经济发展。

（三）信息公开提升监督力度

强化高质量的碳排放管理和信息披露是国际趋势。从 2008 年开始，全球最大、最权威的环境数据披露平台之一，国际性非营利组织碳信息披露项目（Carbon Disclosure Project，CDP）以中国前 100 家流通市值最大的上市公司为样本展开问卷调查，收集各类有关信息数据，包括温室气体排放和应对气候变化的战略与行动等，这一举措的实施进一步推动了气候信息的透明度和信息披露水平。清晰明确的信息披露要求可以帮助上市公司更高效地披露信息，以满足投资者需求，同时，关于上市公司气候相关信息披露的建议需要符合投资者和上市公司双方共同利益。

中国生态环境部于 2021 年 12 月印发了《企业环境信息依法披露管理办法》（以下简称《办法》），《办法》明确了国内企业环境信息披露的具体要求，其中碳排放信息的披露是环境信息披露的重点。《办法》中第 19 条明确要求："企业应当于每年 3 月 15 日前披露上一年度 1 月 1 日至 12 月 31 日的环境信息。"要求企业披露生态环境治理、环境风险防范等方面的信息，将切实打通市场主体间、市场主体与监管部门间的信息壁垒，引导企业采取环境友好的生产、经营、投资方式，提升环境绩效。企业如果违反规定，不披露或不真实准确披露环境信息，市级以上生态环境主管部门将责令其改正，通报批评，并处以罚款。2021 年，内蒙古自治区生态环境厅通报了内蒙古鄂尔多斯高新材料有限公司的碳排放报告这一违法案件。该公司被指控篡改了 2019 年排放报告附带的两个分厂的 12 份全年检测报告。这一案件凸显了对碳排放数据披露的真实性和透明度的重要性。2022 年 4 月 28 日，美国环保协会与上海环境能源交易所共同举办"企业气候信息披露与碳市场机制"圆桌论坛，邀请来自政府机构、高等院校、金融机构以及重点行业上市企业代表共同探讨中国气候信息披露面临的挑战，探索依托碳市场成熟的数据核算体系以及报送平台助力气候信息披露的实施路径。

第六章　碳中和治理之自治

“自治”一词最早见于《三国志·魏志·毛玠传》中，表述为：“用人如此，使天下人自治，吾复何为哉。”其中，“自治”即为“自我治理”或自我管理。自治在碳中和治理中的定位体现为自我修养、自我约束和自我升华三个方面，是将对碳中和的目标、信念转化为实际行动的过程。在碳中和治理行动中，政府、企业、社会组织、公众等各方需要共同努力，将自治的原则贯彻到具体的政策制定、技术创新、生产经营、生活方式中，通过多元主体的协同合作，充分依靠和发挥行业协会、基层社区等社会组织的力量，以主人翁的姿态全面投入碳中和治理行动中，助力实现碳中和目标。

第一节　自治在碳中和治理中的定位

碳中和是全球应对气候变化的一场深刻变革，也是气候治理的阶段性目标。碳中和自治主要涉及个体和组织两个方面。自我修养、自我约束和自我升华是涉及碳中和自治主体意识和行动密切相关且相互促进的内在要素，也是实现碳中和自治的根本内因，对碳中和治理具有决定性意义。个体和组织管理者的自我修养、自我约束和自我升华三个维度的自治，将创造一个更具有责任感、自觉性和持续性的碳中和社会治理体系，推动应对气候危机和生态环境永续发展目标的实现。一方面，良好的碳中和自我修养使个体或组织管理者能够了解碳问题的复杂性和重要性，从而更好地认识到碳中和的紧迫性；碳中和自我约束使个体或组织管理者能够遵守碳中和法规和公约，将碳中和义务付诸实践；碳中和自我升华使个体或组织管理者，能够自觉用实际行动推动碳中和目标的实现。另一方面，良好的自我修养、自我约束和自我升华为碳治理提供了有效的内生动力，进而提高温室气体治理效率。自我修养和自我升华使个体或组织管理者能够树立良好的碳中和意识和责任心，从而在生产生活的各方面形成良好的示范效应。这两方面将有助于在全社会培养碳中和共识和风尚，形成全社会共同参与气候治理的氛围，推动社会层面对碳中和的充分重视和参与。

一、自我修养

修养是个体和社会群体发展的基础，它与社会治理和社会进步密切相关。提高个体和社会群体的修养是社会学、人类学等研究的重要议题之一。自我修养是一种为追求自身完善而进行的自我教育和自我磨炼。① 自我修养包括心理修养、文化修养、道德修养、行为修养等方面，是一个终身的过程。人们可以通过自我修养，提高自身各方面的素质，更好地挖掘自身潜力，对周围的社会和环境产生积极的影响。一个有修养的个体能够自律、自省，以便更好地融入和适应社会环境，为社会稳定和繁荣作出贡献。一个文明、有修养的社会则更容易形成公平、和谐的社会秩序，促进全体社会成员共同进步。修养较高的社会注重公平正义、诚实守信、关爱他人，倡导互助合作和社会责任感。由于修养对人类活动有重要价值，因而将自我修养作为一个关键要素纳入碳中和治理的主体内因，成为一个具有现实意义的话题。

良好的自我修养为个体或组织管理者提供了认识碳问题的基础，使他们在日常生活、工作和经营行为中，主动培养和践行低碳生活方式，保持低碳生活态度和行为习惯。碳中和自治需要良好的自我修养来确立个体和组织管理者在碳中和行动中的道德观、价值观、社会责任感等方面的觉察，其目标是在个体和组织层面上理解碳治理的重要性和紧迫性，构建一个具有环保责任感和永续发展观念的低碳社会共识。自我修养有利于管理者和个人学习并掌握碳中和相关的知识、技能和素质，自我修养是推动碳中和目标实现的内在动力。自我修养包括培养环保意识，了解气候变化和碳排放的基本知识，了解碳足迹计算和碳减排技术等，加深对碳抵消、碳汇等问题的认识和理解，为制定和执行有效的碳中和措施提供有力的人为支持，形成对碳中和目标的认知。从意识规律的角度来说，只有个体在碳中和治理中意识到自身的行为对温室气体排放和气候变化的影响，其才愿意主动采取碳治理措施，包括在日常生活中自觉节约能源、减少碳排放、选择低碳出行方式，以及在企业经营中培养生态低碳意识，鼓励创新、研发清洁能源技术等。

二、自我约束

自我约束是个人或组织管理者在没有外部强制力的情况下，自愿地限制自己的行为，遵循一定的道德、伦理、规范或标准。在碳中和治理中，自我约束是指个体或组织

---

① 傅琳凯，王柏棣．论儒家自我修养方法的层次性［J］．东北师大学报（哲学社会科学版），2016（01）：183.

管理者对节能减碳的法规和公约进行自觉遵守和自觉限制。自我约束将碳中和治理与法规和公约等制度约束相结合，强调个体或组织管理者对碳中和责任和义务的自觉遵守，保障碳中和目标的切实落实。

中国作为全球最大的发展中国家，在碳治理领域的行动备受瞩目。曾有人提出了一些对“双碳”目标的质疑，认为西方国家是在借环境保护之名对中国进行限制。然而，从多个角度审视这一问题，可以明确“双碳”目标的制定是一项符合中国长远利益和全球环境需求的战略举措。

其一，“双碳”目标的提出是应对全球气候变化的现实需要。气候变化已经给全球带来了极大的负面影响，对生态系统、经济、社会稳定等方面造成了威胁。在这种情况下，各国都需要采取行动以减缓气候变化的影响。作为全球最大的温室气体排放国之一，中国承担着重要的国际责任。制定“双碳”目标不仅有助于减少中国的碳排放，还可以为全球气候治理提供重要支持，从而更好地维护人类的共同利益。

其二，“双碳”目标的制定有利于实现碳减排和经济发展之间的平衡问题。通过实施“双碳”目标，中国可以推动绿色经济发展，加快能源结构的转型，提高资源利用效率，从而为未来可持续发展奠定坚实基础。这不仅有助于减少环境压力，还能够为经济创造新的增长点，提升国家的综合竞争力。“双碳”目标的制定体现了中国政府的自我约束和责任担当。在制定“双碳”目标的过程中，中国政府充分考虑了国内发展的现实情况，确保目标的可行性和适应性。政府还积极推动技术创新、政策调整等，以实现“双碳”目标。这种自我约束和积极行动，彰显了中国政府对“双碳”的高度重视，也为其他国家提供了经验和借鉴，树立了榜样。

自我约束从公众的角度看，实际上是一种对自身发展的有益行动支持。在碳中和治理的背景下，自我约束体现了公众或组织管理者在环境保护和可持续发展方面的责任意识和积极参与的态度。这种自我约束不仅是为了响应国家和国际的碳中和倡议，更是在关注自身发展的同时，为社会和全球环境作出积极贡献；这种自我约束意味着公众或组织管理者要严格遵守碳中和相关的倡议、政策、法规和公约；这种自我约束不仅是对相关规则的尊重，更是一种对适应气候变化的回应。

通过积极遵守相关规定，公众或组织管理者可以减少不必要的碳排放，降低碳足迹，为全球碳减排贡献一份力量。自我约束要求公众或组织管理者主动履行碳减排的义务，这意味着不仅要在表面上遵守碳中和的相关政策和制度，更要从内心深处认识到碳中和的重要性，积极采取行动减少碳排放。公众可以从日常生活中做起，通过节约用水、用电，减少废物产生等，降低碳排放。而企业可以通过优化生产工艺，提高能源利用效率，支持可再生能源的发展，减少生产经营过程中和供应链端的碳排放，推动整个产业链的绿色转型。企业在绿色发展方面的行动为自身发展树立了良好的社会形象，具有良好的社会效益。通过遵守法规、履行义务、参与行动，公众和企业可以为全球碳减排贡献自己的一份力量，共同推动绿色可持续发展的进程。

自我承诺是自我约束的一个重要方面。2019 年，生态环境部发布了《大型活动碳中和实施指南（试行）》（以下简称《指南》），用于指导大型活动实施碳中和。《指南》适用的范围包括在特定时间和场所内开展的较大规模聚集行动，包括演出、赛事、会议、论坛、展览等，需要通过购买碳配额、碳信用的方式或通过新建林业项目产生碳汇量的方式抵消大型活动的温室气体排放量。《指南》的第四章第十四条指出，大型活动组织者应通过自我承诺或委托符合要求的独立机构开展评价工作，确认实现碳中和。第十五条指出，如通过自我承诺的方式确认大型活动实现碳中和，大型活动组织者应对照碳中和实施计划开展，保存相关证据文件并对真实性负责。《指南》还给出了大型活动排放源及对应的核算标准及技术规范和大型活动碳中和评价报告编写提纲。早在 2010 年上海世博会、2014 年 APEC 峰会、2017 年 G20 峰会等大型国际会议中就开展了许多碳中和活动。2022 年的北京冬奥会以“绿色、共享、开放、廉洁”为办奥理念，通过低碳场馆、低碳能源、低碳交通、低碳办公等措施，通过使用大量光伏和风能发电、地方捐赠林业碳汇、企业赞助核证碳减排量等方式，兑现北京冬奥会实现碳中和的承诺，成为迄今为止第一个“碳中和”冬奥会。

自我约束的实施需要建立科学的监测和评估机制，确保约束措施的有效执行。公众或组织管理者可以通过监测自身的碳排放情况，及时调整自身的行为方式，以达到碳中和的效果。在企业层面，科学地监测和评估可以帮助企业了解自身在碳排放方面的情况，制定更具体可行的碳中和策略。自我约束需要建立内部制度和规范，确保各级组织和公众自觉履行责任，也需要社会监督和政府监管，保证自我约束的有效性。自我约束意识可以帮助个人和组织在行动中保持责任感、遵循规则，确定明确的碳中和目标，以及持续努力实现目标。

三、自我升华

升华被认为是一种健康和积极的心理防御机制，可以帮助个体应对内在的冲突和挑战，从而提高心理适应能力。它有助于公众更好地融入社会，将冲突转化为对社会有益的行为，促进个人的成长和发展。自我升华强调公众或组织管理者通过自主决策和合作，不断提升自身的素质和能力，实现自我价值和组织价值的不断超越。这种自我升华并不是简单的外部要求或强制，而是出于公众或组织管理者内在的自愿、自发、自觉。

自治理论认为，公众或组织管理者的自我升华是整个社会治理的基础。

从碳中和自治的角度去理解自我升华，强调的是将人类对美好生态环境和气候条件的需求转化为自觉改造生态环境和气候条件的行动，通过将控制温室气体排放转化为实际行动，来推动碳中和目标的实现，这包括采取具体的碳减排行动，如节约能源、使用可再生能源、推广低碳出行方式、推行减少碳排放的生产、生活方式，主动参与公益低碳活动，积极推动碳中和知识的传播和普及等。自我升华建立在自我修养和自我约束的基础上，有利于个体或组织追求更高的气候环境品质和实现环保建设目标，更好地认识自身的优势和不足，以更好地适应和解决自身应对气候变化和碳中和目标的问题。

企业将碳中和理念和目标融入企业自身战略决策，将环境责任融入企业文化是一种典型的自我升华，这意味着碳中和治理不仅是一项任务，也是一种价值观和行为方式，从而进一步推动企业朝着碳中和、绿色发展方向迈进。因此，企业要积极制定适合自身的碳中和行动方案，在明确的自我约束机制中努力实现自我升华的目标。

自我升华是一个全面融入社会生活的过程，而增强低碳意识是这个过程的开端。公众需要认识到自己的生活方式和消费习惯对环境和气候变化产生的影响。通过参与环保活动、了解低碳知识等途径，增强对气候问题的认知，从而形成更加深入的碳中和意识。在认识到气候问题的重要性后，公众需要对自己的生活方式进行自我反思，并主动进行行为调整和改变。公众需要在碳中和治理行动中树立起主人翁意识，认识到自己在碳中和治理中的角色，愿意为低碳事业贡献自己的力量，不仅是为了自身利益，更是为了社会和地球的可持续发展。自我升华还包括积极参与低碳生活社区活动或组织活动，并影响他人向低碳生活转变。公众可以增加自己对气候变化和环境问题的了解，通过社交媒体、面对面交流等方式，示范和分享自己的低碳实践，以鼓励身边的人也加入环保行动，形成积极向上的环保影响力。

在社会生活中，个人的减碳行为可以称为一种自我升华的方式。人们要使用高效的能源设备，如 LED 灯泡、节能家电，以减少用电量；关闭不需要的电器和灯光，避免长时间待机；选择更环保的交通方式出行，如步行、骑自行车、使用公共交通工具和燃油效率高的车辆，或者共享出行；改变饮食习惯，减少肉类和乳制品消费，转向以植物为基础的饮食；由于畜牧业是温室气体排放的重要源头之一，因而减少肉类消费有助于降低碳足迹；考虑购买持久耐用的产品，减少不必要的消费，避免过度包装；支持环保和可持续发展的产品和品牌；主动进行垃圾分类，促进资源的再利用和循环利用，减少垃圾填埋和焚烧所产生的温室气体；减少食物浪费和用水量，有助于减少能源消耗，同时也有助于保护水资源；积极参与碳抵消项目，通过捐款或参与志愿活动支持植树造林等环保项目，有助于抵消个人难以避免的碳排放。作为一名合格的公民，还要支持和参与推动减排政策和倡议，参与环保组织的活动，推动社会碳中和意识的提高。碳中和是一个长期的过程，持续关注碳中和问题，不断改进自己的生活方式，是实现碳中和自我升华的关键。

我国围绕消费端，通过公民行为转变减少碳排放的探索和实践已经启动。2022 年 5 月，我国首个消费端碳减排量化标准《公民绿色低碳行为温室气体减排量化导则》（以下简称《标准》）正式实施。《标准》由中华环保联合会、生态环境部宣传教育中心等单位联合编制，它是能源基金会支持生态环境部宣传教育中心开展的“绿普惠云—碳减排数字账本标准开发及地方试点项目”的项目产出之一。《标准》对于公民绿色低碳行为，碳减排量化的定义和术语、分类基本原则要求和方法作出了正确而科学的规定。《标准》有助于为制定、细化、评估公民绿色碳减量的排放行为提供内容规范，从而形成绿色低碳的生活生产方式。《标准》有助于为衣、食、住、行、用、办公、数字金融七大类合计 40 项绿色低碳行为的测算、评估提供“标尺”。例如，服装领域的绿色低碳行为包括旧衣回收、使用可持续原材料生产服饰等。饮食领域包括减少一次性餐具、植物基肉类替代传统肉类、光盘行动、提供小份或半份餐食等。居住领域包括使用清洁能源及绿色节能产品、节约用水、节约用电、生活垃圾分类等。

第二节　碳中和治理中的自治内容

虽然政府往往在环境治理中承担着主要责任，但事实上环境治理是一个复杂的系统工程，需要全社会共同参与和合作。除了政府的领导和推动作用，企业、社会组织、公众、科研机构等也都应该积极参与，共同努力实现碳中和目标。政府通过法律和政策来规范企业的行为，企业在市场中受到约束和竞争压力，通过技术创新、产品绿色化、与政府和公众的合作，为实现碳中和目标作出重要贡献。在全球环境挑战日益严峻的背景下，企业的积极行动将为构建绿色低碳的未来奠定坚实基础。而公众则通过投票、消费和社会参与来影响政府和企业的决策，这种方式可以保证碳中和治理的可持续性和公平性，有利于形成多元共治的局面。

一、企业自治

中国式现代化是人与自然和谐共生的现代化，是一条生态优先、绿色低碳的发展道路。企业是实现碳中和目标的主体，需要密切关注自身绿色转型与可持续发展面临的诸多挑战与机遇，努力平衡自身经济效益和环境效益，达到“义利并举”的效果。环境、社会和公司治理（Environmental Social Governance，ESG）以“环境”“社会责任”“公司治理”为考量因素，逐渐成为政府与市场平衡短期利益和长期发展问题上的重要协同发力点，为企业的转型与可持续发展提供价值引领和内在驱动力。

践行 ESG 理念、推动绿色低碳发展，成为中国企业自治的时代命题与价值共识。国务院国资委高度重视中央企业 ESG 工作，由此制定印发了《中央企业节约能源与生态环境保护监督管理办法》《关于推进中央企业高质量发展做好碳达峰碳中和工作的指导意见》等文件。2023 年 9 月还发布了《中央企业上市公司 ESG 蓝皮书（2023）》，不断提高中央企业控股上市公司 ESG 治理能力。综合 ESG 框架，企业可以更系统、更有效地推动碳中和目标的实现，这不仅有助于应对气候变化，还能提升企业的社会责任形象，增强市场竞争力和长期可持续发展能力。在多元治理模式下，按照 ESG 框架要求，企业对环境治理的态度将从被动转变为主动。

（一）企业碳中和自治的路径

企业实现碳中和转型主要从目标战略、内部经营管理和外部供应链合作三个方面来谋划。从目标战略的制定来看，大型企业积极回应国家碳达峰碳中和重大决策部署，尤其是在 2021 年，互联网头部企业纷纷对外发布企业碳中和目标。蚂蚁集团于 2021 年 4 月公布《蚂蚁集团碳中和路线图》，宣布启动碳中和行动。百度集团在 2021 年 6 月公布了“碳中和全景图”，宣布 2030 年实现集团运营层面的碳中和目标。京东集团在 2021 年 11 月表示，预计到 2022 年底将率先在西安和宿迁两座“亚洲一号”智能产业园实现碳中和。到 2030 年，京东集团将联合合作伙伴搭建起全球产能最大的屋顶光伏发电生态体系。阿里巴巴在 2021 年 12 月发布的《阿里巴巴碳中和行动报告》提出，将在 2030 年前实现自身运营碳中和；实现上下游价值链碳排放强度减半；实现云计算碳中和，成为绿色云。此外，鞍钢集团于 2021 年 12 月发布低碳冶金路线图，提出了低碳发展愿景，计划 2025 年实现碳排放总量达峰，2035 年碳排放总量较峰值降低 30%，每吨钢碳排放强度降低 30% 以上成为世界钢铁行业碳中和排头兵。美锦能源于 2022 年 1 月发布碳中和报告，以 2020 年为碳中和规划的基准年，承诺 2040 年实现企业自身运营和部分价值链排放碳中和。值得注意的是，因行业间的差异，企业要有差别地制订碳中和发展目标，因地制宜、有节奏地推进碳中和行动。

从内部经营管理方面来说，企业在碳中和治理中扮演着重要角色，既是碳排放的主要责任方，也是实现碳减排和可持续发展的积极参与者。在全球面临气候变化和环境问题的背景下，企业在碳中和治理中的角色越发凸显。中国的绿色转型目标中减污、控碳并重，既包括新型能源体系建设，也包括传统高碳产业的减碳降碳。事实上，企业生产经营活动是导致温室气体排放的主要来源之一，根据“污染者负责”的原则，企业有责任承担碳中和治理的主要义务。企业应积极制订绿色低碳规划，从规划的初期就应该合理规划和布局，实现节能减排和资源循环利用，减轻和避免二氧化碳等温室气体排放和生态破坏。企业在建设新的厂房或扩建现有厂房时，可以使用绿色建材，采用节能技术，增加建筑屋顶、墙体、室内绿化，积极开发绿色低碳建筑和零碳建筑。

企业要积极采用技术创新来实现碳中和目标。技术创新是推动企业走向绿色发展的关键动力。通过引入先进的清洁能源技术、节能技术以及碳捕获、碳储存、碳汇技术，企业能够控制能源消耗和碳排放，从而实现碳中和目标。例如，许多企业正在投资研发太阳能、风能、地源热泵等绿色能源技术，降低能源成本，减少对化石燃料的依赖，降低温室气体的排放量。同时，引入智能制造、数字化技术等也能提高生产效率，减少资源的浪费，实现自身碳中和目标。

绿色产品是企业实现碳减排的必然选择。通过改进产品设计、生产工艺和材料选择，企业可以生产更加环保的产品，降低产品的碳足迹。例如，汽车制造企业推出电动汽车，减少传统内燃机汽车的尾气排放。电子产品制造企业可以设计更加节能的产品，降低能源消耗。同时，企业还可以提供产品的再生利用方案，延长产品的使用寿命，减少资源的消耗和废弃物的产生。在实现碳中和目标的过程中，企业需要进行碳排放诊断，全面了解自身的碳足迹。通过收集、分析和监测相关数据，企业可以制定更加精准的减排策略。

此外，企业还需要通过外部供应商管理，推动绿色低碳生产、绿色低碳采购和绿色低碳物流，减少碳排放和资源浪费，提高资源的有效利用，助力全供应链脱碳。自2006年起，全球投资机构合作发起了一项“碳揭露计划”（Carbon Disclosure Project，CDP），以产品生命周期评估为基础，要求企业将产品对环境的影响和冲击及碳足迹进行完整揭露。吉百利、戴尔、东芝、帝国烟草、联想集团、百事可乐、宝洁等企业加入CDP倡议的供应链领导者合作项目，以测量供应链碳风险和所应该承担的责任。这些会员公司大部分的温室气体排放均由供应链活动产生，如加工、包装和运输环节。通过对温室气体等数据的披露，可以加速全球供应链脱碳进程。苹果公司作为全球领先的科技公司，就采用了CDP披露碳足迹数据，苹果公司还设定了2030年实现碳中和目标，投资了多项清洁能源项目，力求在供应链中全面降低碳排放。

（二）企业间碳中和治理合作

企业要在政府的指导下进行碳中和治理。2023年7月14日，中共中央、国务院发布《关于促进民营经济发展壮大的意见》，指出要支持民营企业加大生产工艺、设备、技术的绿色低碳改造力度，加快发展柔性制造，提升应急扩产转产能力，提高产业链韧性。企业应积极与政府和公众合作，实现多方共治。政府在碳中和治理中拥有监管和引导的职责，而公众作为消费者和环保参与者，也发挥着重要作用。例如，企业可以加强碳中和教育培训，提高员工碳中和意识，构建碳中和管理体系，定期发布 ESG 报告，以此推进企业可持续发展。同时，企业还可以提供技术支持和资源，支持公益项目的实施，为全社会实现碳中和目标创造更多的价值。

不同领域、不同行业的企业要整合资源，共同协作，形成合力，共同应对碳中和挑战。跨领域合作可以促进技术创新和经验分享，因为不同领域的企业拥有不同的技术和经验，通过合作可以实现技术的交流和共享，促进碳减排技术的创新和发展。例如，能源行业和制造业的合作可以推动新能源技术的应用，减少能源消耗和碳排放。同时，不同行业的企业也要共享在碳减排、碳中和方面的成功经验，使企业间互相借鉴、共同进步。跨领域合作有助于资源的有效整合和利用，减少资源的浪费和重复投入。例如，废弃物处理行业可以与能源行业合作，将废弃物转化为能源，实现资源的循环利用。

不同领域的企业合作可以促进产业的融合和升级，推动传统产业向绿色低碳方向转型，促进产业的创新和发展，增强企业的竞争力。例如，农业和科技企业的合作可以推动智慧农业的发展，减少农业碳排放，提高生产效率。燕谷坊集团是国家农业产业化重点企业，也是“碳达峰”和“碳中和”行动的积极践行者。燕谷坊集团围绕“低碳农业、有机农业、绿色农业”进行全产业链减碳。产业上游推进农业碳汇，从“育种技术创新，推广绿色有机栽培技术，使用燕麦治沙，推广 50 万亩燕麦种植面积，深入推进大规模国土绿化行动，协同实现碳减排”。产业中游以数字化、智能化、科技化引领，深度开发燕麦全谷物加工链，不浪费燕麦的一点一滴，实现从良田到餐桌的食品减损，共同耕耘“无形良田”，打造数智化全谷物加工生产线，采用数字化、智能化技术，提高生产资源使用效率，降低温室气体排放。产业下游精心打造健康好吃的绿色食品，多款产品获得了国家绿色食品认证，推动绿色消费，发展绿色经济。

跨领域合作还能够增强企业的社会影响力和知名度。在碳中和行动中，企业的社会责任将得到更多认可，并正向反馈给企业更加积极地参与碳中和。在全球范围内，跨领域合作不仅能够为企业带来经济利益，还能够为整个社会和环境生态带来积极的影响。因此，企业应当积极探索合作机会，涉足不同领域，通过整合资源、促进技术创新、推动产业升级和提升社会影响力，共同为碳减排事业和碳中和目标贡献力量。

（三）企业碳中和实践的经验

在中国全力推动实现碳达峰与碳中和的“双碳”目标背景下，索尼公司的长期环境计划“走向零负荷”与中国的“双碳”目标高度吻合。其计划是在2050年之前逐步减少企业运营和产品整个生命周期的环境负荷，最终实现零负荷，其中包括在气候变化、资源、化学物质和生物多样性四个方面设定的具体目标。2022年，索尼公司宣布2040年实现全价值链的碳中和，以实现净零排放目标。同时，他们还计划在2030年实现自身运营100%使用可再生能源电力的目标。在中国市场，索尼已连续三个财年（2020年4月至2023年3月）提前实现了100%可再生能源的用电，累计削减了近12万吨二氧化碳排放。除了推进绿色能源的应用，索尼公司也坚持绿色供应链管理。

此外，索尼公司还引入了最先进的环保创新材料到中国市场。这些材料包括“原生混合材料”OBM，它是由竹子、甘蔗纤维和回收纸张制成的，以及阻燃再生塑料SOR-PLASTM，其中再生材料的含量可高达99%。这些创新材料已经应用于索尼公司及其合作伙伴的产品和包装中，并有望减少新塑料的使用，或者用可持续材料代替塑料制品。另外，索尼公司还在环保技术方面进行了多年的研发。例如，他们开发了由稻壳制成的多孔碳材料TriporousTM，该材料有助于减少稻壳处理所引起的空气污染物和温室气体排放。这一创新材料还被列入了“2022中关村国际技术交易大会百项国际技术交易创新项目榜单”。

阿里巴巴在2021年12月就在国内互联网科技企业首个碳中和行动报告《阿里巴巴碳中和行动报告》提出了三大目标，即2030年前实现自身运营碳中和并实现上下游价值链碳排放强度减半，率先实现云计算的碳中和，成为绿色云。阿里巴巴集团积极推动绿色数据中心建设，通过优化服务器的能源效率，采用可再生能源，降低数据中心的碳排放，这在提升企业效率的同时，减少了能源消耗和碳排放，为其他科技公司提供了建设绿色数据中心的成功经验。

联想集团发布的2023—2024财年的ESG报告显示，联想Yoga品牌9系列、Legion（拯救者）品牌9系列等产品全面实现碳中和认证，对趋海塑料的使用扩展到部分台式机或一体机、消费类笔记本和服务器产品，预计每年将使用165吨趋海塑料，相当于回收约9000000个塑料水瓶。联想集团已设定公开温室气体减排目标的供应商占采购额的95%，对其温室气体排放数据进行了第三方验证的供应商达到91%，已设定或承诺制订科学碳目标的供应商达42%。

国内外各领域多家知名企业在碳治理方面的成功案例呈现了企业如何通过绿色能源应用、绿色供应链管理、环保新材料的推广等途径，积极减少碳排放，推动可持续发展。这些经验不仅可以为其他企业提供借鉴，也为实现碳中和目标和构建更加环保的未来提供了宝贵的启示。这些成功案例和经验表明，在碳治理的道路上，企业可以通过技术创新、战略规划、跨领域合作、社会责任等手段实现碳减排目标。同时，它们也提醒其他企业在实践中要注意避免一些问题，如不合规操作、过于追求经济效益而忽视环境等。碳中和目标的实现无法一蹴而就，企业需要有长期的、全局的思维，从制订符合企业现状和长远定位的顶层战略规划着手，把碳中和作为一个能够稳步推进、量化的目标和充满机遇的系统性工程，并依此谋划可落地的碳中和实施路径，从而努力推动碳中和目标的实现。

二、公众自治

在西方，古语中的“自治”对应于“Autonomy”，涵盖了自治、自治权和自主权，代表了“自主决策”，反映了一种由个体或团体自行管理自身事务的能力。公众自治是指社会中广泛的个人、群体和组织在参与社会事务和决策过程中，通过自主行动和互动来实现自己的利益和意愿，以达成共同的目标和解决共同的问题。它强调社会成员在各种议题上的参与权和发声权，以及他们在公共事务中扮演的角色。这种自治并不依赖于政府或特定的权威机构，而是通过各种途径如企业、社会组织、网络、媒体、社区等，让公众能够在社会中行使影响力和主动参与。在公众自治的框架下，个体和群体都有权利表达自己的观点、提出建议，参与社会议题的讨论和决策过程，从而共同塑造社会事务的发展方向。这种自治的实现需要充分的信息透明度、平等的参与机会，以及各方的尊重和合作。公众自治旨在建立一个更加民主、开放和包容的治理环境，让每个人都能够对社会事务产生积极影响，从而实现共同的繁荣和进步。

公众是碳中和治理不可或缺的角色，碳中和公众自治是国家赋予公民的基本权利。保障公民依法有序参与碳中和治理既是经济社会发展方式转变的需要，也是全面深化改革步伐的需要。党的十八大报告明确指出：“保障人民知情权、参与权、表达权、监督权，是权力正确运行的重要保证。”① 党的十九大报告提出：“要构建政府为主导、企业为主体、社会组织和公众共同参与的环境治理体系。”② 2020 年，中共中央办公厅、国务院办公厅发布的《关于构建现代环境治理体系的指导意见》也明确提出，要健全环境治理全民行动体系，并进一步提出了全民行动体系构建的方向和任务。党的十九届五中全会对“十四五”时期和 2035 年美丽中国建设和生态环境保护提出更加明确具体的目标任务，提出到 2035 年要广泛形成绿色生产生活方式，碳排放达峰后稳中有降，生

---

① 胡锦涛．坚定不移沿着中国特色社会主义道路前进 为全面建成小康社会而奋斗［N］．人民日报，2012 年 11 月 18 日（001）．

② 习近平．决胜全面建成小康社会 夺取新时代中国特色社会主义伟大胜利［N］．人民日报，2017 年 10 月 28 日（001）．

态环境根本好转，美丽中国建设目标基本实现。这些都表明，加快构建环境治理全民行动体系、充分发挥全社会的力量开展生态环保工作，具有非常重要的意义，而且势在必行。

《中华人民共和国环境保护法》在总则中明确规定了“公众参与”原则，并对“信息公开和公众参与”进行专章规定。中共中央、国务院《关于加快推进生态文明建设的意见》中提出：“要鼓励公众积极参与。完善公众参与制度，及时准确披露各类环境信息，扩大公开范围，保障公众知情权，维护公众环境权益。”政府掌握着大量的环境监管信息，企业有污染源环境信息，社会机构和个人也会有相关研究或者相关信息，这些都可能是公众获取环境信息的来源。丰富并畅通公民参与促进环境保护依法有序发展的渠道，保障公民、法人和其他组织获取相应环境信息，监督参与环境保护的权利，系统推进公众践行绿色生活方式，有序参与生态环保工作。生态环境部联合相关部门发布了一系列政策文件，包括《公民生态环境行为规范（试行）》《关于推进环境保护公众参与的指导意见》《关于加强对环保社会组织引导发展和规范管理的指导意见》《环境保护公众参与办法》《环境影响评价公众参与办法》等，为各类社会主体和公民个人提供了指南和规范。

形成绿色低碳生活理念，积极践行绿色环保生活方式是公民自治的一个方面。碳中和公民自治不可逆转，由于公民的环保意识相对较弱，缺乏环境责任感，因而政府应该建立完善公众参与自治的制度渠道，推动公众积极、合理、有序地参与碳中和治理，凝聚全社会共识，加快形成全民参与的良好格局。事实上，教育主管部门已经将低碳教育纳入国民教育体系，公民通过自身的消费方式和生活方式选择来促进碳中和。

在公共领域参与监督举报、志愿服务活动等，以推动并影响其他社会成员践行“双碳”目标，积极改善环境，是公众自治的另一个重要方面。在碳中和政策法规的落实过程中，公民的舆论监督扮演着至关重要的角色，这也是公众碳中和自治实践的一个显著特征。公民积极发挥着社会监督的作用，推动碳中和目标的实现。山东省生态环境厅积极鼓励广大人民群众参与企业碳排放报告质量监督，依照制定出台了《控排企业碳排放报告质量弄虚作假有奖举报实施方案》，对碳排放数据弄虚作假的企业，经查证属实并依法作出处理后，相关举报者可以最高获得 50 万元奖励。这种机制对降低行政执法成本，监督国家机关工作具有积极的作用。公民在这个过程中成为监督的重要力量，有助于政府发现和揭露一些企业或组织的不正当行为，特别是涉及碳排放数据造假等行为。这种举报行为不仅可以使监管更加有力，还能够强化企业的自我约束，提高企业在环保方面的社会责任感，进而促使企业碳减排工作更加严格地执行。

此外，公民对碳中和政策法规的舆论监督，也是公民碳中和自治实践的一个显著特征。公民的意见和看法能够通过媒体、社交网络等渠道传播，形成舆论压力，促使政府和企业更加重视碳中和目标的落实。舆论监督有助于加强执法透明度，防止政策法规在执行中的滥用和不透明，保障公民的知情权和参与权。社会各界广泛参与节能宣传周和低碳日活动，使节能降碳先进经验和典型案例得到不断推广、节能降碳知识科普走进校园和社区、绿色消费理念越来越深入人心。多地政府和企业已发布碳普惠平台，利用“互联网＋大数据＋碳金融”方式，具体量化小微企业、家庭社区和个人的节能减碳行为，建立起正向引导激励机制，引导全社会参与绿色消费，践行低碳生活。乘坐公交、节约用电、少用一次性餐具等日常生活中的小事，在政府和企业搭建的碳普惠激励机制下，汇聚成越来越多人日常生活中的低碳行为，成为助力国家实现“双碳”目标的重要力量。

三、多元共治

在推进碳中和治理过程中，必须积极调动政府、企业、社会组织、公众等主体的积极参与，以形成多元主体协同治理的有益格局。生态文明建设强调人与自然的和谐共生，要求政府、企业、社会组织和公众在碳中和治理中形成协同合作的理念。多元主体形成强大的合力，协同合作，实现城市能源系统转型、居民生活方式绿色转型、产业结构高质量转型，[①] 推动碳中和目标的实现。多元共治的模式不仅适应了行政民主化的潮流和公共管理主体多样化的发展趋势，同时，也是推动生态环境治理体系和治理能力现代化的必然选择，是实现“十四五”生态文明建设和生态环境保护目标的客观需求。更为重要的是，多元共治对于在新时代打赢污染防治攻坚战、落实生态文明建设任务，构建美丽中国，发展新质生产力有着深远而重大的意义。

中国的碳中和治理模式正处于一个转变的阶段，从过去的政府主导型治理向政府、企业、公众等多元共治型发展。这个转变不仅是因为环境治理的需要，也是适应社会发展和治理体系和治理能力现代化的必然趋势。在这个过程中，如何协调好碳中和治理的多元主体关系，使其在互动中保持一种相对平衡，是中国碳中和治理模式的重要议题。政府在这个过程中扮演着引导者的角色，企业需要承担起主体责任，而社会组织和公众的参与也是不可或缺的。这种多元共治的模式，可以更好地实现碳减排目标，推动生态环境的改善，以及提升国家治理体系的现代化。

---

① 叶林，邓睿彬．城市绿色治理何以可能？——“双碳”目标下的城市治理转型［J］．同济大学学报（社会科学版），2023，34（03）：79．

随着碳中和治理的不断推进，各主体之间的合作和协调将会越发紧密，各自的责任也会更加明确。政府、企业、社会组织和公众之间的利益协调是协同治理中的关键环节，要建立健全多元主体利益协调机制。政府应平衡推动碳中和经济社会发展的关系，制定激励政策，为企业提供控排的支持和奖励，同时保障人民权益。企业需要在追求经济效益的同时，考虑环境责任，实现绿色增长。社会组织要扮演好桥梁和纽带的作用，通过各种联合形式助力社会组织和个人参与碳中和。公民需要参与决策，确保环保权益得到保障。建立定期沟通和合作的平台，协商利益分配，是确保多元主体和谐共存的基础。

构建多元主体参与的绿色绩效考核机制是一种有效的策略，它可以激励各主体积极参与碳减排行动。政府可以设定碳减排目标，并根据实际成效进行评估，对达成目标的企业和公民给予奖励。企业可以自主制订碳减排目标，通过减排证书交易等方式获得经济回报。公民可以通过参与碳减排活动，获得环保积分或减排福利。这样的绿色绩效考核机制可以激发各主体的参与热情，形成积极的竞争和协作氛围。

推动信息公开和社会监督是多元共治的一个重要方面。政府、企业、社会组织和公众在碳中和治理中的协同需要信息公开和社会监督作为支撑。政府应当公开碳中和政策、数据和执行情况，接受社会监督；企业需要公开碳排放等数据，展示碳中和成效，接受社会评价和相关机构的披露；公民可以通过公开透明的信息了解碳减排进展，参与监督，推动政府和企业更加负责任地履行义务。

第三节　碳中和治理中的自治实现

社会组织、行业协会、基层社区等自治组织在碳中和治理领域扮演着不可或缺的角色。它们作为政府、企业等组织之间的桥梁和纽带，能够从多个角度参与和推动碳中和治理，通过社会动员、倡导行动、技术创新、政策倡议等方式，共同助力实现碳中和目标。社会组织在碳中和治理中扮演着重要的舆论引导和倡导行动的角色。宣传、教育和媒体可以提高公民对碳中和的认知，唤起人们的“双碳”意识、促进社会各界的参与和合作。本书中的社会组织关注整体社会环境，行业协会关注特定行业利益，基层自治组织关注社区或特定群体需求，它们相互补充，与政府、企业等共同形成了积极的碳中和治理局面。

一、社会组织

社会组织是有特定目标的社会群体，以服务社会、提供公共服务、推动社会进步为目标，以促进社会福利、公益事业、文化教育为宗旨，建立的民办非企业单位、基金会、科研机构（智库）和社会团体，是实现碳中和目标不可或缺的重要力量。碳中和治理面临着政策不稳定、技术成本较高、企业意愿不强等困境，但社会组织通常有很强的公益性和灵活性，它们在不同层面上参与碳中和治理，如推动政策制定、提供技术支持、开展社区环保宣传、促进企业的碳减排等。

（一）社会组织在碳中和治理中的作用

社会组织是中国现代化建设的重要力量，它往往具有一定的资源整合能力，能够汇集志愿者、专业人士以及丰富的资源，推动碳中和相关行动和计划的实施，形成多方合作的良性格局。

第一，社会组织的参与能够促使政府更加重视环保议题，制定更加严格和有力的政策，为碳中和提供政策支持。

第二，社会组织可以发挥公民教育和宣传的作用，提高公民对碳中和的认识和参与意愿。全球各地的社会组织在碳中和治理中已经发挥了积极作用。许多环保组织通过对公民宣传和教育活动，提高了他们对环境问题的认知，并鼓励更多人参与碳中和行动。

第三，社会组织能够监督企业和政府的环保承诺和行动，确保碳中和行动的透明度，减少信息不对称带来的问题，进而扩大碳中和行动的影响范围，吸引更多的人关注和参与，推动整个社会形成参与碳中和行动的共识。

第四，社会组织常常是创新的源泉，它们可以提供新的理念、方法和技术，为碳中和行动注入新的活力。通过对企业的监督、评估和激励，促使企业采取低碳生产方式。一些社会创新组织通过碳交易和碳市场，推动了碳减排和低碳生产的实现，推动了碳中和的商业模式创新。

（二）国际组织在碳中和治理中的贡献

国际组织在中国环境治理和碳中和行动中发挥了积极的作用。世界资源研究所（The World Resources Institute，WRI）是一个全球性的环境智库，20 世纪 80 年代，世界资源研究所积极推动将气候变化纳入国际政策议程。2004 年，世界资源研究所与国际机构——世界可持续发展工商理事会（World Business Council for Sustainable Development，WBCSD）合作发起的温室气体核算体系（GHGP）成为衡量和管理温室气体排放的全球标准。2008 年，世界资源研究所成立了北京办事处，深耕长三角地区、京津冀地区、粤港澳大湾区的研究。2021 年，世界资源研究所还在上海主办了“愿景 2050：加速碳中和”长三角国际论坛，借助北欧国家的先进经验为长三角地区的碳达峰与碳中和建言献策。

世界自然基金会（World Wide Fund For Nature，WWF）是全球最大的自然环境保护机构。2008 年，世界自然基金会启动中国低碳示范城市项目，支持试点城市率先碳达峰和近零排放示范区建设，并将成功经验推广到更多城市。2015 年，世界自然基金会与全球环境信息研究中心（CDP）、世界资源研究所（WRI）和联合国全球契约（UN-GC）联合发起科学碳目标倡议（SBTi），帮助企业设定科学的碳减排目标，并推动更多企业设定基于科学的碳减排目标以有效实现碳中和和应对气候变化。

国际环保公益组织——自然资源保护协会（NRDC）自 20 世纪 90 年代中期开始在中国开展环保事业，主要通过政策研究、最佳实践分享和专业支持等方式，在中国积极推动绿色、循环和低碳发展。自然资源保护协会在北京市设立了代表处，受国家林业和草原局监管，工作重点涵盖政策研究、示范案例展示、专业支持等领域。通过汇聚跨领域专家资源，自然资源保护协会为中国的碳中和行动注入了专业智慧和国际经验。2023 年 6 月 26 日，自然资源保护协会在北京举办“面向碳中和的氢冶金战略研究”项目成果发布会，发布《面向碳中和的氢冶金战略研究报告》（以下简称《报告》），提出了从现阶段到 2060 年我国氢冶金发展的路线图和相关政策建议。[①]《报告》分析了氢冶金工艺在我国钢铁行业低碳转型中的潜力和发展路径。对未来 30 年（即到 2060 年）的钢铁需求和产量进行了预测，并总结我国钢铁行业的碳排放量、主要减排工艺以及氢冶金工艺在国内外的发展现状。《报告》指出，我国钢铁与焦化联合流程存在严重失衡，不利于节能减排，也不利于氢冶金的发展。因此，《报告》建议以全国能耗总量控制和各地区环境容量为前提，构建全国统一大市场，打破以行政区划为能耗和排放管控单元的管理体制，促进焦化产能跨省份、跨地区流动，并加快推进“钢焦联合”工艺流程的建设。《报告》还建议行业主管部门加强顶层设计和系统谋划，构建氢能产业链和生态圈。

（三）中国环保社会组织的发展

截至 2022 年 7 月，我国已注册的环保社会组织约 7000 家，约占全国社会组织总量的近 0.9%。从参与内容来看，环保社会组织选择的环境议题越来越具体和专业，已经不仅局限于依靠宣传教育和举报方式参与环保，而是进行深度介入，不断探索和开发包括环境信息公开、企业环境信用评价、环境公益诉讼等方式助力生态建设。[②]

中国本土已有许多社会组织参与到全球环境治理和中国的“双碳”目标。例如，北京绿研公益发展中心作为一个环境智库型社会组织，致力于全球视野下的政策研究与

① 朱晓波．建议我国氢冶金发展“四步走”［N］．中国冶金报，2023 年 6 月 29 日（001）．
② 顾磊．环保社会组织如何“碳”索未来［N］．人民政协报，2022 年 7 月 12 日（010）．

多方对话，聚焦可持续发展领域的前沿问题与创新解决方案，助力中国高质量地实现碳中和目标，并推进绿色、开放、共赢的国际合作，共促全球迈向净零排放与自然向好的未来。广东省千禾社区公益基金会联合研究机构聚焦于社区，参与了评估气候变化在珠三角地区的影响，探索和实施社区应对气候变化的行动方案。广东省千禾社区公益基金会还在 2018 年与中国绿色碳汇基金会、老牛基金会、阿拉善 SEE 基金会等 9 家基金会，联合创立了生态环境保护资助者平台。

2020 年中央经济工作会议将“做好碳达峰、碳中和工作”作为 2021 年八大重点任务之一。中国环保社会组织积极响应这一政策，如中国可持续发展研究会，作为一个由关心中国人口、资源与环境等可持续发展问题的专家、学者、科技和管理工作者以及少数企业家组成的全国性学术社会团体，专门于 2021 年成立碳中和专业委员会，深入开展技术服务和能力建设，为我国实现“双碳”目标贡献力量。

事实上，自 2021 年以来，直接推动碳中和治理和研究的社会组织如雨后春笋般成立。2021 年 7 月 13 日，海南省碳达峰碳中和研究会（Hainan Carbon Peak and Carbon Neutralization Research Association，HCCRA）成立。这是由在海南省内从事节能、环保、科技相关的企业、科研机构、学校、培训机构、检测机构、团体等相关单位自愿结成的行业性、地方性、非营利性社会团体。其宗旨是以节约能源、提高能效、推动资源综合利用和保护环境为己任，紧紧围绕碳达峰碳中和工作，开展宣传、培训、咨询服务和组织技术开发及推广应用等活动，发挥其在政府和行业、高校、企业之间桥梁和纽带作用。紧接着，广西碳达峰碳中和研究会、福建碳中和学会、常德市碳中和促进会、韶关市碳中和协会、安徽省碳中和研究会、北京市碳中和学会、苏州市碳达峰碳中和服务联合会、河北省碳达峰碳中和研究会、江西省碳中和学会相继成立。这些环保社会组织无外乎以碳达峰碳中和目标为指引，通过举办大型会议，促进“双碳”领域的学术合作、搭建服务交流平台、开展政策研究、提供咨询服务、加强碳中和科普宣传等，积极服务“双碳”目标。

总的来说，我国碳中和治理相关的社会组织呈现蓬勃发展之势，但整体来看数量较少且分布并不均衡，一些环保社会组织面临着注册难、资金较少等困境。已经成立的社会组织在应对碳中和治理方面的能力差异也比较大，其治理作用的发挥需要时间的积淀才能体现出价值，因此需要凭借自身努力，做好长远打算。针对以上问题，政府要加大对环保社会组织的社会服务购买力度、建立社会资源服务对接平台，支持这些环保社会组织的发展。通过税收优惠、行政表彰、授予合作伙伴资质等方式激励这些环保社会组织积极开展碳中和相关的活动，建立黑、白名单制度，引导社会组织有序参与碳中和治理。

二、行业协会

行业协会是一个由同一行业的企业或专业人士组成的社会组织，它既是企业的代表，又服务于企业，它代表、服务和维护行业的利益，提供行业信息、培训、研究等，促进行业的可持续发展，为行业内的企业提供支持和指导。有别于一般的社会组织，行业协会更加具有行业的针对性和专业性，在推动行业可持续发展和碳中和治理行动中发挥着关键的作用。行业协会通过行业标准的制定、合作的促进、研究的多样化、政策倡导、项目推广等方式的开展，推动行业内的自律管理、技术创新和发展，以及环境保护等行动。作为特定行业的代表，行业协会能够聚焦于该行业的碳中和问题，联合行业内的企业和专业人士，更有力地推动行业整体的碳中和进程，共享先进的碳中和经验和技术，协助企业共同应对碳中和挑战。

中国的行业协会非常重视推动碳中和在本行业的发展，这对于实现中国的碳中和目标和应对气候变化具有重要的意义。交通运输业、农业食品业、工业制造业、建筑业、数字信息产业、金融服务业六大行业均围绕国家“双碳”重大决策部署，积极发挥行业协会的作用参与碳中和治理。例如，中国交通运输协会成立“中国交通运输协会低碳与碳交易促进分会”，让交通运输更低碳、更绿色成为办会愿景，搭建铁路、公路、水路、民航低碳与碳交易交流对话平台，探讨产业发展方向，推动交通运输行业低碳和碳交易事业发展。中国绿色食品协会（China Green Food Association，CGFA）下设 13 个分支机构，其中就包含了碳中和专业委员会。2024 年 7 月，中国绿色食品协会碳中和专业委员会联合碳管理软件及咨询解决方案提供商——碳足迹发布了国内首个农食行业碳管理服务平台，为农业食品行业的碳减排和可持续发展提供有力支持。此外，中国可再生能源学会、中国电力企业联合会、中国石油和化学工业联合会、中国钢铁工业协会、中国煤炭工业协会、中国汽车工业协会等行业协会纷纷采取积极行动，推动本行业的碳中和行动。

党的二十大报告提出，要统筹产业结构调整、污染治理、生态保护、应对气候变化，协同推进降碳、减污、扩绿、增长，推进生态优先，节约集约、绿色低碳发展。[①] 2023 年 7 月，“节能降碳，你我同行”——第 33 个全国节能宣传周启动，中国轻工业联合会等 12 家行业协会发布《重点行业领域碳达峰碳中和宣言》，彰显了行业锁定

① 高举中国特色社会主义伟大旗帜 为全面建设社会主义现代化国家而团结奋斗［N］. 人民日报，2022 年 10 月 26 日（001）.

"双碳"目标、践行绿色发展理念、推动高质量发展的坚定信念。中国轻工业联合会号召全行业全面践行习近平总书记关于碳达峰碳中和的重要讲话和重要指示批示精神，深入贯彻党的二十大精神，坚定走生态优先、绿色低碳的高质量发展之路。作为推动中国经济高质量发展的主要力量，也是实现"双碳"目标的关键主体，轻工业将坚定承担绿色低碳发展的使命，凝聚共识、团结前行，加速改变发展方式、转变增长动力，共同促进基于资源高效利用和绿色低碳发展的经济社会发展。

《轻工业重点领域碳达峰实施方案》以工业和消费领域降碳为重点，通过生产端和消费端共同努力，逐步实现工业用能电气化、绿色化，生产智能化、集约化，产品低碳化、循环化，引领全社会绿色低碳生活理念。首先，推动全行业低碳材料替代，强化塑料污染治理，促进塑料制品易回收、可循环、可降解。其次，中国轻工业联合会发布了《可降解塑料制品的分类与标识规范指南》，并引入了可降解塑料制品标识，加速发展生物基可降解材料，推广塑料包装单一材质以促进绿色包装。最后，其他行业的低碳创新措施也紧锣密鼓地进行。家电行业积极推进制冷剂材料的替代，如美的集团的 R290 新型环保制冷技术体系。照明行业着力推进融合创新，将新的绿色能源与照明工程项目结合，为城市系统的降碳提供方案。食品行业专注于生物质资源，实施产业协同降碳，如伊利集团建设的"零碳"现代智慧健康谷，打造了食品行业首个净零排放污水处理厂。各行业协会的一系列措施有力地推动了行业和企业的碳中和治理。

三、基层社区

基层社区是与人民群众联系最密切的群众性自治组织，也是碳中和实践的最基本单元。基层社区通过自我管理，积极参与碳中和行动，促进了低碳生活的逐步普及和零碳社区的初步建设，同时也为社区和城市的可持续发展作出了积极贡献。在推进碳中和过程中，碳减排是一个主要方面。国家的碳减排重点主要集中在生产领域，然而居民消费的碳排放占据了整体碳排放总量的约 50%。城市低碳社区建设的过程实质上是国家宏观政策引导全体公民培养低碳生活方式和消费方式，以及形成低碳行为习惯规范的过程，也是在全球环境治理背景下的中国实践。[①]

社区作为城市的基本单元，扮演着人口活动和碳排放的重要角色，成为实现"双碳"目标的关键支柱。低碳型都市的开发，关键在于低碳型社区的开发。[②] 社区碳中和

① 纪晓岚，王世靓. 城市低碳社区建设的多元行动系统及其解释——基于理性行动理论的分析［J］. 湖湘论坛，2016，29（06）：98.

② 甘峰. 日本"低碳型都市"推进机制及启示［J］. 日本研究，2009（03）：77.

实践的开展，其目标是要探索建立基层社区自治实现社区碳中和的长效机制。

（一）零碳社区建设渐成治理热点

国家发展和改革委员会办公厅《低碳社区试点建设指南（2015）》指出，“低碳社区”是指通过构建气候友好的自然环境、房屋建筑、基础设施、生活方式和管理模式，降低能源资源消耗，以实现低碳排放的城乡社区。社区碳自治是指在明确界定的区域内，以低碳为导向，平衡发展需求与碳排放控制，紧紧围绕“双碳”发展主线，有效控制并减少该区域内的碳排放总量。社会碳自治着眼于提升社区建筑、交通、家庭生活等领域的能源利用效率，借助光伏等绿色低碳新能源在社区及其周边的开发应用，降低碳排放水平，从而达到整个社区低碳转型直至实现碳中和目标。低碳社区建设和零碳社区打造为“双碳”使命的实现提供了有力推动。低碳社区和零碳社区建设是低碳都市建设和城市社区碳中和的关键步骤，充分体现了社区自治在基层碳中和行动中的作用。

生态环境部发布的2022年、2023年绿色低碳典型案例包含园区、企业、社区、个人、公众参与绿色低碳实践基地5个类别，311个绿色低碳典型案例，其中社区案例有22例。江苏省京口路“低碳社区”、浙江省湖州市安吉县天荒坪镇余村——“绿色、低碳、共富”的乐游型低碳乡村、山东省全国首个自主负碳海岛—青岛西海岸新区灵山岛、北京市光熙门北里29号楼零碳改造、福建省三明市将乐县高唐镇常口村“两山”路径的生动实践、四川省泸州市江阳区茜草街道桂圆林社区、湖南省星沙街道杨梅冲社区等社区案例榜上有名。这些典型案例给全国各地的低碳社区建设树立了榜样，为社区碳中和的实现打下了基础。

江苏省京口路社区在2022年就建成了全国低碳社区典型。依托社区的自治力量，社区建成镇江市首家集低碳普及宣传、绿色建筑展示、“双碳”课堂为一体的500平方米低碳生活服务中心。社区充分发挥党委的“龙头”作用，联结辖区单位、行业党组织，成立低碳社区工作领导小组，通过党建联席会议，确立低碳改造方案。落实建筑系统减排，提高公共设施环保材料占比；落实给水系统及污水处理减排，改造办公楼外地面，铺设生态透水路面和下凹绿地，实现下雨时吸水、渗水、蓄水、净水；落实固体废弃物处理减排，建立垃圾分类亭，积极响应绿色发电，安装25千瓦的光伏面板，实现25千瓦年度发电量，满足社区基本用电需求，安装电动汽车公用充电桩，助力绿色低碳出行。社区党委成立生态环境保护党员先锋队，推动生态文明建设宣传进社区、进学校、进家庭，全面提升广大群众的绿色发展理念。充分利用低碳生活中心激光沙盘展示区、发电互动体验区、“双碳”学堂互动区、低碳书吧畅享区、低碳生活展示区五大功能体验区，通过场景互动、数字技术等方式科普低碳文化，成为社区居民了解低碳生活、低碳城市、低碳经济的“第二课堂”。

浙江省各地社区和村镇积极探索低碳社区。其中，浙江省安吉县余村多年来坚定走“绿水青山就是金山银山”发展之路，以生态化、数字化、人本化为建设方向，积极构建绿色低碳生活圈、实现绿色资源“三蝶变”、展现绿色治理三张图，持续将生态资源转化为生态资本、生态优势转化为经济优势，创建绿色低碳共富的未来乡村新模式，获得了联合国世界最佳旅游乡村、全国生态文化村、国家4A级旅游景区、中国美丽休闲乡村等荣誉。欧盟亚洲中心主任、联合国前副秘书长兼环境规划署执行主任埃里克·索尔海姆一直关注着这个能把竹林变成“碳库”的小县城。2023年8月15日，首个全国生态日在安吉举办，埃里克·索尔海姆受聘为生态文明典范城市先行区特别顾问团成员，为安吉进一步建设低碳社区、低碳乡村增强了信心。

（二）垃圾资源化利用是重要议题

基层社区自治将推动社区能源结构朝着清洁化的方向发展，提高能源利用效率，加快社区资源利用循环化改造。我国社区生活垃圾资源化利用是关注度较高的一个议题。习近平总书记对垃圾分类和资源化利用的问题高度关注并多次发表重要指示。生活垃圾资源转化利用率低主要是因为回收和加工环节复杂。为了解决城镇垃圾处理问题，国家发展改革委、住房城乡建设部联合发布了《“十四五”城镇生活垃圾分类和处理设施发展规划》（以下简称《规划》），“以推进生活垃圾减量化、资源化、无害化为着力点”“加快建立分类投放、分类收集、分类运输、分类处理的生活垃圾处理系统，为形成绿色生产生活方式、推动生态环境根本好转和促进美丽中国建设作出新贡献”。《规划》还提出了“到2025年底全国城市生活垃圾资源化利用率达到60%左右的目标”。截至2023年6月，中国在垃圾分类方面取得了显著进展，全面实施了生活垃圾分类的城市超过297个，具有较广的覆盖面，居民小区平均覆盖率达到了82.5%。

上海市虹口区的嘉兴路街道垃圾分类志愿者曾致信习近平总书记，向他汇报了当地垃圾分类工作的成果，并表示愿意为在更大范围内推动垃圾分类工作并取得更多成果贡献力量。习近平总书记回信强调：“垃圾分类和资源化利用是一个系统工程，需要各方协同发力、精准施策、久久为功，需要广大城乡居民积极参与、主动作为。希望你们继续发挥志愿者在基层治理中的独特作用，用心用情做好宣传引导工作，带动更多居民养成分类投放的好习惯，推动垃圾分类成为低碳生活新时尚，为推进生态文明建设、提高全社会文明程度积极贡献力量。”① 可以说，垃圾分类和资源化利用问题一时之间成为影响全国人民生活的热门话题。

---

① 用心用情做好宣传引导工作 推动垃圾分类成为低碳生活新时尚［N］. 人民日报，2023年5月23日（001）.

浙江省建成了全国首个生态环境教育特色小镇——浙江省宁波市奉化区大堰镇，同时，它也是省级零碳样板镇。2017 年起，大堰镇在箭岭村先行试点探索“生物酵素 + 环保集市 + 志愿协会”垃圾分类模式，实现厨余垃圾利用率达 100%，出村垃圾减少 90%，箭岭村也成为当地有名的“零污染村”。该模式还在大堰镇张家村、万三村等村推广。走进箭岭村，山清水秀，屋舍俨然，地上无烟蒂，河道无杂物，山上田头无垃圾。这个拥有近 300 人的村庄，每天产生的垃圾通过村内的酵素工坊，制作成了生产环保酵素。环保酵素经过稀释后，可以用于洗碗洗衣，清洁厨卫、玻璃窗等家居，还可以当作肥料进行土壤养护、减少虫害，如果流入下水道还可以净化河流湖泊水质，具有多种环保功效。

深圳是我国首批低碳试点城市之一，2021 年，深圳启动首批近零碳社区试点项目，盐田大梅沙近零碳社区作为试点之一，引入低碳新生物技术——黑水虻厨余垃圾处理技术，这一技术还亮相了《联合国气候变化框架公约》第二十七次缔约方大会。黑水虻这种小虫能够处理社区内每天产生的 200 千克的厨余垃圾，年温室气体减排量达到 65 吨二氧化碳当量，相当于种植了 647 棵树。为进一步验证黑水虻处理厨余垃圾社区模式的经济、社会及减碳效益，社区内进一步建立了“近零碳循环科普馆”，采用“密闭全自动化立体养殖”方式，计划三年处理 2800 千克厨余垃圾，一年可以减碳 970 吨，相当于 7000 多棵成熟期的阔叶林木一年固定的二氧化碳总量。处理完厨余垃圾的黑水虻，还会变成家禽、水产和宠物的食物。大梅沙把垃圾分类和能源利用作为零碳社区建设的重点方向，这一社区自治的碳中和创新行动为全国社区碳中和治理打造了样板。

第七章　碳中和治理之智治

智治为碳中和提供了新的技术支撑和解决方案，构建数字化、网络化、智能化的碳中和方式是推进碳中和的必然选择。加强数字化、网络化、智能化技术应用，推进碳治理能力建设能够构建智慧碳中和体系，实现碳中和治理精准化、一体化、科学化，推动经济社会绿色低碳发展。碳中和治理中的智治内容包括数据库建设、数字化平台建设和数字治理。提升碳中和治理的智能化、精准化、科学化水平，促进绿色低碳发展，需要充分利用现代智能信息技术手段，如大数据、物联网、5G 通信、云计算、区块链、人工智能等。碳中和治理中的智治实现需要借助数字化平台、智能技术、绿色金融、国际合作和公众意识等方面的力量，通过顶层设计、迭代升级、考核评价、优胜劣汰共同推进碳中和治理的智能化、科学化和高效化。

第一节　智治在碳中和治理中的定位

党的二十大提出加快建设“网络强国”“数字中国”。“十四五”规划专门设置“加快数字化发展 建设数字中国”章节，对中国数字社会建设进行了分析和描绘，绘就了一幅绚丽的图景。随着互联网、大数据、云计算、人工智能、区块链等新一代信息技术的发展及其在各领域的广泛应用，社会进入了数字化时代。[①] 智治是运用数字化、网络化、智能化技术手段和工具，推动碳中和治理的现代化、科学化和高效化。数字化、网络化、智能化依托数字技术、网络技术、智能技术在生态领域积极推进，智治成为碳中和治理的重要推动力量。碳中和治理的智能场景将通过大数据、物联网、5G 通信、云计算、区块链、人工智能等智能技术的综合运用，对各类资源能源的系统整合、协同部署和智能应用，实现碳治理效率的大幅提升。毋庸讳言，加强数字化、网络化、智能化技术应用，推进碳治理能力建设，能够构建智慧的碳中和治理体系，实现碳中和治理的精准化、一体化、科学化，从而推动经济社会绿色低碳发展。

---

① 何文炯．适应数字化时代的劳动者社会保险制度优化［J］．河北大学学报（社会科学版），2023（02）：10.

一、治理精准化

碳中和治理精准化是通过精准的治理手段和方法，实现碳中和目标的精准管理和控制。国务院印发的《促进大数据发展行动纲要》提出，打造“精准治理、多方协作”的社会治理新模式，以此推动大数据发展应用。精准治理以精细化管理为前提，“精细化管理”从“劳动分工理论”衍生而来。由于分工的存在，大家各司其职，通过规范化、程序化、信息化的手段，使每个环节的每一个工作流程都尽可能地细化，形成了完善的管理制度，提高了办事效率。随着单位制的分崩离析，社会矛盾不断积累，阶层分化，社会也随之发生了变化。精细化管理导致管理碎片化，社会迫切需要全新的管理方式，将社会管理转变为社会治理，管理型政府变为服务型政府。社会治理是多元主体齐抓共管，资源有效整合，做到精准治理。精准治理是针对不同区域发展特色提出的治理模式，以社会问题和社会需求为导向，精准施策，为公众提供主动、全面的服务。碳中和治理精准化可以通过以下五个方面来实现。

（一）目标设定与分解

根据碳中和目标，制订具体的治理指标和行动计划，并将其分解到各个部门和单位，确保每个环节都有明确的责任和任务。目标设置理论由美国心理学家洛克在研究个人层面的激励时提出，该理论认为目标是激励的来源，它能促使人们根据外来刺激不断调整自身行为，从而实现目标。[①] 随后，目标设置理论从微观层面的个体发展到中观层面的组织，并逐渐应用到公共管理领域。

中国政府目标设置是上下级政府间“三上三下”的互动过程。第一步，下一级政府向上一级政府报送本地前一时期的目标完成情况；上一级政府根据整个辖区内大气污染状况和前一时期的目标完成情况，[②] 用计量模型估算出各地后一时期需完成的目标值，并发送给下一级政府征求意见。第二步，下一级政府根据自身发展的实际情况，以书面致函的形式向上一级政府反馈意见；上一级政府汇总讨论意见，微调预估目标值后，再发给下一级政府征求意见。第三步，经过两轮意见征集，上一级政府最终确定各地方政府的目标值，并通过签署目标责任书的形式进行目标分解，由下一级政府负责落实。这种由上一级政府依靠行政命令，自上而下逐级部署和分块包干，落实既定指标的

---

① Locke E A. Toward a Theory of Task Motivation and Incentives [J]. Organizational Behavior and Human Performance, 1968 (02): 157 - 189.

② 马亮. 官员晋升激励与政府绩效目标设置——中国省级面板数据的实证研究 [J]. 公共管理学报, 2013 (02): 28 - 39 + 138.

政府管理实践被概括为“指标下压”型模式。[①] 在大气环境治理领域，当各地初始环境状况数值不准确而且目标设置时间较为紧迫时，“三上三下”的目标设置过程会简化。在碳中和治理中，目标设定与分解是十分必要的。上一级政府应该精准选择目标类型、设定目标水平、进行指标分解、层层落实任务。上一级政府对下一级政府根据年初设定的目标和年底完成的目标进行考核，并将考核结果作为对下一级政府官员的提拔和激励的依据，对调动各级政府的工作积极性有很大的帮助，使治理生态环境的效果得到更好的发挥。

（二）数据监测与评估

构建智慧监管体系和生态环境智慧监控平台，实现对重点碳排放源的实时监控预警，利用互联网、大数据、云计算、人工智能、区块链等技术手段提升监管效能。深圳市宝安区积极推进生态环境信息化建设，搭建生态环境管控平台，探索生态环境智慧管控路径，实现科技监管、智能预警、在线执法和闭环管理。建设环境管理统一资源库，实现所有环保数据资源一库集成；建设环境保护决策信息库，实现全区环境质量集中决策；建设环境治理智能监管舱，实现各种科技监管一舱控制；建设环保执法指挥调度舱，实现执法员、网格员一舱调度；建设环保主任诚信互动云，实现各类企业一站式互动服务和动态管理；建设服务绿色低碳云，实现生态考核、环评审批、公众服务一云对接；编制“1 +9 + N”信息化配套制度，夯实智慧管控的制度基础。[②]

建立完善的数据监测体系，实时收集和整理碳排放数据、能源消耗数据、资源利用数据等，定期进行评估和监测，及时发现问题和风险。中国从 20 世纪 90 年代开始建设的污染源联网监控系统，经过多年的发展，已经取得了一些成果。“十一五”期间，污染源在线监测还处于初期阶段，主要任务是推广在线监测技术与设备，构建在线监测网络。污染源联网监控系统随着计算机技术、通信技术的发展，在“十二五”期间逐步完善。2015 年 8 月，为推动污染源在线监测系统向自动化、智能化、系统化、网络化方向发展，国务院办公厅发布了《生态环境监测网络建设方案》。“十三五”期间，各地相继出台了“水十条”“气十条”、生态环境监测网络等政策，不断提高在线监测污染源的要求，环境质量成为重点监测对象。中国进入“十四五”时期以后，随着物联网、大数据、人工智能等现代科技的发展和应用，污染源在线监测进入了现代化发展阶段。现代化污染源在线监控系统结合多种技术手段后，可以实现对污染源的实时监控和

① 王勇．从“指标下压”到“利益协调”：大气污染的公共环境管理检讨与模式转换［J］．政治学研究，2014（02）：104 –115．

② 张兰女．生态环境智慧管控路径研究——以深圳市宝安区为例［J］．中国资源综合利用，2023（09）：143 –145．

大数据处理，进而提高在线监测数据的可靠性和实时性。①

（三）政策制定与执行

政策必须以问题为导向，要发现、筛选和解决现实社会中出现的问题，努力维护公共秩序和公民秩序，实现和提升人民的尊严。② 碳中和治理中，要根据实际情况和治理目标，制定科学合理的政策措施，包括碳排放管理政策、能源消耗管理政策、资源利用管理政策等，并确保政策的执行效果。制定政策必须因地制宜、因时制宜，符合当地实际，符合自然规律和生态规律。自然与生态的规律有物物相关规律、相生相克规律、负载定额规律、协调稳定规律等。

政策要落实，各部门必须通力合作、协同作战、齐抓共管，形成工作合力，建立健全碳中和治理的组织领导机构、工作协调机构，定期召开专题工作会议，研究部署工作。对工作中出现的新情况、新问题，适时调整工作的侧重点和努力方向，努力纠正工作中出现的偏差。要求各部门工作人员为确保政策落实到位，要有高度的责任感和使命感；要有效推进工作，层层落实目标责任制，抓好对工作的检查和督促。各级人大认真做好预算审查监督和执法检查工作，政协各级组织认真履行政治协商、民主监督和参政议政职能。

（四）产业协同与优化

加强产业间的协同合作，促进上下游企业之间的资源共享和产业优化，推动产业转型升级和绿色发展。促进多元主体跨界联动、跨界融合、产业内部、产业间协同发展的趋势日趋明显，现代科技创新尤其是以大数据、人工智能、云计算为驱动的科技创新正在推动产业动态转型。“智能 +”时代，以 5G、人工智能为代表的新型基础设施建设布局不断加快，中国已经累计开通 96.1 万个 5G 基站，并继续加快重点区域、重点行业 5G 网络覆盖和“双千兆”网络部署。③ 这些新基站的投入使用，夯实了企业发展的根基。产品、服务、资金、营销、供应链、物流、仓储、配送等要素有机联结，搭建起协同网络。新一代平台网络技术、智慧供应链技术、大数据、物联网、人工智能、区块链、数字孪生等技术不断为产业转型升级保驾护航。

（五）社会参与监督

鼓励社会各界积极参与碳中和治理，加强信息公开和透明度，建立公众监督机制，

---

① 邢金京，武雪，欧阳广娜，等．污染源在线监测运维存在的问题、展望与体系构建［J］．市政技术，2023（11）：171.

② 李兵．政策科学：70 年关键成果整合和新方向探索［J］．山东行政学院学报，2021（01）：74.

③ 佚名．中国累计开通 5G 基站 96.1 万个 5G 终端连接 3.65 亿户［J］．中国有线电视，2021（07）：690.

形成全社会的共同治理力量。高质量的信息公开，成了精准施政的利器。通过信息公开，可以避免环境欺诈事件的发生，能有效地推进绿色发展。舆论监督碳排放问题，公众积极参与。鉴于自然资源日渐稀缺，生态环境风险日益增加，公众可以积极参与舆论监督碳排放问题。政府对企业进行监管，确保企业遵守碳排放标准和相关法律，防止企业过度排放、污染环境，对高碳行业进行禁止或者限制。企业在符合企业战略利益的情况下主动管理环境问题，根据企业自身的碳排放情况、碳减排等内外部反馈信息进行碳排放管理，强化企业自身碳排放状况、碳减排措施等相关信息的公开。公众对高排放、高污染、高能耗企业进行监督，督促其改进生产方式，减少环境污染，从源头减少碳排放。

二、治理一体化

碳中和治理一体化是指通过整合各种治理要素，形成协同高效的治理体系，以实现碳中和目标的实现。"只有坚持系统观念，提高系统思维能力，以一体化的思路和举措打破行政壁垒、提高政策协同、充分发挥优势、彰显特色、深化合作、相互赋能、才能凝聚更强大的合力，促进高质量发展。"① 碳中和治理一体化包括以下五个方面。

（一）政策法规一体化

通过制定和完善相关政策法规，明确各利益相关方的职责和权利，加强政策法规之间的协调性和可操作性，形成有利于碳中和治理的制度环境。与碳中和相关的法律需要制定，如能源法、碳交易法、绿色低碳技术知识产权法等。已经制定的与碳中和相关的法律有《中华人民共和国节约能源法》《中华人民共和国可再生能源法》等，都是化石能源如何开发利用的依据，但还需要进一步完善和优化。在不同地区、不同行业、不同主体之间，固定和优化碳减排目标，也需要制定与碳排放权交易相关的法律法规、碳排放核算、绿色低碳财政税收政策等。中国缺少以碳减排为规制目标的专项法律，虽然已经有《中国清洁发展机制基金管理办法（2022）》《节能低碳产品认证管理办法》《温室气体资源减排交易管理暂行办法》等涉及碳减排的相关部门规章，但限于立法权力、法律位阶等，无法对碳减排问题进行全面规范。

此外，碳减排和应对气候变化的地方政府规章和重要规范性文件，还包括下列省、自治区、直辖市出台的规章规范，如上海、北京、深圳、天津、福建、河北、陕西、内蒙古、青海、重庆、湖北、广东、江西等，但是各地立法中有关碳治理的内容参差不

---

① 习近平．紧扣一体化和高质量这两个关键词［N］．人民日报，2023 年 12 月 2 日．

齐，而且缺少协调性。省级政策法规协调在国家层面、地方层面有一些框架性、咨询性的探索，但在机制的操作性、刚性等方面尚有欠缺。省级人大立法、省级政府规章制定、省级司法的协调联动机制建设，需要省级人大立法、省级政府立法、省级司法协力进行。

（二）机构组织一体化

整合现有的环保、能源、交通、产业等部门资源，构建跨部门、跨领域的碳中和治理工作小组，加强信息共享和协同行动，提高治理效率。2022 年 4 月，习近平总书记在主持召开中央全面深化改革委员会第二十五次会议时强调："要全面贯彻网络强国战略，把数字技术广泛应用于政府管理服务，推动政府数字化、智能化运行，为推进国家治理体系和治理能力现代化提供有力支撑。"① 以新一代人工智能技术为代表的智能化手段赋能政府治理，极大地提高了政府部门的信息处理能力、加速政务流程再造。碳中和治理需要整合环保、能源、交通、产业等部门资源，加强信息共享。

构建行动协同、信息共享的组织体系，需要个体、部门、组织整体协作。每一个政府工作人员都要树立全心全意为人民服务的理念，在面对突发危机时，既能胜任本职工作，又能填补空缺实现联动。对于相关政府部门，明晰权责，实现有序统筹协调。智能化手段可以加快部门之间的信息流转速度，推动各部门之间更灵活地协同配合。在纵向层面，依据国家智能化治理体系，推进政府部门在纵向层级上有序协同配合；在横向层面，做好职责有序配置和组织间的调配，全面统筹资源。从而避免了条块分割的管理体系，建立了横向到边、纵向到底、齐抓共管的制度体系。同时，明确各部门的政务数据管理职责，建立了跨部门协作，使各部门权责清楚。环保、能源、交通、产业等部门分工合作，推动各项政务数据共享，逐步实现部门之间的信息资源整合，推动各部门对信息的不同需求。通过职责清单制度对各个部门的职责予以明确，构建跨部门的碳中和治理工作小组，建立耦合协同的沟通联络机制，定期就相关问题进行协商交流。

（三）监管执法一体化

加强对重点领域、重点企业的监管和执法力度，打击各类违法违规行为，确保碳中和治理的有效实施。为保持碳中和治理的事后监管提供数据支撑，建立和完善一体化监管监测体系，以及科学、准确、高效的执法机制。建立碳中和监管执法，为碳中和治理提供数据支撑，以便保持事中和事后监管。建立碳中和监管执法一体化监测工作机制，加强碳中和治理监测规范化、标准化建设，着力增强对违法行为的发现能力、识别能力

① 习近平．加强数字政府建设推进省以下财政体制改革［N］．人民日报，2022 年 4 月 20 日．

和协查能力。加强数字化、网络化、智能化建设，充分运用大数据、物联网、5G 通信、云计算、区块链、人工智能等技术手段，开展监督监测工作。建设碳中和治理信息服务平台，加强监管监测数据的开发、分析与运用，强化对重点领域、重点企业的监管和执法力度，推动提升碳中和监管执法能力。提升碳中和治理应急监测能力，建立针对重点领域、重点企业的应急监测机制，科学制定预案，分析危害，完善污染防治措施。

相关执法机构负责监督碳中和政策的执行情况，并对违反法律法规的行为进行处罚。生态环境部、能源管理局等部门都有监测、检查、处罚等法律职责。严格执法可以预防碳排放违法行为的发生。《中华人民共和国环境保护法》第 60 条规定，县级以上人民政府环境保护主管部门可以责令企事业单位和其他生产经营者，超过污染物排放标准或者超过重点污染物排放总量控制指标排放污染物的，采取限制生产、停产整治等措施；对情节严重的，责令停业整顿，并报有批准权限的人民政府批准后予以关闭。2021 年 6 月，中国生态环境部发布《关于优化生态环境保护执法方式提高执法效能的指导意见》，要求通过建立执法事项目录、健全履职责任体系、强化现场检查计划制度、明确执法职责等措施，切实把行政执法责任落到实处；通过建立执法事项目录、“双随机、一公开”监管制度健全执法责任体系、建立和落实监管执法正面清单制度，推行非现场监管办法、健全区域交叉检查制度、优化执法方式，建立查办案件专案制度，对行政执法资源进行高效统筹；着力提升行政执法效能，通过完善执法监察工作机制、完善部门协调联动机制、加强行政执法与刑事司法衔接机制，探索完善第三方辅助执法机制；通过推行行政执法公示制，实现执法全过程记录制，严格约束行政执法行为，健全执法典型案例指导机制、完善执法普法制度，规范执法行为。2023 年 2 月 17 日，最高人民法院召开新闻发布会，发布《最高人民法院关于完整准确全面贯彻新发展理念 为积极稳妥推进碳达峰碳中和提供司法服务的意见》和《最高人民法院关于全面贯彻落实新发展理念 为积极稳妥推进碳达峰碳中和典型案例》。为进一步总结审判经验，指导各级人民法院正确审理各类涉碳纠纷案件，最高人民法院对积极稳妥推进碳达峰碳中和司法工作的 11 个典型案例进行了同步发布，并将有关情况予以通报。该批案例都是人民法院审理的环境资源类新类型，包括比特币“挖矿”服务合同、温室气体排放环境侵权、水泥产能指标转让合同、危废物处置费用在破产案件中被认定为破产费用、碳排放配额转让合同和国家核证自愿减排量技术服务合同、碳排放配额清缴行政处罚、强制执行碳排放配额、破坏环境监测计算机信息系统、滥伐盗伐林木碳汇赔偿等。

（四）市场机制一体化

通过绿色金融、碳交易、碳税等市场机制，引导各类资本和主体参与碳中和治理，促进低碳经济发展和转型，发挥市场在资源配置中的决定性作用。党的二十大报告提出，在引导资源合理配置、推动资源向绿色低碳项目转移、推动传统产业生态化和新型绿色生态产业发展等方面，绿色金融是碳达峰碳中和政策的重要组成部分之一。绿色金融的直接作用有促进作用、回弹作用和溢出作用。中国于2016年出台了《关于建立全国碳排放权交易市场的意见》，为碳交易奠定明确的法律基础。相关执法机构如国家发展和改革委员会就负责监督和管理碳交易市场的执行情况，以确保企业遵守碳排放权交易法律规定。碳市场的建立有助于减少碳排放并发展低碳绿色经济、绿色金融，实现经济高质量、可持续发展。

健全惩罚机制也是维护碳市场秩序和效率的前提，是防范控排企业履约风险的基础。完善配额发放模式，可以保护环境；在考虑经济发展目标的前提下，可以适当降低配额总量。控排企业数量越多，碳市场有效性越高，因此在既定的其他条件下，控排企业的数量应该逐渐增加。[①] 碳税是以化石燃料中的碳含量为计税依据，或者以燃烧化石燃料后排放的二氧化碳量为计税依据，从而达到减少二氧化碳排放量的目的而征收的一种税。[②] 碳减排的两大主要政策手段是碳税和碳交易。有的国家采用独立的碳税政策或者碳交易政策，也有的国家同时运行这两种政策。中国基本上采取的是复合政策，将准碳税政策和碳交易政策结合在一起。中国应在减排实践中，建立起两种经济政策相辅相成的协同适用机制，即“碳税”与“碳排放权交易”。在国际贸易中推行碳税制度，对中国碳关税措施也有一定帮助，但是优化能源结构、绿色经济复苏并非一朝一夕之功。[③]

（五）技术创新一体化

加强碳中和领域的技术研发和推广应用，推动清洁能源、低碳交通、绿色建筑等领域的科技创新，为碳中和治理提供有力的技术支撑。重要的是要促进产业的绿色升级，培育新能源、可再生能源、清洁能源等产业。具体而言，一是传统产业的绿色升级。根据党的二十大报告的要求，部分传统产业在清洁能源使用、新能源使用、可再生能源使用、污染物处理、能源利用效率提升、碳排放降低、产业绿色色彩增强等方面，在“降碳、减污、扩绿、增长”方面仍有较大升级空间，需要协同推进部分“三高”产业的技术升级。二是重视清洁能源、低碳交通、绿色建筑等领域的科技创新，以便为碳中和治理助力。具有节能环保、精确能源利用特征的新兴高科技产业发展，可以有效降低能

---

① 吴伟光，祝雅璐，顾光同．中国试点碳市场有效性的决定因素［J］．资源科学，2021（10）：2127.

② 刘明明．碳排放交易与碳税的比较分析——兼论中国气候变化立法的制度选择［J］．江西财经大学学报，2013（01）：105－112.

③ 周文溢，贾爱玲．“双碳”背景下碳税制度的证成与构建［J］．河北环境工程学院学报，2022（03）：27.

源消耗和污染物排放，提升绿色发展水平。

三、治理科学化

碳中和治理科学化是以科学发展观为指导，认识、尊重和遵循科学的碳中和治理规律，坚持依法善治、科学规划的理念，从而形成系统科学全面精细的治理体系。碳中和治理的科学化需要从以下五个方面来进行。

（一）建立科学的治理理念

碳中和治理需要以可持续发展为目标，生态效益、经济效益和社会效益协同发展，以实现碳中和的长期效益。协同发展一般是指协调系统内 2 个或者 2 个以上的不同要素，协同一致地完成某一目标的过程或者能力。① 在碳中和治理中，生态效益、经济效益和社会效益相互优化、共同提升，从而获得综合效益，促进可持续发展。

北京冬奥会以科学的治理理念，协调发展经济效益、生态效益和社会效益，取得了圆满成功。北京冬奥会出台可持续发展统领性文件，确定赛事基调。2016 年北京冬奥组委发布了《北京 2020 年冬奥会和冬残奥会可持续发展政策》，提出要“致力于在筹办、赛时、赛后各个阶段，以及筹办和赛事运行的各个领域，以可持续为核心理念和基本原则，实现环境、社会、经济的可持续发展。”2020 年，国际奥委会、国际残奥委会和北京冬奥组委发布《北京 2022 年冬奥会和冬残奥会可持续性规划》，将其作为指导北京冬奥会可持续发展工作的纲领性文件。从“环境正影响”“区域新发展”“生活更美好”三个领域提出“北京 2022 冬奥会可持续计划和冬残奥会可持续计划”，以打造奥运和区域可持续发展新典范为目标，提出 12 项行动，37 项任务，119 项措施。

北京冬奥会经济效益、生态效益和社会效益协同发展体现在赛事运营和城市发展两大领域。经济效益分为直接经济效益和间接经济效益。生态效益分为两个方面，一是积极的生态效益，二是消极的生态效益。直接经济效益的体现是节俭办赛、低碳办赛；间接经济效益的体现是产品结构优化、基础设施建设、促进就业、带动消费。通过节俭办赛、低碳办赛减少了赛区建设污染和赛事运行污染，从而降低负面生态效益。城市环境治理通过产品结构的优化和基础设施的建设得到推动；城市环境治理又带动了就业，间接经济效益由此而来；而消费受到环保宣传的拉动。城市环境治理和环保宣传产生了积极的生态效益。北京冬奥会的社会效益体现在有利于公众身心健康、增强了社会认同、

---

① 郝海亭，徐晓敏，于作军，等．大型体育场馆与城市协同发展的路径探析［J］．北京体育大学学报，2019（04）：42－49.

推动了地区发展。

（二）构建科学的治理体系

构建科学的治理体系需要建立跨部门、跨领域的碳中和治理机制，整合各种资源，形成协同合作。科学的碳中和治理体系包括五个要素：结构要素、功能要素、制度要素、方法要素、运行要素。治理体系解决的两个主要问题是“治理主体构成”与“治理主体之间的关系”。碳中和治理主体是政府、企业和公众，三者缺一不可。多元主体界限分明、分工协作、均衡互动。其中，多元主体之间的两大核心关系是政府与市场的关系、政府与社会的关系。协调好两大核心关系的关键是职能清晰，政府职能是宏观调控、公共服务、维护社会秩序等。碳中和治理功能是要解决“治理体系主要发挥什么作用”的问题，碳中和治理体系中起到的作用或者效果，应该涵盖以下四点：动员作用、组织作用、服务作用、配置作用。“治理结构怎样才能保证有效运转”的难题，正是由治理体系来解决的。治理运行要素解决的是“治理体系采取什么样的方式、以什么样的路径来运行”的问题，包括三种运行方式：自上而下、自下而上和横向互动。

（三）加强科学研究和创新

需要加强碳中和领域的基础研究，探索新的技术和方法，如碳捕获、碳储存、绿色能源等，以提高减排效率，降低减排成本。同时，要推动科技成果转化，鼓励企业、高校、科研单位在碳中和领域开展科技创新。2021 年 7 月 29 日，教育部发布《高等学校碳中和科技创新行动计划》，提出要立足于实现碳中和目标，建设一批引领世界碳中和基础研究、形成碳中和战略科技力量的顶尖学科，建设一批碳中和原始创新高地，为中国提供充分的科技支撑，实现能源碳中和、资源碳中和、信息碳中和、人才保障。

实现碳中和的必要条件是在能源生产、能源消耗等领域进行颠覆性的技术革新和技术革命。单纯依靠改良型的技术革新，只能做到碳减排，而无法做到碳中和。只有进行颠覆性的碳技术革命，将高碳的化石能源生产和消费完全取代，才能产生实现碳中和的必要条件，才能创造出实现碳中和的必要条件。① 同时利用数字化、网络化、智能化技术，如大数据、人工智能、物联网、5G 通信、云计算、区块链等，对采集数据进行全面覆盖。采取碳中和相关数据，以实现全方位感知。

（四）推进依法治理、制度化建设

需要制定和完善相关法律法规和政策体系，明确各行为主体的法律责任和权利义

---

① 潘家华．碳中和：需要颠覆性技术创新和发展范式转型［J］．三峡大学学报（人文社会科学版），2022(01)：5－7．

务，强化监管，为碳中和目标的实现提供有力保障。需要制定的有能源法、碳交易法、绿色低碳技术知识产权法等。《碳排放权交易管理办法（试行）》《碳排放权登记管理规则（试行）》《碳排放权结算管理规则（试行）》等配套规则，是全国碳市场运行的基础。但这几个立法层级都只是部门规章，法律位阶都比较低。对于低碳技术专利保护的条款只在《中华人民共和国专利法》《中华人民共和国知识产权海关保护条例》《中华人民共和国反垄断法》中有零散的涉及。我国制定《低碳技术专利法》是非常有必要的。建立碳市场法律监管体系的基础是碳市场稳定有序运行的保障基础，因此要健全相关法律制度，进一步明确不同地区、不同行业、不同主体碳排放和减排目标，建立健全与碳排放交易、碳排放核算、绿色财税政策等相关的法律法规。

中国缺少以碳减排为调控目标的国家层面的专门法律或者行政法规，还没有出台应对气候变化的法律法规。仅涉及大气污染防治、节能减排等内容，并且已经发布、正式实施的有《中华人民共和国环境保护法》《中华人民共和国节约能源法》《中华人民共和国可再生能源法》《中华人民共和国大气污染防治法》《中华人民共和国煤炭法》等。另外，运用信息技术手段，加强对碳排放、能源消耗等领域的监管执法，是推动企业落实减排措施，保障碳中和治理的有效实施。

（五）加强公众宣传和教育

增强公众的环保意识和参与度，需要加强碳中和的宣传教育。可以通过媒体、网络、学校等渠道，普及碳中和知识，引导公众树立绿色低碳的生活方式。在节能减排、健康低碳饮食、绿色出行、减少浪费等方面，引导公众形成绿色低碳生活模式。推广低碳生活方式、培育公众的绿色消费观是非常必要的。发展生态消费、推动绿色消费行为的形成，绿色消费价值观是基础。加强公众对碳中和治理的认知和参与，提升公众的环保意识和参与度，通过人工智能、物联网、大数据、区块链等信息技术手段，形成全社会共同参与碳中和治理的良好氛围。

第二节　碳中和治理中的智治内容

碳中和治理中的智治内容包括数据库建设、数字化平台建设和数字治理。提升治理的智能化、精准化、科学化水平，促进绿色低碳发展，需要充分利用现代智能信息技术手段，如大数据、物联网、5G 通信、云计算、区块链、人工智能等。大数据驱动政府治理创新，靠的是它特有的力量：推动形成多元共治格局，使政府向伙伴型政府转型；

迫使政府转变为整体性治理，向整体型政府转型；增强政府政策决策科学性，向精准型、主动型政府转型；促进政府治理精准化、智慧化，向智慧型政府转型。[①] 碳中和治理中的智治内容涵盖以下三个方面。

一、数据库建设

碳中和治理中的数据库建设是实现碳中和目标的重要一环，它可以帮助更好地收集、处理和利用与碳中和相关的数据，提高决策的效率和准确性。具体而言，数据库建设从以下五个方面加以重视。

（一）数据收集

随着"物联网""互联网+"等技术和理念在组织生产和运营中的不断深化，越来越多的组织正在利用"数据"这一新的生产要素，以产生新的竞争优势和差异化能力，而这恰恰是"大数据时代"的标志性特征。[②] 数据是数字经济时代的重要生产要素之一，具有价值高、决策有用、增长迅猛、功能多样等特征，是推动经济增长和社会进步的战略性资源。[③] 数据收集的本质是建立碳中和治理的专属数据库。收集各种数据，涵盖各种碳排放源、碳汇形成过程及相关政策法规等（包括但不限于能耗、工业生产、交通运输、农业活动、森林管理等），筛选相关的文字、图片、模型等数据，构建数据库。通过将碳排放、碳汇、能源消耗等碳中和相关数据转变成可以用数据代码来描述和分析的数据海洋，形成基于数字资源、数字方法、数字媒介、数字技术的系统、高效、智能的新型碳中和治理机制模式。

在数据收集过程中，做到特事特办，符合相关法律法规。中国在2022年发布的《关于构建数据基础制度更好发挥数据要素作用的意见》第二部分第七款提出，要"充分保护数据来源者合法权益，推动基于知情同意或存在法定事由的数据流通使用模式，保障数据来源者享有获取或复制转移由其促成而产生数据的权益。"无论是数据加工使用权还是数据处理者使用数据和获得收益的权利，都必须以"保护公共利益、数据安全、数据来源者合法权益"为前提。[④] 欧盟委员会于2022年3月发布的《数据法：关于公平访问和利用数据的统一规则的条例提案》将数据来源者权利规定为一种法定权

---

① 何花，卢福营．基于大数据驱动下的政府治理与角色转型［J］．贵州省委党校学报，2020（06）：46．

② 王佐．大数据时代企业竞争力重塑［J］．中国流通经济，2017（12）：3-13．

③ 杜振华，胡春．数据标准的建构与数字经济的发展［J］．宏观经济管理，2022（09）：31-39．

④ 中共中央 国务院关于构建数据基础制度更好发挥数据要素作用的意见［EB/OL］．（2022-12-19）［2023-10-22］．http：//www.gov.cn/zhengce/2022-12/19/content_5732695．

利，详细规定了数据来源者知情同意、访问、转移其数据的相关权利。①

（二）数据标准化

建立统一的数据标准，使不同来源的数据既相互对照，又相互融合。共享数据的准确性和互操作性以数据拥有者和利益相关方所需规定格式共享数据为基础，数据只有在采用相同格式并使用通用标准存储和传输时，才有价值。② 当今的社会已经进入互联网时代，万物互联的物联网时代也会到来。万联时代，即万物互联时代，是一个具有未来性质的社会学概念，它是由当代网络技术的发展所形成的理想类型化称谓，是特定时代或特定社会的一种称谓③，但网络与智能产品，互联互通并非简单的一张网的连接，更非产品的万能之处。例如，全国范围内或许统一了地铁标准，但在地铁运营的路线上，却可能千差万别。不同烧水壶所用壶盖的大小形状各有不同，因此不同烧水壶和壶盖不能产品通用。数据和数据的类型也是相同的道理。同时，推进碳中和相关数据管理智能化，运用大数据、人工智能等技术手段，提高碳排放数据的收集、整理、分析和利用效率。

（三）数据存储和管理

选择适合的数据存储和管理技术，如云计算、大数据和人工智能等，确保数据的安全和稳定性。如果数据使用不当、泄露或者受到黑客攻击，将导致隐私泄露和一定的风险。对于"风险"，贝克与安东尼·吉登斯都从现代性的基础上考察了风险，认为现代性的阴暗面制造了各种风险；尼克拉斯·卢曼则对风险本质论与风险建构论进行了综合，一方面将风险界定为系统在当下选择所开启的未来不确定性，另一方面运用"二阶观察法"分析了社会结构分享的机构。④ 数字化转型的本质是"不确定性"和"风险"。不确定性和风险至少体现在以下三个方面：一是客观外在的不确定性风险，即技术变革过程中本身具有未预期后果；二是主体内在的不确定性风险，即在主体性解放背景下，主体的认知、能力等个性化因素越加不确定；三是情境知觉的不确定性风险，即客体的数字变革和主体的数字运用的主客体不确定性交汇。⑤ 因此，在利用智能化技术的同时，要重视加强数据安全保护，确保数据不被泄露和滥用。

---

① European Commission. Proposal for a Regulation（EP&Council）on harmonized rules on fair access to and use of data（Data Act），COM（2022）68（DA proposal）. Brussels，2022 - 04 - 23.

② Dallasega P，Rauch E，Linder C. Industry 4.0 As An Enabler of Proximity for Construction Supply Chains：A Systematic Literature Review［J］. Computers in Industry，2018（99）：205 - 225.

③ 谢俊贵. 基于元宇宙路向的万联时代社会变迁探析［J］. 社会科学研究，2023（02）：111.

④ 郑作彧，吴晓光. 卢曼的风险理论及其风险［J］. 吉林大学社会科学学报，2021（06）：83.

⑤ 文军，敖淑凤. 社区数字治理中的不确定性风险及其应对策略［J］. 吉林大学社会科学学报，2023（06）：63.

（四）数据分析和数据挖掘

数据分析（Data Analysis）又称智能分析（Smart Analysis），是应运数据科学而生的新业务，是指以质量管理体系为支撑，对采集的大量数据采用恰当的统计分析方法进行监控、清洗、建模等处理，并提出结论资料分析的目的是将数据转化为信息，再将信息转化为知识，最后将知识转化为智慧。数据分析的过程是：数据搜集—数据处理—数据建模—数据分析—数据可视化。[①] 数据分析分为三大类：描述性统计分析、探索型统计分析、验证性统计分析。数据分析的根本目的是提高效率。数据挖掘是通过大量的数据集进行分类拣选，找出趋势、模式和关系，其方法如内容分析、行为分析、参与发现、原文分析、科技年鉴、个人采用、历史比较（科技档案分析）、科研群热点讨论、德尔菲法（调研表）等；机器学习是让机器模拟人的思维和学习方式，不断更新和重组已有的知识，涉及统计学、概率论、逼近论、生物学、路径选择、优化算法等理论；预测分析以经验、准经验和机器学习结果为基础，对客户行为、设备故障、未来事件等进行预测。[②] 利用数据分析技术，发现碳中和过程中的规律和趋势，为制定政策和决策提供依据。

（五）建立共享数据的机制

打破信息孤岛，促进不同部门、不同区域的数据共享和互通，提高数据的利用效率。国家非常重视数据的共享，既出台了相关的政策，也制定了相关的标准。实施国家大数据战略首次在党的十八届五中全会上提出，这标志着大数据战略正式上升为国家战略。2020 年 4 月，中共中央、国务院颁布《关于构建更加完善的生产要素市场化配置体制机制的意见》，将数据列为新型生产要素，并从促进政府数据开放共享、提升社会数据价值、加强数据资源整合三个方面加快培育数据要素市场；党的二十大报告提出，要推进新型工业化、加快制造强国建设、加快网络强国建设、加快推进数字中国建设。在数据安全方面，2021 年，国家相继出台了《中华人民共和国数据安全法》《中华人民共和国个人信息保护法》等，明确了数据安全主管机构的监管职责，建立健全数据安全协同治理体系，提升了数据安全保障能力。中国主要围绕数据共享的两个主题开展具体研究，即政府数据共享和科学数据共享。[③] 数据共享的意义在大数据与人工智能时代显得尤为突出。正如舍恩伯格（Shernberg）等所说，大数据需要的是所有的数据而不

---

① OPEN 咨询 . Druid 实时大数据分析原理与实践：数据分析及相关软件 [EB/OL].（2017-07-16）[2023-09-26]. https://www.thebigdata.cn/JiShuBoKe/9164.html.

② 徐迪威，张颖 . 数据分析与现代科技管理 [J]. 科技管理研究，2018（15）：244.

③ 朱良涵，张新岭，郭玲珑 . 中国数据共享研究热点与前沿可视化分析 [J]. 生产力研究，2022（02）：28-32.

是随机的样本，是杂项而不是精确，其数据的价值不是来自单一的数据，而是一个整体的数据。[①] 持续推动建设数据共享的数据库，推进数据跨部门、跨层级、跨区域、跨行业进行融合、汇聚、开发、利用，促使信息孤岛走向共享。

德国有许多公众可以参与的生态环境监测项目。这些项目通常由环保组织或者地方政府发起，鼓励公众参与生态环境数据的收集和分析。一些在线平台，如“Umwelt im Unterricht”（环境课程）和“Bürger schaffen wissen”（公民创造知识等），也给公众提供参与生态环境监测项目和工具，以支持生态智慧治理。英国政府支持开放数据计划，鼓励公众、企业和政府机构共享数据，提供了国家地球科学数据中心、英国海洋数据中心等数据共享平台。随着移动智能终端的普及，社会公众对生态环境问题的认知逐渐深化。在美国，公众作为“公民科学家”对空气质量、水体污染等生态环境数据进行采集，以服务生态环境治理。[②③]

我国对于碳中和相关信息共享的研究，还处于探索阶段。数据被视为一种竞争工具，不同主体对数据共享有不同理念。由于主体以自身利益最大化为出发点，没有形成利益共同体，因而共享数据的意愿不强。为了提高自身的竞争优势，大多数主体仅限于在内部使用大部分数据，不愿意与其他主体共享自己的数据。这就给数据共享带来了困难。碳中和在实现过程中会产生大量数据，这些数据分散在多个部门，不利于协同管理。利用数据库建设，可以实现碳中和相关数据的公开和共享，促进各地区、各部门、各行业之间的信息交流与合作。碳中和数据库的建设不仅要符合国家的行业管理规定，还需要有一定的专业性，也需要各地区、各部门、各行业合作推动。另外，还需要从以下四个方面进行考虑：一是组建一支专业的数据库管理团队，负责数据收集、整理、分析、维护；二是对数据库进行定期更新，保证数据的准确性和及时性；三是加大数据安全保护力度，防止数据外泄和滥用现象的发生；四是积极配合有关行业、部门，合力推进数据库建设，提升数据的质量和影响力。

二、数字化平台

碳中和治理依托的数字化平台是一种利用数字技术来提高碳中和治理效率的工具。

---

① 舍恩伯格，库克耶．大数据时代：生活、工作与思维的大变革［M］盛杨燕，周涛，译．杭州：浙江人民出版社，2013：27-96.

② Bonney R，Phillips T B，Ballard H L，et al.. Can Citizen Science Enhance Public Understanding of Science?［J］. Public Understanding of Science. 2016，25（01）：2-16.

③ 吴勇，黎梦兵．新兴信息技术赋能环境治理的风险及其法律规制［J］．湖南师范大学社会科学报，2022，51（02）：76-85.

它可以通过数据收集、分析和可视化，帮助政府、企业和公众更有效地管理碳足迹、减少碳排放并促进碳吸收。通过建立数字化平台，实现碳排放、碳减排等数据的实时监测、分析和展示，为决策者提供科学依据。数字化平台包括以下四个功能。

（一）数据收集

收集并整合各种与碳中和相关的数据，包括能源消耗、碳排放量、可再生能源使用情况等。采集到的数据有两个部分，即实时数据和结构数据。在数字化平台运行过程中，将持续不断地产生大量数据，这些数据是实时数据。在数字化平台应用之前，往往会运用关系型数据库、Excel 表格或 txt 文件等收集数据，这些数据是结构数据。通过建立数字化平台，收集、整合、分析各类实时数据和结构数据，实现对碳排放的精准监测和管理。这些数据可以来自政府、企业、研究机构等领域，通过数据共享和整合，可以更好地了解碳中和治理的现状和问题，为决策提供科学的依据。统筹山水林田湖草等自然生态管理，通过不同数据平台之间的数据交换，有效结合企业投融资、社会征信管理体系、碳中和治理机制，使碳中和治理相关部门对接企业征信系统数据平台的效能得到提升。

（二）碳核算与报告

提供碳核算工具，帮助用户计算碳排放量和碳足迹，并生成报告。建立规范市场运行、发挥市场配置资源重要作用的数字碳排放权交易市场。由安永大中华区打造的“安永 ESG 掌上应用之碳算器”，是面向企业、面向个人客户的移动端产品的创新与研发。“安永 ESG 掌上应用之碳算器”以“3060 碳管理系统”为基础，满足了企业应用实践和全民低碳行动需求。它旨在协助企业及个人厘清碳排放源，精准核算碳排放，包括个人碳足迹、企业碳足迹、投融资碳排放等，创造更便捷、多元、智能的碳应用场景；创新性地采用了人工智能、ChatGPT 等领先技术，将人工智能虚拟人大讲堂、安小永智慧咨询、安永专业洞察等前沿内容嵌入其中。“安永 ESG 掌上应用之碳算器”是企业级数字工具中第一个向移动端拓展“双碳”管理的工具，能够帮助企业和个人拥有自己的碳账户，在小程序直接搜索就可以使用。①

数字化平台还可以提供对产品或服务碳足迹的认证服务，以促进消费者选择低碳产品。2022 年 4 月 21 日，WisCarbon 碳中和数字化平台由河钢数字技术有限公司牵头，联合河钢集团战略研究院，在行业内发布。WisCarbon 碳中和数字化平台是河钢集团基于河钢数字化 Weshare 工业互联网平台和钢铁制造工艺自己研发而成，致力于为钢铁及上

---

① 刘禹松．用好数字化绿色化带来的倍乘效应［N］．中国贸易报，2022 年 9 月 5 日．

下游行业提供全流程数字化解决方案服务，为企业提供精准降碳的第三方平台。WisCarbon碳中和数字化平台是以碳足迹和碳数据管理为核心的具象实体产品，拥有完全自主知识产权，主要包括CTrace、CManage、CTrading、CGHG、CMoni、CGSP、Manage、CTrading、CGHG、CMoni、CGSP等子平台。其中，CTrace碳足迹子平台从产品层面计算分析工艺碳足迹，为下游行业产品碳足迹计算提供数据分析服务，为实现跨行业低碳协同提供数据分析支持服务，构建绿色低碳产品生产体系，为下游行业用户进行绿色低碳产品设计。①

（三）碳管理

政府提供一系列工具，如碳排放定价、碳交易管理、碳减排措施推荐等，帮助用户制定和实施碳中和策略。鼓励企业开展低碳技术研发和应用，提高能效，减少碳排放。企业碳中和实现技术路径主要有两大类，一类是降低碳排放，另一类是去除已经产生的碳排放。其中，碳减排措施包括在清洁能源替代、可再生能源电力采购或购买等方面采取提高生产能效、创新工艺材料、产品原材料回收利用等措施；负排放的措施包括CGUS和ATURAL碳汇的提高等。企业在制订碳中和目标时，一般综合使用减排技术与负排放技术。尽管技术相通，但不同类型的企业因排放规模、减排难度、减排技术与资金需求不同，在开展碳中和的具体路径上仍然呈现明显差异。②

运用新一代信息技术，为企业提供智能化、便捷化的服务，如碳排放监测、碳交易、低碳技术推广等，推动企业低碳转型。河钢CMANAGE碳数据管理子平台，帮助企业确定碳足迹，完成企业层面的碳核查，并收集、监控和分析钢铁企业的所有过程数据；为钢铁企业实施目标碳中和管理和碳资产开发提供一系列全面的系统解决方案服务。③另外，区块链技术可以提供去中心化、可追溯的碳交易和减排记录，提高碳中和治理的透明度和可信度。

（四）促进公众参与

提高公众的环保意识和参与程度，促进碳中和目标的实现，通过数字化技术搭建生态智慧服务平台，提供碳中和相关的信息服务、知识普及、技能培训等。中国公众参与环境保护制度起步较晚，2022年新修订的《中华人民共和国环境保护法》第53条规定，在获取环境信息、参与和监督环境保护等方面，公民、法人和其他组织依法享有权利。公众虽然可以通过听证会、访谈会等渠道与企业沟通，但由于事先缺少详细的调查

---

①③　马朝丽．以数字技术助力行业精准降碳 河钢在业内率先发布WisCarbon碳中和数字化平台［N］．河北日报，2022年4月22日．

②　罗荟霖，郑馨竺，刘源，等．企业碳中和行动的驱动力与模式［J］．环境与可持续发展，2021（02）：24．

和了解，导致被动参与多，主动参与少，参与的内容和深度不够，未能形成长效机制。[①] 在网络社会中，依托互联网和大数据的优势，搭建政府、企业和公众之间的信息互动平台，优化公众参与路径，引导公众参与行为。在公众看来，参与的前提是及时、准确地获取所需信息。通过开发消费者与企业共享的技术创新信息平台，辅以听证会、座谈会、环境信访、热线电话等传统方式，拓宽了消费者参与渠道，促进了消费者与企业的互联互通，使双方都能高效地表达自己的真实诉求。例如，以环境信访为代表的公众参与，激励了企业在生产过程中注重设备更新和升级，实现了设备在绿色工艺创新方面的重要作用。[②]

从企业角度来说，应通过强制性公开碳排放信息，加强碳中和意识和责任履行，使公众对治理碳排放信息的知情权、参与权得到有效落实；同时，为增强公众对企业碳治理履责情况的了解，制定碳减排方案，加大节能减排降碳宣传力度，组织开展碳治理相关培训，全力塑造绿色企业品牌，提升企业美誉度。从政府角度来说，可以通过建立社会监督平台和企业碳披露窗口，帮助公众第一时间获取企业碳排放信息，了解治理行动，降低公众监督成本。借助数字化平台，政府也可以及时了解公众的参与程度，方便政府根据公众的反馈随时做出改变，形成互动机制。通过数字化平台，公众可以更好地了解碳中和的重要性，参与碳减排活动，监督政府和企业碳减排。通过公众参与，把社会风险演化规律、科学结论等传统条件下无法获取的“全样本”社会信息收集起来，碳中和治理才能高瞻远瞩，获得更好的效果。[③]

三、数字治理

“治理是各种公共的或私人的个人和机构管理其共同事务的诸多方式的总和。”[④] 数字治理是由英国学者邓利维首次提出并系统阐述，他认为数字时代的治理由三部分组成，即重新整合、以需要为基础的整体主义、数字化，数字治理是对传统政府的一种承接，是对治理技术的一种超越。[⑤] 碳中和治理中的数字治理是为提高治理效率、提升治理能力、推动可持续发展，利用数字化技术、方法和工具，对碳中和治理过程进行智能

---

① 胡天蓉，刘之杰，曾红鹰．政府、企业、公众共治的环境治理体系构建探析［J］．环境保护，2020（08）：51－53.

② 秦炳涛，郭援国，葛力铭．公众参与如何影响企业绿色技术创新［J］．技术经济，2022（02）：50－61.

③ 余敏江．整体智治：块数据驱动的新型社会治理模式［J］．行政论坛，2020（04）：81－82.

④ 俞可平．治理与善治［M］．北京：社会科学文献出版社，2020：4.

⑤ Dunleavy P，Margets H，Bastow S，et al．Digital Era Governance：IT Corporations，the State，and E－governance：IT Corporations，the State，and E－government［M］．Qxford：Qxford University Press，2006：228.

化、网络化和可视化的管理和优化。碳中和数字治理的重点是借助现代信息技术手段，着力解决信息孤岛、数字壁垒、数字鸿沟问题，提升碳中和治理数字化、网络化、智能化水平，优化碳中和治理绩效等。以移动互联网、Web 4.0 等现代信息技术为支撑，努力促成跨区域、跨部门、跨行业、跨系统的信息共享。邓利维是数字治理理论的代表人物，他主张数字时代的治理定义是“通过”与“新公共理论”的比较，在公共部门管理系统引入信息技术和信息系统，从而促进公共管理学科对公共政策的感知从边缘化发展为中心化。① 数字技术的深入发展，使信息壁垒被打破，沟通互动增强，促进了信息和数据资源的共享和利用。② 数字治理在碳中和治理中的应用，主要涵盖以下四个方面内容。

（一）数据收集与分析

通过数字化技术，可以收集与碳中和相关的各种数据，包括能源消耗、碳排放、资源利用等，并为实时监测、分析和处理等提供数据支撑。实时监测是碳中和数字治理的重要环节。从数据流、信息流到业务流，监测数字化的实现过程是贯通的。①明确需求导向。监测业务体系创新要立足于监测支撑管理的底层逻辑，强化监测对质量管理和污染控制等的支撑作用。②加强深度挖掘。结合传感器、高光谱等新型感知技术与人工智能、大数据等新一代信息技术，围绕监测业务创新需求研发模型算法，加强对监测数据的深度开发、分析、应用，反复迭代升级，实现新兴监测业务的数字化。③深化数据协同。建立物理分散、逻辑集中的监测数据资源整合体系，通过运输、转换、清洗等全过程数据治理，形成可利用、可验证的优质数据；加强数据标准化建设，降低各系统之间的交互成本，充分发挥数字化管理效能，以数据协同为基础，加强数据融通、精益管控、横向协同等方面的工作，以数据协同为核心。③

（二）智能化决策支持

数字化治理可以利用人工智能等技术，对采集的数据进行智能化分析和预测，为政策制定、规划实施等提供智能化支撑，提高决策的科学性、精确性。人工智能是引领未来的战略性技术，进入 21 世纪以来，人工智能深入参与了人类生存和生活的现实空间，人工智能成为新工业革命的突出标志。顺势而为，抓住人工智能带来的重大

---

① Dunleavy P, Helen M, Bastow S, et al. . New Public Management is Dead – Long Live Digital – Era Governance [J]. Journal of Public Administration Research and Theory, 2016, 16 (03): 467 – 494.

② 文军. 以数字化助推社会治理模式创新 [N]. 人民日报，2021 年 10 月 22 日.

③ 陈善荣，陈传忠，陈远航，等. 面向生态环境治理现代化的生态环境监测数字化转型研究 [J]. 环境保护，2022 (20): 12.

历史机遇，可以助推国家整体竞争力向上跃升，为转型期的中国经济社会发展提供强大动力。[①] 人工智能主要有七大基础核心技术：机器学习、知识图谱、自然语言处理、人机交互、虚拟现实（VR）/增强现实（AR）、计算机视觉、生物特征识别。[②] 2017年，国务院发布了《新一代人工智能发展规划》，全面系统地部署了中国未来人工智能发展的重点任务——“建设安全便捷的智能社会”。具体而言，在碳中和治理方面，利用人工智能等技术手段，对碳排放、能源消耗等数据进行分析，为政府和企业的科学决策提供支持，以制定合理的碳中和政策措施。另外，还可以推动智慧决策，运用大数据、云计算等智能化技术，构建碳减排模型，为政策制定和产业布局提供科学依据。数字技术通过帮助确定数字供应链运营网络中的三个环节（调动数字关系网络、聚合数字知识网络和实现数字价值网络），为供应链减碳作出贡献。[③]

（三）监管与执行的数字化

数字化监管是新一代信息技术综合运用的结果，包括互联网、大数据、云计算、人工智能、区块链等。数字化监管是一种现代化监管模式，将线上的智慧监管与线下的实体监管进行了高度的融合。中国数字化监管发轫于政府信息化与社会信息化深度融合时期，但目前还处于起步阶段。数字化监管的重要形式是“互联网 + 监管”。[④] 利用数字化技术可以对碳中和治理过程进行实时监管和执行，实现全过程追踪和预警提示，提高监管效率和执行力。探索和研究在监测过程中创新使用先进的信息技术工具，如思维导图、图形数据库、内存数据库、机器学习、人工智能和其他工具，以帮助提高监测的深度和广度。建立和完善碳排放监测制度，加大对碳排放的监管力度。自然资源是碳源汇的重要组成部分之一，建立自然资源自动化、智能化监测体系，是实现碳达峰碳中和目标的基础。中国的自然资源监测体系主要面对土地利用和自然生态的空间分布数量和格局情况，在碳监测和评估方面尚有不足，因此全空间空地监控系统的建立十分必要。以遥感时空监测为常态监测、地面碳通量和碳排放监测为专项监测、多源数据融合和智能化碳评估模型为监测业务中台，通过地理格通化的方法自动化、智能化地动态获取中国自然资源的本底状况和碳源汇能力。[⑤]

---

① 燕继荣．制度、政策与效能：国家治理探源——兼论中国制度优势及效能转化［J］．政治学研究，2020（02）：2 - 13 + 124.

② 王冬丽，杨珊，欧阳万里，等．人工智能可解释性：发展与应用［J］．计算机科学，2023，50（6A）：19 - 25.

③ 宋华，韩梦纬，于亢亢，等．数字技术如何助力供应链碳减排？——基于国网浙江电力的案例研究［J/OL］．南开管理评论．网络首发论文，网络首发时间：2023 - 12 - 05　09：50：03.

④ 叶岚，王有强．中国数字化监管的实践过程与内生机制［J］．上海行政学院学报，2019（05）：70.

⑤ 王效益，周玉科，江本智，等．面向双碳目标的自然资源监测体系研究［J］．测绘与空间地理信息，2023（09）：48.

（四）产业协同创新

数字化治理可以促进产业间的协同创新，推动绿色技术创新和产业升级，实现碳中和治理的持续优化和可持续发展。台州以浙江省数字化改革为契机，通过首台（套）产品——“海洋云仓”船舶水污染物智能处理设施，构建“蓝色循环”多维共治体系的试点项目，利用高价值海洋垃圾和多维共治解决海洋垃圾收集的堵点和难点，探索政府主导、企业主体、行业协调、公众联动的海洋垃圾管理新模式。建立实体收集网络和数字化管理平台。以船舶水污染物智能处理设备——“海洋云仓”形成集海洋垃圾、运输、再生、国际高价值利用于一体的可循环价值链，旨在实现减污降碳，打造海洋垃圾闭环处理平台。海洋垃圾闭环处理平台的建设有助于减少污染和碳排放。台州沿海6个县市区建成53个单位的“海洋云仓”，设立16个海上垃圾临时存放点，利用码头小店等15个“小蓝屋”，吸纳沿海乡镇217名困难群众和4278艘海上作业渔船，以“蓝色循环”设立垃圾回收点，形成立体的回收网络。“蓝色循环”垃圾回收点启动后，预计浙江省每年可回收利用海洋塑料（含渔网）35万吨，减少碳排放约45.5万吨（按1：13碳减排计算），将极大地促进美丽海湾的保护和建设。[①]

第三节　碳中和治理中的智治实现

碳中和治理中的智治实现需要借助数字化平台、智能技术、绿色金融、国际合作和公众意识等方面的力量，通过顶层设计、迭代升级、考核评价、优胜劣汰共同推进碳中和治理的智能化、科学化和高效化。智治在碳中和治理中的实现，可以从以下四个方面入手。

一、顶层设计

碳中和治理中的顶层设计是确保实现碳中和目标的重要步骤。正是顶层设计的引领作用，才有了“创新、协调、绿色、开放、共享”的新发展理念。数字技术的变革与应用牵引着全球治理转型，推动了数字赋能国家发展的顶层设计创新与地方实践探索。[②] 政府是

① 李青绵，周延锁，周一帆．构建“蓝色循环”海洋垃圾数字化治理的新模式［J］．经贸实践，2022（11）：43－45．

② 王晨．基于公共价值的城市数字治理：理论阐释与实践路径［J］．理论学刊，2022（04）：161－169．

推动碳中和目标实现的重要力量，需要制定并组织实施一系列政策。以下是顶层设计需要考虑的六个因素。

（一）坚持系统思维

碳中和目标的提出深刻地影响和挑战着中国的经济、能源、技术、政策体系。实现碳中和是一个系统工程，需要思想转变、技术进步、创新商业模式、政治支持，尤其是体制机制。消除各种障碍也需要系统思维。①能源公司之间、品种之间的藩篱将被打破。中国的传统能源体系还停留在各类能源（煤电油气核等）各自为战的阶段，因此需要各类能源进行多能互补，实现各类能源的一体化发展，提高全社会的能源利用效率。②打破能源与其他行业之间的藩篱。实现碳中和涉及建设业、交通运输业、工业、能源等行业。因为实现碳中和不仅是能源一个行业板块的事情，也是行业生产领域的事情，更是行业消费领域的事情。③中央与地方、地区与部门之间的藩篱将被打破。立足全局，统一谋划，让要素、资源在全国范围内流动，发挥市场的主体作用。④打破不同主体之间的藩篱。多元主体的相互配合与协作是分不开的，政府、企业、公众等主体相互配合，相互协作，才能实现碳中和。⑤不同碳减排政策、行动方案之间的藩篱将被打破。按照党中央决策部署，各地区、各部门、各行业企业制订更加周密的碳中和时间表，陆续出台许多相关政策。既要考虑不同节能减排项目之间的关联关系，又要因地制宜；既不违背碳循环规律，又要遵循系统性原则进行这些政策设计。①

（二）建立跨部门协调机制

碳中和目标的实现需要多个部门之间的协调与配合，包括能源、交通、科技、工业和信息化、发展和改革等领域。能否形成高效、稳定、常态化的跨部门协调机制，是关系到碳中和智治实现的关键因素之一。建立跨部门协调机制，可以提高行政工作效率、降低行政运行成本、确保各部门之间协同工作。跨部门协调首先要做到信息共享。信息是智治的重要资源，信息采集、整理、归纳、总结、提炼是政府治理能力的重要体现。但是信息的收集、整理、提炼等，则需要耗费大量的人力、财力、物力等。在实践中，碳中和相关部门各自耗费大量资源采集信息，存在大量的重复建设、资源浪费现象，因此只有不同部门实行信息联动，持续推动数据融合共享平台的建设、促成各类信息资源的汇聚融合和深度利用，才能有效降低信息收集成本，提高信息利用效率。其次要强化行政流程，尤其是审批流程，使其衔接有序。现代社会的公共事务越来越专业化、复杂化，通常涉及多个环节，需要多个部门操作各种流程才能完成。加强不同事务之间工作

---

① 刘满平．中国实现“碳中和”目标的意义、基础、挑战与政策着力点［J］．价格理论与实践，2021（02）：11.

流程的有效、有序衔接，以提高行政效率。再次是统一政策。不同部门有不同的专业和职能，对法律法规有不同的理解，对社会事务有不同的认识，这些都会导致政策制订标准和执行体系的差异，因此需要部门之间建立常态化磋商机制，维护政策的一致。最后要履行服务型政府的职能。党的十九届全国人大一次会议提出，要通过深化简政放权、创新监管方式、提升政府公信力和执行力等措施转变政府职能，建设人民满意的服务型政府，着力推进简政放权、服务群众。党的十九届四中全会进一步提出，必须坚持以创新行政方式、提高行政效能、建设人民满意的服务型政府为宗旨，坚持一切行政机关都要为人民服务，都要为人民负责，都要受到人民监督。这对服务型政府提出了更新的要求，也提出了更高的要求。推进服务型政府建设，不忘初心，恪守为民情怀，政府部门工作必须始终坚持以人民为中心的思想。①

（三）制定碳中和政策体系

政府应制定能源政策、环境政策、税收政策、投资政策、金融政策等一系列碳中和政策，促进低碳经济发展和低碳技术研发应用。在 2023 年 8 月 15 日召开的首次全国生态日主场活动上，国家发展和改革委员会宣布，全国已经建成碳达峰碳中和“1 + N”政策体系。“1”是指 2021 年 10 月 24 日发布的《中共中央 国务院关于完整准确全面贯彻新发展理念做好碳达峰碳中和的意见》（以下简称《意见》），提出了 10 个方面 31 项重点任务，确立了碳达峰碳中和工作的路线图和施工图，提出了碳达峰碳中和的工作思路，《意见》在碳封顶和碳中和领域发挥综合作用，在“1 + N”政策体系中发挥引领作用。“N”包括能源、工业、交通、城乡建设等碳调峰分领域、分行业的实施方案，以及能源、工业、交通、城乡建设等分领域、分行业的科技支撑、能源保障、碳汇能力、财政和价格政策、标准和计量体系、监督评价等保障方案。这些实施方案和保障方案最早出现在 2021 年 10 月 26 日发布国务院印发的《2030 年前碳达峰行动方案》（以下简称《方案》）。《方案》全面部署碳达峰关键阶段的工作，确定了碳达峰十大行动，是碳达峰阶段的总体部署。《方案》中的一系列文件，构建了碳达峰碳中和政策体系，目标明确、分工合理、措施有力、环环相扣，有条不紊。

（四）加强国际合作

碳中和目标的实现需要全球合作，包括国际组织、各国政府、企业和社会组织等的合作。加强国际合作，能够有效应对气候变化，这一点在国际社会已经达成共识。应对气候变化，国际合作正面临前所未有的巨大需求，其对于实现《巴黎协定》全球气候

---

① 邢占军．群众“全托型政府”期待与服务型政府建设［J］．人民论坛，2021（01）：48 – 50.

目标、弥合关键技术差距、引导投资资金流动具有至关重要的作用。全球气候变化合作在1988年后取得了显著成效，世界气象组织（WMO）和联合国环境计划署（UNEP）于1988年联合成立政府间气候变化专门委员会（IPCC）。全球气候变化合作为全球低碳转型创造了有利条件，使碳中和成为全球发展大趋势。中国作为积极应对气候变化的行动派和实干家，在与国际社会形成良好互动的同时，也从气候变化合作中获益。主动参与、主动贡献、主动引领全球合作，为促进全球气候治理作出了重大贡献。尽管世界各国携手合作带来了全球气候治理的显著成效，但为更加有效应对气候变化，各国的治理能力仍然有待进一步提升。[①] 加强国际合作，世界各国可以共同推动全球低碳转型，分享经验和技术，共同促进绿色发展。碳中和治理是需要各国合作、合力推进的全球性问题，需要在国际层面加强智治沟通、协调和合作，共同制定全球性的碳中和治理战略和政策，推动全球碳排放的减少，提高全球碳中和治理水平。

（五）推动技术创新

新技术是推动制度变革和社会变革的重要力量，是经济增长的重要源泉。[②] 低碳技术创新是实现碳中和的关键，包括能源技术创新、低碳材料研发、碳捕获与储存技术等。政府要加大对低碳技术研发的投入，鼓励企业加强低碳技术创新研发，同时要给予企业技术上的支持和政策上的扶持。同时，推广智能技术在碳中和治理中的使用也是必不可少的环节。在碳中和治理中，政府与企业广泛看好智能技术，如物联网、大数据和人工智能等。物联网、云计算、人工智能、5G等一系列以大数据为牵引的新兴科技，环环相扣。大数据的一个重要来源是物联网，它将大量的数据通过传感器上传，应用到包括经济、政治、社会在内的所有领域。大数据的关键在于沉淀了庞大的数据量，而云计算凭借强大的计算能力和算法，可以精细化分析大数据。云计算是虚拟的“计算资源池”。而5G则把这些数据引到了“高速公路”上，这样就明显加快了数据的传输速度。大数据的数据处理在于人工智能，这是一种非结构化的数据处理技术，它改变了传统的人工处理方式，如今在公共治理领域得到广泛应用，实现了人机协同的全新“智治”模式。[③] 在碳中和的智治实现过程中，通过物联网技术可以实时监测碳排放量，通过大数据分析可以预测碳排放趋势，人工智能则可以在碳排放监测、优化能源结构、提高能效等方面发挥重要作用。

---

① 李高．加强国际合作是有效应对气候变化挑战的必然选择［J］．中国环境管理，2023（04）：5-6.

② 张茂元．数字技术形塑制度的机制与路径［J］．湖南师范大学社会科学学报，2020（06）：1-10.

③ 何花，卢福营．基于大数据驱动下的政府治理与角色转型［J］．贵州省委党校学报，2020（06）：47-48.

（六）培育绿色智能人才

以人力资本为核心，提升人才的数量和质量。[①] 加强绿色智能人才的培养和教育，为碳中和治理提供人才保障。绿色智能人才是多学科交叉复合型人才，要“德才兼备”，具备思想开放、理念前瞻、积极参与社会生活的特质，同时还需具备持续学习和终身学习的意愿和能力，具备政治学、社会学、经济、法律、管理、数学、统计学、计算机等领域的知识。随着数字化、网络化、智能化的不断发展和效率的提高，碳中和从业人员必须适应和获得新的技能。如果工作替代性强，赋能效应相对贫乏，就会被替代。所以，要常学常新、学以致用是十分必要的。教育部于 2022 年印发《加强碳达峰碳中和高等教育人才培养体系建设工作方案》，对培养“绿色智能人才”进行了系统规划。不仅要培养高等教育人才，“绿色智能人才”的培养也必不可少。它涉及全层次教育人群，包括职业技术学院培养、在职培养等。培育绿色智能人才，需要加大培养师资队伍的力度；加大在智能化技术、低碳化技术等资金投入方面的力度；加大校企合作力度，使企业参与培育绿色智能人才；将绿色技能、智能技能纳入职业标准，设置相应的职业技能考试，考试成绩合格颁发相应证书；加大绿色技能、智能技能职业宣传力度；加大绿色智能人才在国际国内的合作与交流。

二、迭代升级

迭代升级是为了达到目标，不断重复过程，以提高质量、提升效能。碳中和治理中的迭代升级包括理念认知迭代、技术迭代、治理结构迭代、风险防范迭代。具体阐释如下。

（一）理念认知迭代

中国对生态环境保护的认识经历了四个阶段：关注污染与制度建设（1978—1991年）、经济发展的生态代价与环境逃逸（1992—2001 年）、经济增长与环境污染的平衡与对抗（2002—2012 年）、生态文明建设的战略推进与制度保障（2012—2022 年）。每个阶段的环境政策和制度演变的动因和生态环境状况不同，其形势、政策和制度也具有不同的特点。党的十九大以来，“绿水青山就是金山银山”理念进入一个认知和实践的崭新境界，将逐步消除环境欠债、推动生态资产保值增值、建设美丽中国，贡献全球生

---

① 李玉文，李玉琪，叶维．长三角地区城市绿色创新能力特征及协同度研究［J］．未来与发展，2022（10）：50.

态安全。[①] 需要广泛运用社会舆论宣传生态文明六大原则，即作为基本方针的“人与自然和谐共生”，作为发展理念的“绿水青山就是金山银山”，作为宗旨精神的“生态环境是最普惠的民生福祉”，作为系统思想的“山水林田湖草”，作为坚定决心的“用最严格的制度、最严谨的法治保护生态环境”，作为大国责任的“共谋全球生态文明建设”。[②] 同时，广泛宣传《国家应对气候变化规划（2014—2020 年）》《中国落实 2030 年可持续发展议程国别方案》《中共中央 国务院关于完整准确全面贯彻新发展理念做好碳达峰碳中和的意见》《2030 年前碳达峰行动方案》等文件。推动形成生产生活方式绿色低碳；形成政府、企业、公众共同参与的治理格局，鼓励更多的企业和个人参与碳中和治理。

（二）技术迭代

从历史沿革来看，有许多颠覆性革新的技术出现在人类历史上，并对无数形态进行了技术升级。[③] 在促进提高能效、减低碳排放强度的低碳技术研发和应用的同时，也需要加强信息技术的创新和运用，提高碳中和治理的信息化和智能化水平。

众所周知，美国于 1946 年 2 月 14 日在宾夕法尼亚大学制造了世界上第一台通用计算机“ENIAC”，在 1966 年设立了图灵奖，2022 年 11 月 30 日 ChatGPT 出现。76 年的时间里，计算机科学的相关知识积累得非常丰富。无数相关人才在计算机领域深耕，导致美国在该领域中的知识存量、知识深度、广度以及规模非常扎实，从而在这个领域的知识积累率非常高，在此基础上形成的技术迭代也非常充分，符合技术进化的常规模式。按照美国技术专家凯文·凯利的说法是递增的“专业性”，即随着时间的推移，专业性的程度也提高了，朝着更细化的方向迈进。中国在计算机应用领域的问题是知识积累率与技术迭代的充分性有差异。宏观层面的时间和人员冗余原则会细分知识领域，微观层面的专业化程度提高，使各个层面的技术迭代得到充分的发展，从而导致技术的进化朝着更加精细化、专业化的方向发展，这也是为什么现在的知识领域会出现这样的情况。只有知识得到有效积累，技术迭代才会成为技术进步的阶梯。政府与企业可以利用中国人才数量较多的优势和加强时间的积累机制，通过扩宽基础研究的路径选择，再辅以去五唯的科技评价体制改革，科研人员带有去除浮躁心态、脚踏实地做好每个领域的知识深耕，提高知识的积累率，就可以实现充分的技术迭代升级。[④]

另外，技术的“双刃剑”一直存在。人类社会一方面利用技术，另一方面对信息

---

① 潘家华，庄贵阳．“绿水青山就是金山银山”的认知迭代与实践进程［J］．阅江学刊，2018（06）：5.
② 潘家华，庄贵阳．“绿水青山就是金山银山”的认知迭代与实践进程［J］．阅江学刊，2018（06）：12.
③ 林晓珊．数字化转型与第二次消费革命——技术嵌入性作为分析范式［J］．新视野，2022（02）：117.
④ 李侠．知识积累率与技术迭代不充分是创新乏力的根源［J］．科学与社会，2023（02）：29－32.

技术对生活世界的重构持有警惕性态度。布莱恩·阿瑟一针见血地指出："技术左右我们的生命，或者说技术服务于我们的生命，这两种观点都没错。但它们也同时引发了不安，导致我们持续紧张的技术态度，并将这种紧张的情绪展现在我们身边的政治活动中。"①

（三）治理结构迭代

碳中和治理是指在国家治理体系和治理能力现代化的视野下，治理模式从传统的政府单一主导模式向"党委领导、政府负责、民主协商、社会协同、公众参与、科技支撑、法治保障"的协同治理模式转变。具体而言，碳中和的治理主体是政府，也是企业，更多的是社会公众。把民主协商作为施政之道，能够支持碳中和治理的力量，一是科技，二是法治，即治之有保，治之有法。治理结构迭代，可以建立更加科学高效的治理结构，优化治理机制，增强治理效能。

政府要实现碳中和的良性治理，有六个方面的能力需要得到有效的提升：①系统治理能力的提升。系统治理是运用系统性的原则和方法进行治理，要能够做到"思考前瞻性、谋划全局性、布局战略性、推进整体性"。从碳指标来看，要统筹考虑碳排放总量、人均碳排放量、单位 GDP 碳排放量、地区碳配额等。②综合治理能力一定要加强。综合治理能力是多部门联合，运用各种方法和手段，在某一领域或某一专项工作中开展治理。碳中和治理要把减碳和排污协同起来，把低碳发展和循环发展协同起来，综合运用政治、行政、财政、金融、工程、技术、法律、宣传等手段。③增强源头治理能力。源头治理就是要通过治本为主、治标与治本相结合的方式，抓住治理对象的本源问题进行一次彻底的整治。对于碳治理，要能弄清本部门、本地区的碳排放源和碳排放量，分析研究其减排的可行路径，做到精准减排减碳。碳中和目标是为了应对气候变化，其关键抓手是能源革命，要多源头进行碳综合治理。④提升依法治理水平。做到依法治理，使治理制度化、法治化，用法治原则和法治方法进行治理。中国在节能方面的立法已经有了较大进展，但在应对气候变化、低碳发展、碳交易方面还缺乏相应的法律法规。⑤增强科学治理能力。科学治理是指遵循客观自然规律和社会发展规律，实事求是进行科学规划，同时积极推动绿色科技创新，实现节能减排。⑥增强持续治理能力。碳中和的实现是一个长期的过程，因此各部门、各行业要做好持续治理的准备。②

（四）风险防范迭代

加强风险评估和预警，做好应对气候变化相关风险的管理工作，确保碳中和治理的

---

① 阿瑟．技术的本质［M］．曹东溟，王健，译．杭州：浙江人民出版社，2018：238－239．

② 林震．提升碳治理的现代化水平［J］．探索与争鸣，2021（09）：7．

可持续性和稳定性。各主体日益注意到气候治理所面临的气候风险。国际气候谈判伊始，各主要力量就呼吁各国按照“共同但有区别的责任”原则，积极开展温室气体减排，承诺防止发生难以预测但影响巨大的大规模“黑天鹅”气候灾难。然而，世界各国的减排能力并没有跟上世界潮流，与全球气温控制目标仍有明显差距，另外，“灰犀牛”气候风险极有可能是人类社会面临的可能性最大、影响最广的风险事件。中国曾多次遭遇极端天气现象，新中国成立以来，陆续建设的各种基础设施使全社会应对自然灾害和气候风险的能力不断提高。从国际社会引进的有关全球气候的内部知识，提高了中国避免“黑天鹅”气候灾难的意识。随着中国工业化和城市化的发展，气候变化引发的自然灾害已成为“灰犀牛”风险，严重威胁着中国的可持续发展。在这一背景下，中国应对气候变化战略经历了灾害预防、科学参与、权益保障、协同发展、引领贡献五个阶段。中国应对气候变化的国家战略已成为具有中国特色的“中国方案”，在国际上主动应对威胁人类未来的气候风险，同时，也在国际气候进程中发挥主导作用。①

通过理念认知、技术、治理结构、风险防范等方面的迭代升级，碳中和治理将逐步走向更加科学、更加高效、更加可持续的轨道，为实现碳中和目标提供有力保障。

三、考核评价

碳中和治理中的考核评价主要是通过建立科学的评价体系，对各地区、各部门、各单位实现碳达峰碳中和的进展情况进行量化评价，以此评估碳中和治理的效果和进展。建立包括合理的评价指标体系、选择适当的评价方法、确定合理的权重分配等在内的科学、公正、透明的考核评价机制，实现碳中和治理的考核评价。同时，还需要加强信息公开和透明度，确保考核评价结果客观公正。具体考核评价内容如下。

（一）碳排放减量化考核评估

《山东省高耗能高排放建设项目碳排放减量替代办法（试行）》（以下简称《替代办法》）由山东省生态环境厅、山东省发展和改革委员会于2022年4月联合印发。山东省成为全国首个发布碳排放减量替代“两高”行业的省份。《替代办法》共12条，对五个方面的内容进行重点界定。①明确了适用范围。主要包括炼油、焦化、煤制油、基础化工原料、化肥、轮胎、水泥、石灰、沥青密封材料、平板玻璃、陶瓷、钢铁、铁合

① 潘家华，张莹．中国应对气候变化的战略进程与角色转型：从防范“黑天鹅”灾害到迎战“灰犀牛”风险[J]．中国人口·资源与环境，2018（10）：1.

金、有色金属、铸造、火电等16个加工和高耗能、高排放环节的新建（含改建、扩建和技术改造）行业。明确了适用范围。不增加生产能力的技术改造投资项目（环保节能改造、安全设施改造、提高产品质量除外）。②明确了四大碳减排替代来源。企业关停并转，淘汰落后产能和减少过剩产能产生的碳排放；拟建项目建设单位通过可再生能源和清洁电力替代化石能源产生的碳减排，以及通过其他方式产生的碳减排。③明确了核算方式。在考虑替代因素时，建筑业的碳排放量是根据行业系数乘数计算的。不同行业的碳排放系数不同。石化、化工和炼油项目的行业系数为1.5，焦化项目、煤制油项目、基础化学原料项目、化肥项目和轮胎项目的行业系数为1.2。④明确了管理要求。纳入环保评价，降碳关口前移；严格控制、落实削减量；动态管理，严查违法违纪。⑤明确了施行日期。自2022年4月29日起施行，有效期至2024年4月28日。[①]

（二）绿色发展考核评价

绿色发展凝聚着党多年来对生态文明建设规律的深刻认知，是新发展理念的重要组成部分之一，是建设高质量现代化经济体系的必然要求。绿色发展是黑色增长模式的变革，代价是生态破坏、环境污染以及工业革命以来的资源枯竭。绿色发展分为浅绿发展和深绿发展，其中深绿发展是绿色发展的高级形态。绿色发展针对的是生态危机和环境危机，目的是建设环境友好型社会。绿色发展既要求生态建设、环境保护，又要求资源节约、高效利用。[②] 对绿色发展水平及成效进行考核评价，可以增强碳中和治理意识，推动碳中和治理。对绿色发展的考核评价包括对产业结构调整、能源效率、节能减碳目标、低碳技术创新、低碳政策等方面的评价。由于各省、自治区、直辖市的绿色发展起点不同，政策目标迥异，用统一指标来考核评价绿色发展绩效是不妥当的。以各省、自治区、直辖市相关指标的变化情况或者是否完成规定的目标作为考核评价标准，是较为合适的。在具体操作上，技术手段和工具的数字化、网络化和智能化将得到最大限度的利用。例如，借助现有的数字化平台，增加碳减排监测模块，在低碳政策制定前提供基准态信息，在政策实施过程中利用大数据、物联网、5G通信、云计算、区块链、人工智能等智能化技术，为政府、企业和公众实时提供碳排放总量、各类活动碳排放信息，从而与实施低碳治理有效衔接。

（三）生态环境质量考核评价

党的二十大报告首次提出，要以中国式现代化全面推进中华民族伟大复兴，人与自

---

① 政策解读丨山东省高耗能高排放建设项目碳排放减量替代办法（试行）[EB/OL].（2022-05-05）[2023-10-27]. http://http://sthj.shandong.gov.cn/dtxx/zcjd/202205/t20220510_3919281.html.

② 沈满洪. 绿色发展的中国经验及未来展望 [J]. 治理研究，2020（04）：20-21.

然和谐共生是其重要特征之一，同时指出，要“深入推进环境污染防治，坚持精准治污、科学治污、依法治污，持续深入推进环境污染防治。”要“统筹水资源、水环境、水生态治理，推动重要江河湖库生态保护与治理”，打好保卫蓝天碧水净土的攻坚战。[①]生态环境质量的评估和评价应包括空气质量、水质量和土壤质量等环境指标。制订环境质量标准首先要确定环境基准。环境基准是针对大气、水、土壤、生态、声等环境要素，考察影响人体健康、生态系统等不同类型污染物的浓度阈值，提出为避免健康损失、生态恶化或其他社会福利损失，需要控制不同介质中的不同污染物不超过该浓度值。制订环境质量标准，环境基准是重要的科学依据，但不具有法律效力。然而，环境质量标准是由国际组织（如世界卫生组织）和各国共同制订的，在国家环境管理中具有较强法律效力的限制性条款，旨在保障人体健康、维护生态环境、合理利用资源，兼顾环境的经济技术条件、有害物质和因素，通常在国家环境管理中具有很强的法律效力。环境质量标准既是环境质量提高目标的直接依据，也是衡量区域环境质量的尺度。[②]

（四）社会责任履行考核评价

考核评价企业在实现碳中和过程中履行社会责任的情况，包括节能减排、低碳生活、绿色消费等方面的表现。节能减排、低碳生活、绿色消费等是环境保护的重要体现，而环境保护是社会责任的主要内容之一。履行社会责任需要通过完善立法和其他法律手段做出明确规定，并对拒绝遵守和未能履行社会责任的企业进行相应制裁。同时，要通过对原始数据的收集、存储、整理、汇总、挖掘、充分借助大数据等各种信息手段，对企业履行社会责任的情况进行监督，全方位、深层次地体现社会责任。另外，通过公众监督的方式，利用传统媒体和新媒体对不履行社会责任的行为进行曝光，使企业履行社会责任常态化、广泛化。

四、优胜劣汰

碳中和治理中的优胜劣汰是指通过市场竞争机制，推动企业提高能源利用效率、减少碳排放，从而实现碳中和目标。具体来说，可以通过以下三个方面来实现。

---

① 习近平．高举中国特色社会主义伟大旗帜 为全面建设社会主义现代化国家而团结奋斗——在中国共产党第二十次全国代表大会上的报告［M］．北京：人民出版社，2022.

② 王金南，秦昌波，雷宇，等．构建国家环境质量管理体系的战略思考［J］．环境保护，2016，44（11）：15.

（一）推动企业加强技术创新

创新是推动绿色优质发展的重要引擎，而“环保”成为低碳技术创新的本质意义和低碳技术创新的重要引擎，从一般视角逐步向绿色、低碳等生态视角转变。[①] 技术创新能力体现了企业的核心竞争力。通过激励企业加大研发力度，推广低碳技术和绿色制造技术，以提高企业的能源利用效率和生产效益，从而降低碳排放。技术创新是一个系统工程，资金投入、人才投入、协同创新平台建立、智能化技术应用、管理等因素都需要考虑。技术创新的根本在于不断优化内部组织结构的同时，在资金、人才等方面加大投入。建立涵盖企业、学校、政府的协同创新合作平台，是技术不断创新的支撑。政府的政策引领优势、学校的知识创新优势、企业的生产经营优势，都可以在协同创新合作平台得到充分体现。互联网给企业技术创新提供了机会和资源。企业利用互联网搜集全球技术信息，为实现技术创新创造了信息条件，互联网扩大了企业技术信息来源的多样性和广度。同时，企业还可以借助大数据、物联网、5G 通信、云计算、区块链、人工智能等智能化技术，建立起和用户在线体验、交互设计、企业研发无缝对接的互动平台。高水平、现代化管理是提升技术创新能力的保证。在管理上，需要投入充分的人力、物力、财力，组建职能整合、运转高效的管理部门，实施引领技术创新的系统性、全面性的创新战略。

（二）推动绿色金融发展

中国绿色发展理念自党的十八届五中全会正式提出以来，在较短时间内得到全方位深化，绿色金融体系构建得到国内外广泛认可。从 2016 年由中国发起的 G20 绿色金融研究小组，到更新后的可持续金融工作组，绿色金融已得到国际认可。在 2016 年 G20 绿色金融报告中，绿色金融被界定为“为了支持可持续发展的投融资活动，可以产生环境效益。”绿色金融在同年由中国人民银行等联合发布的《关于构建绿色金融体系的指导意见》中被定义为支持环境改善、应对气候变化、节约高效利用资源的经济活动。即为项目投融资、项目运营、风险管理等提供的金融服务，涉及环境保护、节约能源、清洁能源、绿色交通、绿色建筑等领域。2015—2021 年，绿色金融在国内外实现了多层次的合作与发展，其内涵和外延日渐清晰。在重点支持环境治理、应对气候变化、推动碳排放权交易的同时，中国绿色金融还支持清洁能源发展，促进资源节约高效利用，助

---

① 张宏，罗兰英．碳交易政策增进企业意义导向技术创新机制研究［J］．科学学与科学技术管理，2023，44（08）：31．

力经济发展方式转变，保护生物多样性。[①] 绿色金融可以为企业提供更多的融资渠道和优惠政策，这可以鼓励企业加大低碳技术和环保设备的投入，提高能源利用效率。

（三）加强政策对绿色生产的引导和监管

绿色生产与低碳生产、清洁生产、资源回收等紧密联系在一起。绿色生产意味着产品的污染排放更少，但同时生产成本也会增加，企业的利润将受到影响。随着技术更新换代快，新产品生产的时候会产生大量的废旧产品，因此在可持续资源管理的背景下，完善废旧产品回收体系是必然选择。资源—产品废弃物—再造品闭环供应量的再制造被认为是最有价值的产品回收方式，与新产品相比，再制造产品可以节约 50% 的成本、60% 的能源和 70% 的材料，同时还可以减少 80% 的污染物排放。[②] 绿色生产中面临的障碍有政策壁垒和市场壁垒、金融经济壁垒、技术和信息壁垒、组织和管理壁垒等。[③] 政府对个人和单位征收碳税，对低碳汽车，低碳家电，低碳住宅给予补贴，对减钢减碳，减电减碳，减水泥减碳提供必要的资金，对个体研究者、研究团队、研究机构提供补贴。[④] 同时要加强对绿色生产监管，确保政策有效实施。中国出台了一系列关于清洁生产审核程序的法规和法律政策，使企业能够对生产进行审核，从而实现生产的可持续性。碳中和治理中的优胜劣汰需要政府、企业和社会公众的共同努力和协作，通过市场机制和政策引导，推动企业加强技术创新、发展绿色金融、政策引导和监管等方面的工作，实现碳中和目标。

---

① 魏丽莉，杨颖．绿色金融：发展逻辑、理论阐释和未来展望［J］．兰州大学学报（社会科学版），2022，50（02）：66－67.

② Ostojic P. Pumps and Circular Economy［J］. World Pumps，2016（01）；30－33.

③ Shi H，Peng S Z，Lin Y，et al.. Barriers to the Implementation of Cleaner Production in Chinese SMES：Government，Industry and Expert Stakeholders Perspectives［J］. Journal of Cleaner Production，2008，16（07）：842－852.

④ 沈满洪，贺震川，孟艾红．低碳经济视角下的财税政策创新［J］．鄱阳湖学报，2011（03）：7－13.

第八章 碳中和治理的国际合作

碳中和治理事关全球的可持续发展，为推动全球共同实现碳中和，国际合作是必不可少的。国际碳中和治理的谈判是一个复杂而重要的议题，需要各方共同参与。国际碳中和治理谈判经历了复杂曲折的过程。“吉登斯悖论”为国际碳中和治理提供了重要的理论视角和分析框架，这有助于更好地理解和应对碳中和治理中的各种挑战和问题。应对气候变化这个全球治理难题，“吉登斯悖论”进行了形象的阐释。国际碳中和治理中存在零和博弈和非零和博弈。国际碳中和治理合作博弈需要具备以下条件：各国对气候变化问题的重视程度和合作意愿、建立有效的沟通机制和合作平台、制订合理的利益分配方案和规则、建立有效的监督和评估机制、完善和健全国际合作机制。碳中和国际合作应该借助智能化的技术手段，利用大数据、物联网、5G 通信、云计算、区块链、人工智能等智能化技术手段，在政策法规、技术、资金支持、绿色金融、人才培养、监管、公众教育等方面进行提高。碳中和治理的国际合作还需要各国共同努力，共同推动全球低碳转型和可持续发展。

第一节 国际碳中和治理的困境

由于各国之间的气候政策、经济政策、技术发展水平、能源消费结构等方面存在巨大差异，因而全球碳中和治理需要各国之间的协调和合作，但这并不是一件容易的事情。许多发展中国家需要加速推进工业化进程，以改善人民的生活水平，这个过程可能会产生更多的碳排放，这就给碳中和治理带来更大的挑战。实现碳中和需要技术的支持，但是技术创新往往需要投入大量的资金和人力，而且创新的风险和不确定性也很大，这不仅对本国产生很大影响，而且这可能会影响国际碳中和治理的进程。除此之外，国际碳中和治理还需要面对许多社会和经济的问题，例如如何平衡经济发展和环境保护的关系，如何处理气候变化造成的经济损失等。因此，要解决以上这些困境，既需要发展中国家积极应对气候变化，减少碳排放，也需要发达国家提供资金和技术支持。由此可见，全球各个国家需要加强合作，推动全球气候治理体系的改革和完善，以共同推动碳中和治理的实现。

一、国际碳中和治理的谈判

国际碳中和治理的谈判是一个复杂而重要的议题，需要各方共同参与。国际碳中和治理谈判的进程，可以用扑朔迷离和一波三折来形容。

在国际碳中和治理中，碳排放责任的分担主要围绕“共同但有区别责任”（CBDR）展开。① 联合国作为一个由主权国家组成的政府间国际组织，在解决全球气候危机问题上责无旁贷。1992 年 5 月 9 日，在巴西里约热内卢召开的联合国环境与发展会议（UNCED）上通过了《联合国气候变化框架公约》（UNFCCC），1992 年 6 月 4 日开放签署，1994 年 3 月 21 日生效。《联合国气候变化框架公约》的签署为工业化国家积极探索减少温室气体排放提供了动力。《联合国气候变化框架公约》是第一个旨在应对全球变暖对人类社会的不利影响，全面控制二氧化碳等温室气体排放的国际公约。1997 年 12 月 11 日，在日本京都召开的《联合国气候变化框架公约》第三次缔约方大会上，中国和其他 149 个国家和地区的代表以限制全球变暖为目标，通过了《京都议定书》，从法律上限制了工业化国家温室气体的排放，并首次规定了工业化国家碳减排的量化指标。《京都议定书》于 1998 年 3 月 16 日至 1999 年 3 月 15 日开放签署，并于 2005 年 2 月 16 日强制生效。《京都议定书》是为响应《联合国气候变化框架公约》而制定的，为碳排放量交易打开了市场，它是世界上第一份具有法律约束力的国际环境协议，旨在定量减少温室气体排放。2015 年 12 月 12 日，第 21 届联合国气候变化大会（巴黎气候大会）通过了《巴黎协定》，并于 2016 年 4 月 22 日在美国纽约联合国大厦签署，2016 年 11 月 4 日正式生效。《巴黎协定》为缔约方履行国家自主贡献制定了明确的目标，即将全球平均气温较前工业化时期的水平的上升幅度控制在 2℃以内，力争将升温控制在 1.52℃以内。这一具体要求是各缔约方提出碳达峰碳中和目标的科学依据。随着《巴黎协定》的生效，将“不同国情”这一变量要素纳入 CBDR 原则，使这一原则发展为“共同但有区别责任—各自能力不同—不同国情”的形态，同时也导致“国家自主贡献”被赋予了新的含义。②

1992 年通过并签署的《联合国气候变化框架公约》，以及各国在《联合国气候变化框架公约》框架下通过一系列国际谈判达成的协议、计划等，都与碳中和直接或间接相

---

① 林灿铃．国际环境法［M］．北京：人民出版社，2011：169．

② 李华．论《巴黎协定》中的“共同但有区别责任”原则——2020 后气候变化国际治理的新内涵［J］．秦天宝·环境法评论（第二辑）［M］．北京：中国社会科学出版社，2019：325－347．

关。国际谈判后达成的这些协议都是经过策划的。《京都议定书》(1997 年京都)、《布宜诺斯艾利斯行动计划》(1998 年布宜诺斯艾利斯)、《通过造林再造模式和程序》(2003 年米兰)、《巴厘岛路线图》(2007 年巴厘岛)、《哥本哈根协议》(2009 年哥本哈根)等,都对减少温室气体排放进行了规定。在这些国际公约的推动下,全球各个国家都在开展碳达峰碳中和行动。世界资源研究所统计的数据显示,在全球范围内已有 54 个国家的碳排放实现达峰。[①] 在碳中和方面,根据英国气候问题智库统计,截至 2023 年 9 月,全球承诺碳中和的国家已达 151 个,实现碳中和的国家有不丹、苏里南等 6 个国家,英国、法国、瑞典、丹麦等已经完成碳中和立法,欧盟国家智利等正在立法,德国、中国、日本等已经进行了政策宣示,大多数国家实现碳中和时间确定为 2050 年。[②]

国际碳中和谈判的要点有以下六点。第一,制订国际碳中和目标。各国需要共同制订一个明确的碳中和目标,包括减少温室气体排放和促进可再生能源发展等。第二,推动技术创新。技术创新是实现碳中和的关键,各国需要加强合作,共同推动清洁能源、低碳技术和循环经济的研发和应用。第三,加强国际合作。各国需要在共同应对气候变化的政策、资金、技术和市场机制等方面加强国际合作。第四,建立碳交易市场。建立统一的碳交易市场是实现碳中和的重要手段,各国需要共同推动碳交易市场的建立和完善。第五,推动绿色金融。绿色金融是实现碳中和的重要工具,各国需要共同推动绿色金融的发展,鼓励企业采用低碳环保的生产方式。第六,各国需要共同落实《巴黎协定》。各国应该采取积极行动,加强监测和评估,确保全球气候治理的有效性和可持续性。

总之,国际碳中和治理谈判需要世界各国共同参与,共同努力以实现碳中和目标。应对气候变化,推动可持续发展,也需要各国的共同努力,才能取得实实在在的效果。

二、国际碳中和治理的“吉登斯悖论”

时任英国伦敦经济学院院长、英国剑桥大学皇家学院研究员、英国上议院议员、著名社会学家兼政治学家安东尼·吉登斯(Anthony Giddens)在《气候变化的政治》一书中提出了解释气候变化政治困境的“吉登斯悖论”。吉登斯指出:“气候变化的政治学必须处理我所说的‘吉登斯悖论’。它表明,全球变暖带来的危险尽管看起来很可

---

① World Resources Institute. Turning Points: Trends in Countries' Reaching Peak Greenhouse Gas Emissions over Time [R/OL]. (2023 - 09 - 01) [2023 - 09 - 09]. https://www.wri.org/insights/turning - pointwhich - countries - ghg - emissions - have - peaked - which - will - future.

② Energy&Climate Intelligence Unit. Net Zero Tracker [EB/OL]. (2023 - 09 - 01) [2023 - 09 - 09]. https://zerotracker.net.

怕，但它们在日复一日的生活中不是有形的、直接的、可见的，因此许多人会袖手旁观，不会对它们有任何实际的举动。然而，坐等它们变得有形，变得严重，那时再去临时抱佛脚，定然是太迟了。”①

“吉登斯悖论”揭露了气候变化的政治困境，即公众在有行动空间的情况下，应对气候变化却不采取行动的原因是气候变化在日常生活中具有不可见性和非直观性。然而，当气候变化的后果变得看得见、摸得着时，再让公众行动起来，就已经来不及了。“吉登斯悖论”对气候变化的现实情况进行了分析，并且对未来气候变化的可能性进行了预判。“吉登斯悖论”未雨绸缪，体现了对风险社会的思考。

德国社会学家乌尔里希·贝克（Ulrich Beck）于 1986 年在他的德文版《风险社会》一书中，首次系统地提出了用来描述后工业社会的“世界风险社会”的概念。② 按照贝克的说法，现代社会就是人类居住在文明火山口上的风险社会。“政府现代化消解了 19 世纪封建社会的结构并产生了工业社会一样，今天的现代化正在消解工业社会，而另一种现代性则正在形成之中。”③ 他还指出，财富分配和利益分配，这是工业社会的中轴原则；风险分配、祸害分配、危险分配，这是风险社会的中轴原理。④ 贝克所说的风险是多种多样的，从时间角度而言，有已经发生的风险，也有还未发生的风险。从空间角度而言，既有不同国家和地区的风险，也有全球的风险。因此，需要依靠生态启蒙、绿色和平运动等方式进行风险调节。《风险社会》在 1992 年被马克·里特（Mark Ritter）翻译成英文后，被更多的西方学者、大众接受，并作为一种概念和理论。在人类社会发展过程中，先后经历了三个风险阶段，分别是：自然风险、工业风险和风险社会。⑤ 从 15 世纪到 19 世纪初是自然风险阶段（第一个风险阶段），在此阶段风险概念的首次产生。在这个阶段，风险有危险和冒险两重含义。风险是客观的、外在的风险，冒险是相对于特定的社会群体而言，也就是相对于当时的航海冒险家和重商主义资本家而言。工业风险阶段是从 19 世纪初到 20 世纪 80 年代中期（第二个风险阶段）。这一阶段的风险表现为工具理性膨胀带来的道德理性丧失，工业生产膨胀带来的资源枯竭，技术至上造成的人心异化，现代的科层制让人失去了自由。风险社会阶段从 1986 年的“切尔诺贝利事件”开始（第三个风险阶段）。此时，不确定性、危机是全社会分配的主旨，风险成为全球问题。吉登斯、玛丽·道格拉斯、拉什等学者也提出了风险理论。在《现代性的后果》《现代性与自我认同》《失控的世界》《气候变化中的政治》等著作中，吉登斯阐释了

① 吉登斯．气候变化的政治［M］．曹荣湘，译．北京：社会科学文献出版社，2009：2.

② 贝克．风险社会［M］．何博闻，译．南京：译林出版社，2004：1.

③ 贝克．风险社会［M］．何博闻，译．南京：译林出版社，2004：3.

④ 贝克．风险社会［M］．何博闻，译．南京：译林出版社，2004：15.

⑤ 张广利．社会保障理论教程［M］．上海：华东理工大学出版社，2008：360－361.

风险社会理论，解决风险的基本路径是生活治理、全球治理。吉登斯在《现代性的后果》中指出，"准确地说，风险意味着危险（但并不一定已经意识到了这种危险）。当某人冒风险做某一件事时，在这里，风险被看成对预期结果的一种威胁……在采取行动或者经历具有内在风险的境遇时，个人完全有可能并没有意识到会冒什么样的风险。换句话说，他们并没有意识到会招来什么样的危险。"① 玛丽·道格拉斯认为风险是被建构出来的，风险程度由人们的意识决定而不是社会事实决定。拉什从美学批判的立场出发，提出了自己的风险理论。他在2000年发表的《风险与文化》中提出，贝克和吉登斯属于有制度结构支持的制度主义者，他们都将风险界定在一个由制度性的结构所支撑的风险社会中。②

为了解决"吉登斯悖论"，吉登斯提出了"保障型国家"的概念、"政治趋同"的概念和"经济趋同"的概念。"保障型国家"的任务是：只要气候变化受到关切，国家必须行动起来，就像催化剂和协调者，必须鼓励和支持各种社会组织，推动政策的前进。国家还不能只当协调员，因为国家必须保证一定会取得确切的效果——首要任务是碳排放量的不断减少。有能力产生确切结果的保障型国家，不仅本国国民的信任度高，国家的领导人也有相当高的信任度。"政治趋同"是指气候变化政策与其他价值观和政治目标重叠的一种积极方式。政治趋同还要考虑气候变化政策究竟能有多大的创新性和活力，能否得到广泛民意的支持。应对气候变化为一系列政治目标的推进带来了契机。这些机遇又为推动气候变化议程提供了机会。"经济趋同"聚焦对抗全球气候变暖的经济和技术创新。同时能够在某种程度上为采用创新的企业和个人创造竞争优势。在限制气候变化方面，经济趋同的程度越高，成功率就越高。政治趋同与经济趋同结合最重要的领域是气候变化与能源安全的复合带。通过应对能源安全，也可能在气候安全上达成一致。吉登斯还向决策者们提出了以下建议：第一，竭尽全力提高政治趋同和经济趋同。第二，让对气候变化的关注深入到人们的日常生活中，同时认识到气候变化给人们带来的巨大困难。第三，避免全球气候变暖的政治资本外流。第四，建立一套详尽的、关涉未来的风险评估程序，因为气候变化政策的影响面比较复杂。③

在国际碳中和治理进程中，"吉登斯悖论"是指在碳中和治理过程中，政府、市场和社会为了实现碳中和目标而采取的各种措施，包括减少碳排放、促进碳吸收技术研发和应用、加强国际合作等。这些措施在一定程度上有利于碳中和目标的实现，但同时也可能带来经济利益分配不均、技术壁垒、不稳定的碳排放权交易市场等一些负面影响。这些问题在很大程度上是由政府、市场和社会之间的复杂互动和权力关系所导致的，这

① 吉登斯．现代性的后果［M］．田禾，译．南京：译林出版社，2000：30－31.

② 拉什．风险社会与风险文化［J］．王武龙，编译．马克思主义与现实，2002（04）：52－63.

③ 吉登斯．气候变化的政治［M］．曹荣湘，译．北京：社会科学文献出版社，2009：9－14.

种互动和权力关系本身就存在一些悖论。"吉登斯悖论"揭示了碳中和治理中的一些重要问题，包括政府与市场的关系、公共利益与私人利益的关系、全球性与地域性的关系等。这些问题的解决需要政府、市场和社会之间的共同努力和协作，需要建立健全的碳交易市场、加强国际合作、推动技术创新等措施的实施。同时，也需要加强对碳中和治理的监管和评估，确保治理措施的有效性和可持续性。①

总之，"吉登斯悖论"为国际碳中和治理提供了重要的理论视角和分析框架，有助于更好地理解和应对碳中和治理中的各种挑战和问题。

三、"吉登斯悖论"的根源

针对气候变化所面临的全球治理难题，"吉登斯悖论"进行了形象的阐释。"吉登斯悖论"之所以产生，其根源可以从以下两个方面进行解释。

（一）"去语境化"的科学观和历史观

科学知识不再拘泥于具体情境，而转变为学以致用、融会贯通、客观公正的知识。同时，历史成为一种脱域的、没有时间性的、没有空间性的、没有历史主体的过程。这种去语境化的科学观和历史观为吉登斯设置了难题，即如何解释历史上发生的各种事件没有产生累积效应的问题。

（二）历史决定论的假设

历史决定论假定了人类行为和社会的因果关系，即人类的行为可以预测并导致特定的社会后果。然而，吉登斯发现，在许多情况下，即使有最强烈的动机和意图，人们也无法控制或预测其行动所引发的后果。因此，吉登斯认为，他试图解决的悖论源自社会科学理论中科学观和历史观的去语境化，以及历史决定论的假设。他试图通过建立一种具有批判性的社会科学，来重新思考这些基础问题。需要注意的是，这只是对"吉登斯悖论"根源的一种解释，不同的人可能会有不同的看法。

第二节　国际碳中和治理的合作

碳中和是一个全球性的问题，需要世界各国的共同努力才能取得成功，因此实现碳中和目标的重要方式之一就是国际碳中和治理的合作。国际合作可以在政策法规、技

① 沈满洪，吴文博，池熊伟. 低碳发展论［M］. 北京：中国环境出版社，2014：4.

术、资金支持、绿色金融、人才培养、监管、公众教育等层面进行，国际碳中和治理的合作需要世界各国共同努力，加强政策协调、技术合作、资金支持、监管和评估合作、完善和健全国际合作机制等方面的工作，才能取得成功。

一、国际碳中和治理的零和博弈

零和博弈是一种博弈类型，博弈参与者所得之和等于零，即零和博弈的结果是双输，损人不利己。零和博弈通常涉及公共资源分配、政策效果评估、治理成本与收益等方面的决策。在国际碳中和治理过程中，各国利益的多元化导致博弈行为的出现，而权力地位的不平等直接导致零和博弈的出现。

世界各国在能源勘探、开发、采集的博弈过程中往往竞争激烈，并由此形成零和博弈的竞争过程，最终导致两败俱伤的局面。从国际协定层面应对气候变化全球外部性的国际治理，至少存在四个突出的政策选择博弈问题：一是欠发达地区或部分发展中国家在气候变化面前无能为力或无所作为；二是以美国为代表的国家不考虑碳监管行动的国际协调；三是以欧盟为代表的区域碳排放交易市场实施碳排放市场交易；四是以《巴黎协定》为代表的多数国家履约国际碳减排协定，《巴黎协定》是大多数国家参与的主要国际碳减排协定。①

国际协调机制失效会导致零和博弈。零和博弈不利于良好合作机制的形成，所以在竞争过程中，为实现共赢而争取最大可能的合作，以实现非零和博弈，对于世界各国来说，都是大势所趋，也是一种明智的选择。国际气候谈判的主要利益集团有欧盟、伞形国家集团、小岛国集团、新兴经济体和发展中国家等。构成这些利益集团的国家的经济社会发展阶段、资源禀赋、利益诉求等不同。欧盟作为整体一直积极致力于气候谈判并采取气候行动。伞形国家集团的主要参与方为美国和俄罗斯。美国是共和党、民主党通过竞选轮流执政，两党对气候变化所采取的行动与政策不同，国家层面的政策存在波动，因为州政府、企业出于对自身利益的关注参与气候行动；俄罗斯认为气候变暖可能会助力其经济发展，对于全球气候治理的态度不太积极。小岛国集团容易陷入生存危机，这种生存危机源于全球气候变暖致使海平面上升，因此，小岛国集团成员国迫切希望获得资金援助。新兴经济体和发展中国家是在《巴黎协定》谈判进程中形成的立场相近的发展中国家集团，此集团正处于经济社会快速发展时期，对碳排放有刚性需求，希望通过国际资金援助、技术合作，实现绿色低碳转型。

---

① Scott Barrett. Environment and Statecraft: The Strategy of Environment Treaty - Making [M]. Oxford: Oxford University Press, 2003.

二、国际碳中和治理的非零和博弈

国际碳中和治理是一个复杂的问题，需要各个国家和地区的合作和协调，形成一个非零和博弈的局面。在碳中和治理过程中，各国的目标不一定是冲突的，而是可以互补的。一些国家可以通过推动可再生能源和绿色技术的发展来减少碳排放，同时这些技术和产品的开发和使用可以为其他国家带来益处，帮助他们实现自己的碳中和目标。此外，一些国家的碳中和实现可能需要与其他国家的低碳排放政策和行动相互补充。因此，在碳中和治理中，国际社会可以通过对话、合作和共识建立有效的合作机制，加强相互支持、互利共赢，共同应对气候变化带来的挑战。这需要各国政府、企业、非政府组织和其他利益相关者积极参与，共同推动碳中和治理的发展。具体来说，国际碳中和治理的非零和博弈可以通过以下四种方式实现。

（一）建立全球碳市场

通过建立一个全球性的碳交易市场，可以促进碳排放权的公平分配和交易，从而推动全球减排。各国可以通过参与碳市场来获得经济利益，同时也可以通过减少碳排放来促进全球碳中和的实现。《2021 年度全球碳市场进展报告》（以下简称《报告》）由国际碳行动伙伴组织发布，《报告》指出，全球范围内运行碳交易市场的国家司法管辖区已达 38 个，州、地区或者城市已达 24 个；即将开始运行的碳交易系统还有 8 个。这些运作碳交易的司法管辖区占全球 GDP 的 54%，全球 16% 的温室气体排放已经被 24 个运作中的碳交易系统所覆盖。从全球碳市场配额总量来看，全球所有在运行的碳市场配额总量约为 47.82 亿吨，其中欧盟碳市场配额最多，达到 18.6 亿吨，在全球市场中所占比重约为 38%；中国已有 8 个碳市场试点，交易累计为 14.25 亿吨，占比约为 30%，成为世界第二大碳交易市场，仅次于欧盟。①

（二）制定国际气候协议

在联合国框架下，各国可以共同制定具有法律约束力的国际气候协议，明确各国在碳中和领域的责任和义务，加强国际合作，这需要各国之间的平等协商和妥协，从而实现共赢。1990 年，联合国启动了政府间气候变化谈判议程，经过 30 多年的努力，全球气候治理实现了制度化的三个里程碑，分别是：《联合国气候变化框架公约》②《京都议

---

① 林嘉旖．全球碳排放权交易市场建设不断加快［N］．期货日报，2021 年 11 月 2 日．

② United Nations，United Nations Framework Convention on Climate Change［M］．（1992－05－09）［2023－10－01］．https：//unfccc．int/resource/docs/convkp/conveng．pdf．

定书》[①]《巴黎协定》[②]。其中，《巴黎协定》明确了2℃的全球温控目标，并提出了尽早实现碳达峰的要求，同时也提出了实现碳净零排放的要求。[③]《京都议定书》为发达国家规定了具有法律约束力的义务，如减少排放和限制排放。[④]《巴黎协定》要求各方制订各自的削减碳指标，“量体裁衣”。[⑤]全球超过250个国家或地区、241个城市、超过800家公司以各种形式承诺碳中和。

（三）推广绿色产品

一些国家可以通过推广绿色产品来减少碳排放，同时这些产品的开发和使用可以为其他国家带来益处。具有环保优势、资源节约优势和可持续发展优势的绿色产品，将有利于引导绿色消费投资和产业结构调整。《亚太经合组织环境产品清单》（以下简称《清单》）发表于2012年亚太经合组织第二十次领导人非正式会议，《清单》首次就部分绿色产品与传统产品的边界划分和共识性认定达成一致。绿色出口产品的结构为，世界绿色产品贸易格局逐渐演变成三边格局，即西欧、美国和东亚地区（中国、韩国、日本）。中国的出口国际市场集中分布在美洲、东亚地区，进口市场集中于东亚和东南亚国家。中国竹产业在满足国内需求的同时，实现了竹材、竹制品的外销。美国受到制造业“空心化”影响，绿色产品较依赖进口，而中国传统制造业发达，具有规模效应和劳动力成本低的优势，由此美国稳居中国绿色产品最大出口国。由于日本有较大的高技术产品需求，因而日本成为中国绿色产品第二大出口国。绿色进口产品的结构为：中国锅炉、电机和光学等绿色产品总进口贸易额仍大于出口。光学、精密仪器、医疗设备等进口需求仍较大，韩国、日本成为中国的主要供给国。[⑥]另外，世界各国可以通过相互支持和合作来共同推动产品的研发和应用。

（四）在国际范围内加强协作

对于气候变化带来的挑战，各国可以通过加强政策协调、信息共享等方式共同应对，这包括在气候变化、能源、生态环境保护等领域加强国际合作，制订共同的行动计划和标准，发展绿色经济。在全球气候治理进程中，各国对绿色科技的国际合作有着强烈的需求。中国与美国等西方发达国家加强“双碳”科技合作具有一定的基础和可行性：首先，中国与美国等西方发达国家有共同的减碳诉求；其次，中国与美国等西方发

---

①③ United Nations, Kyoto Protocol to the United Nations Framework Convention on Climate Change [M]. (1997-12-10) [2023-10-01]. https://unfccc.int/resource/docs/convkp/kpeng.pdf.

②④⑤ United Nations Framework Convention on Climate Change: The Paris Agreement [M]. (2016-11-04) [2023-10-30]. https://unfccc.int/sites/default/files/resource/parisagreement_publication.Pdf.

⑥ 胡峰，吴宏，谢洪明．中国在全球绿色产品贸易网络中的地位及政策导向［J］．社会科学战线，2021（11）：62-64.

达国家在气候变化联合声明中明确提出了技术合作、联合研究的方案和意向；再次，中国与美国等西方发达国家领导人对推进气候合作，尤其是在零碳电力、负碳电力和绿色经济等方面表现出强烈的意愿；最后，中国对绿色技术国际合作有强烈的需求。中国与美国等西方发达国家领导人在推动气候合作方面表现出强烈意愿，希望在零碳电力、负碳排放、长期储能等方面开展技术合作。①

总之，国际碳中和治理需要各国共同努力和合作。坚持相互尊重、合作共赢，建立有效的合作机制，加强政策协调和绿色技术、绿色产品的推广，促进各国间的非零和博弈，可以促进实现全球范围内的碳中和。

三、国际碳中和治理合作博弈的条件

全球碳中和趋势表明，世界经济已进入低碳竞争时代，应对气候变化与生态发展的博弈已经开始。以碳中和为目标，各国都在快速推进能源转型，并提出符合本国实际需求的碳中和目标和路线图。② 随着欧盟碳排放限额监管机制的引入，将贸易问题与气候问题结合起来的趋势变得越来越狭隘。碳排放监管成为全球监管的新领域和对抗的新舞台，主要经济体围绕与绿色经济相关的制度规则、工业体系、金融体系和技术创新，加强了合作与博弈。③ “当今世界的变局百年未有，变革将催生新机遇，但变革过程往往充满风险挑战，人类再次站到了一个十字路口。配合也好，对抗也罢？是敞开怀抱，还是闭关锁国？互利共赢还是零和博弈？这些事关各国利益的问题，事关人类未来命运的问题，该如何回答？”④ 应对和解决全球性问题，不能仅凭单个国家的力量，而是各国之间应摒弃零和博弈的旧理念，恪守互利共赢的合作思维，以整个人类的共同利益为基础进行协商合作，这样才能获得更大的发展空间。国际碳中和治理合作博弈的条件包括以下五个方面。

（一）各国都非常重视气候变化问题，也非常愿意合作

只有当各国意识到碳中和治理的重要性，并且有意愿进行合作，才能推动碳中和治理合作的开展。碳中和治理已经成为各国共识。《巴黎协定》指明全球低碳转型的发展

---

① 中美元首气候变化联合声明［EB/OL］.（2015－09－26）［2023－11－01］. https：//www.gov.cn/xinwen/2015/09/26/content_2939222.html.

② 吴昊，杨成玉. 欧盟“全球门户”战略及其对“一带一路”倡议的影响. 国际问题研究，2022（02）：58－77.

③ UNEP，Emissions Gap Report 2020，（2020－12－09）［2023－11－02］. https：//www.unep.org/zh-hans/emissions-gap-report-2020.

④ 习近平. 习近平谈治国理政：第三卷［M］. 北京：外文出版社，2020：455.

方向，各国也就应对气候变化达成合作共识。[①] 但在实际操作中，西方发达国家将碳排放作为政治工具，不遵守"共同但有区别的责任"原则，试图限制发展中国家的发展。美国《通胀削减法案》于2023年正式生效，根据该法案，在美国或与美国有自由贸易协定的国家（加拿大和墨西哥），电动汽车补贴资金只能用于在美国组装或购买电动汽车和清洁能源技术，因为40%以上的电动汽车电池原材料来自北美。[②] 欧盟于2023年3月16日公布《关键原材料法案》[③] 和《净零工业法案》[④]，它要求在关键原材料的供应、加工和回收方面至少分别实现10%、40%和15%的本地化。同时，还提出了"消除风险"的要求，即来自单一第三国的战略原材料不得超过65%。美国和欧盟相继提出的法案都有一个目的，即强调基本金属的本地化供应，削弱中国的竞争力。

（二）建立有效的沟通机制和合作平台

通过建立有效的沟通机制和合作平台，各国可以就碳中和治理的问题进行交流和讨论，增进相互理解和信任，为合作奠定基础。发展中国家与发达国家的合作，在技术创新、能源转型、气候政策、产业升级等层面，充分利用脱碳转型契机，扩大合作范围。发展中国家之间合作，依托"一带一路"倡议、"南南合作"等平台，共享绿色低碳/脱碳技术。多边主义合作应促进世界各国围绕脱碳、零碳、负碳排放技术开展合作，通过一些国际组织和平台，建立碳中和技术创新、清洁能源部长级会议、创新使命部长级会议等联合研究和知识共享机制。中国必须与发展中国家携手，共同发起和引领"零碳共同体"，在气候伦理下扩大增长、拓宽机遇、改善福祉，抵制并逐步取代单边主义、排他性、惩罚性的气候组织，以合作共赢的总体思路推进全球气候治理，实现共同繁荣。[⑤]

（三）合理制定利益分配方案与规则

碳中和治理合作涉及各国的利益分配，需要通过合理的利益分配方案和规则，确保各国的利益得到保障，从而激发各国的合作积极性。"没有共同利益，统一宗旨就无从谈起，行动就更无从谈起。"[⑥] "人类成了你中有我、我中有你、利益高度融合、相互依

---

① United Nations Framework Convention on Climate Change：The Paris Agreement［M］.（2016－11－04）［2023－11－30］. https：//unfccc. int/sites/default/files/resource/parisagreement_publication. pdf.

② IRS. Inflation Reduction Act of 2022，（2023－06－29）［2023－11－30］. https：//www. irs. gov/inflation－reduction－act－of－2022.

③ European Parliamen，Critical Raw Materials Act，（2023－05－01）［2023－11－30］. https：//www. europarl. europa. eu /RegData /etudes/BRIE/2023/747898.

④ European Commission，Net－Zero Industry Act，（2023－05－01）［2023－11－30］. https：//www. europarl. europa. eu /RegData /etudes/BRIE/2023/747903.

⑤ 胡王云.《巴黎协定》下全球气候治理的俱乐部模式及其功能和风险［J］. 太平洋学报，2023（02）：27－41.

⑥ 马克思，恩格斯. 马克思恩格斯选集：第1卷［M］. 北京：人民出版社，2012：573.

存的命运共同体。每个国家都有发展的权利，同时也要把自己的利益在更广泛的层面上考虑，不能以损害别国利益为代价。"① 我国需要为气候组织寻找与世界各国利益的融合点，在"共同但是有区别的责任"原则下寻求国际合作的机会和空间，以维护全球环境的公平和公正。②

（四）建立有效的监督与评估机制

为确保碳中和治理合作取得实效，需要建立有效的监督评估机制。各国需要加强合作，共同制定和实施更加严格的碳排放标准和监管标准，确保碳中和项目的合规性和可持续性；同时，对合作的效果进行评估，并及时调整合作方案，确保合作的可持续性和有效性。大数据、物联网、5G 通信、云计算、区块链、人工智能等智能化技术都可以在监管和评估中得到充分利用。以大数据和人工智能为代表的智能技术将人类的思维方式从过去的机械思维转向大数据思维，这是大数据思维的核心，是利用大数据的海量信息消除事物的不确定性，研究事物之间的因果关系，探索事物的发展规律。③

（五）完善健全国际合作机制

需要建立完善和健全的国际合作机制，包括技术、资金、技术、人才等方面的支持，为碳中和治理合作提供必要的保障。在技术合作层面，各国可以加强在低碳技术研发、推广、应用等方面的合作，共同促进技术创新和产业升级，共享技术成果，以降低碳排放，加速实现碳中和。在资金支持层面，各国需要加强资金支持，通过政府投资、企业投资、金融市场等方式筹集资金，支持碳中和项目的发展。同时，发达国家可以提供资金支持，帮助发展中国家加快低碳转型和绿色发展，实现"共同但有区别的责任"分担。在绿色金融合作层面，各国可以加强绿色金融领域的合作，推动绿色债券、绿色基金等绿色金融产品的创新和发展，促进低碳投资和可持续发展。在人才培养层面，各国可以加强在碳中和领域的人才培养和交流，共同提高应对气候变化的综合能力。

总之，国际碳中和治理合作博弈需要各国在政治、经济、环境、社会等层面达成共识，同时也需要建立健全国际合作机制和沟通平台，以确保合作的可持续性和有效性。

---

① 习近平．共担时代责任 共促全球发展——在世界经济论坛 2017 年年会开幕式上的主旨演讲［N］．人民日报，2017 年 1 月 18 日．

② 胡王云．《巴黎协定》下全球气候治理的俱乐部模式及其功能和风险［J］．太平洋学报，2023（02）：27 - 41．

③ 张永亮．金融科技监管的原则立场、模式选择与法制革新［J］．法学评论，2020（05）：113．

参考文献

［1］阿瑟．技术的本质［M］．曹东溟，王健．译，杭州：浙江人民出版社，2018.

［2］埃尔斯特．社会黏合剂［M］．高鹏程，译．北京：中国人民大学出版社，2009.

［3］阿斯曼．秩序理念下的行政法体系建构［M］．林明锵，等，译．北京：北京大学出版社，2012.

［4］安国俊，华超，张飞雄，等．碳中和目标下ESG体系对资本市场影响研究—基于不同行业的比较分析［J］．金融理论与实践，2022（03）.

［5］柏拉图．法律篇［M］．张智仁，何勤华，译．上海：上海人民出版社，2001.

［6］布洛维．公共社会学［M］．沈原，等，译．北京：社会科学文献出版社，2007.

［7］贝尔．环境社会学的邀请［M］．昌敦虎，译．北京：北京大学出版社，2010.

［8］贝克．风险社会［M］．何博闻，译．南京：译林出版社，2004.

［9］白暴力，程艳敏，白瑞雪．习近平新时代中国特色社会主义生态经济理论及其实践指引—绿色低碳发展助力中国“碳达峰、碳中和”战略实施［J］．河北经贸大学学报，2021，42（04）.

［10］薄贵利．推进政府治理现代化［J］．中国行政管理，2014（05）.

［11］卞正富，于昊辰，韩晓彤．碳中和目标背景下矿山生态修复的路径选择［J］．煤炭学报，2022，47（01）.

［12］本书编写组．思想道德与法治［M］．北京：高等教育出版社，2021.

［13］本书编写组．党的二十大报告辅导读本［M］．北京：人民出版社，2022.

［14］贝斯．后工业社会的来临［M］．高铦，等，译．北京：新华出版社，1997.

［15］曹立编．数字时代的碳达峰与碳中和［M］．北京：新华出版社，2022.

［16］陈阿江．环境社会学的由来与发展［J］．社会学评论，2017（02）.

［17］陈柏峰．基层社会治理模式的变迁与挑战［J］．学习与探索，2020（09）.

［18］陈波．2023中国碳市场法律治理研究［M］．北京：法律出版社，2023.

［19］陈宏辉，薛姗，张麟．企业承担社会责任对员工情绪耗竭的缓解机制：一个被调节的中介模型［J］．中山大学学报（社会科学版），2020（03）.

［20］陈海盛，沈满洪．中国绿色信用制度的建设经验、定量评估与优化思路［J］.

环境经济研究，2023（01）.

[21] 陈庆能，沈满洪，李崇岩．中国行业碳排放变动的影响因素研究—基于 D&L 简化模型 [J]. 生态经济，2017，33（07）.

[22] 陈庆能，沈满洪，孙泽生．中国完全碳排放的行业特征分析 [J]. 企业经济，2017，36（04）.

[23] 陈庆能，沈满洪，向永辉．中国二氧化碳排放的核算和比较—基于行业能耗碳与责任碳视角 [J]. 技术经济，2017，36（05）.

[24] 陈善荣，陈传忠，陈远，等．面向生态环境治理现代化的生态环境监测数字化转型研究 [J]. 环境保护，2022（20）.

[25] 陈诗一，祁毓．实现碳达峰、碳中和目标的技术路线、制度创新与体制保障 [J]. 广东社会科学，2022（02）.

[26] 陈力丹．舆论学—舆论导向研究 [M]. 北京：中国广播电视出版社，1999.

[27] 陈迎．碳中和概念再辨析 [J]. 中国人口·资源与环境，2022，32（04）.

[28] 程瑞华．构筑绿色金融体系 [N]. 金融时报，2011 年 5 月 24 日.

[29] 迟远英，秦翰林，陈亚会．碳信息披露水平对企业融资约束的影响研究 [J]. 经济与管理评论，2023（06）.

[30] 崔金星．碳监测法律制度研究 [D]. 西南政法大学，2016.

[31] 戴利，等．珍惜地球 [M]. 马杰，等，译．北京：商务印书馆，2001.

[32] 丁娟，代晓霞．中国绿色消费的进展、挑战与路径研究 [J]. 中国国情国力，2023（08）.

[33] 丁仲礼，张涛，等．碳中和逻辑体系与技术需求 [M]. 北京：科学出版社，2022.

[34] 杜群，李子擎．国外碳中和的法律政策和实施行动 [N]. 中国环境报，2022 年 4 月 16 日.

[35] 杜振华，胡春．数据标准的建构与数字经济的发展 [J]. 宏观经济管理，2022（09）.

[36] 弗里曼．合作治理与新行政法 [M]. 毕洪海，陈标冲，译．北京：商务印书馆，2010.

[37] 方世荣，孙才华．论促进低碳社会建设的政府职能及其行政行为 [J]. 法学，2011（06）.

[38] 方玉媚，汤德喜．科学发展观背景下的公民道德建设—从人与自然关系出发 [J]. 毛泽东思想研究，2009，26（02）.

[39] 费孝通．乡土中国 [M]．刘豪兴编．上海：上海人民出版社，2006.

[40] 费正清．美国与中国 [M]．张理荣，译．北京：世界知识出版社，2003.

[41] 冯仕政，李春鹤．新发展阶段与新社会治理 [J]．社会治理，2022 (01).

[42] 傅琳凯，王柏棣．论儒家自我修养方法的层次性 [J]．东北师大学报（哲学社会科学版），2016 (01).

[43] 甘峰．日本“低碳型都市”推进机制及启示 [J]．日本研究，2009 (03).

[44] 高举中国特色社会主义伟大旗帜为全面建设社会主义现代化国家而团结奋斗 [N]．人民日报，2022 年 10 月 26 日.

[45] 耿海清，李天威，徐鹤．中国开展政策环评的必要性及其基本框架研究 [J]．中国环境管理，2019 (06).

[46] 顾金喜．生态治理数字化转型的理论逻辑与现实路径 [J]．治理研究，2020 (03).

[47] 顾磊．环保社会组织如何“碳”索未来 [N]．人民政协报，2022 年 7 月 12 日.

[48] 关于《中共中央关于全面推进依法治国若干重大问题的决定的说明》．中国共产党第十八届中央委员会第四次全体会议文件汇编 [M]．北京：人民出版社，2014.

[49] 郭朝先．2060 年前碳中和引致中国经济系统根本性变革 [J]．北京工业大学学报（社会科学版），2021，21 (05).

[50] 汉纳．气候变化生物学 [M]．赵斌，明泓博，译．北京：高等教育出版社，2014.

[51] 胡峰，吴宏，谢洪明．中国在全球绿色产品贸易网络中的地位及政策导向 [J]．社会科学战线，2021 (11).

[52] 韩家平．中国社会信用体系建设的特点与趋势分析 [J]．诚信，2018 (05).

[53] 郝海亭，徐晓敏，于作军，等．大型体育场馆与城市协同发展的路径探析 [J]．北京体育大学学报，2019 (04).

[54] 何文炯．适应数字化时代的劳动者社会保险制度优化 [J]．河北大学学报（社会科学版），2023 (02).

[55] 何花，卢福营．基于大数据驱动下的政府治理与角色转型 [J]．贵州省委党校学报，2020，46 (06)：10.

[56] 韩立新，逯达．实现碳达峰、碳中和多维法治研究 [J]．广西社会科学，2021 (09).

[57] 贺卫方．司法的制度与理念 [M]．北京：中国政法大学出版社，1998.

[58] 何锦前. 生态文明视域下的环境税收法治省思—从平移路径到并行路径 [J]. 法学杂志, 2020, 41 (03).

[59] 洪大用. 中国应对气候变化的努力及其社会学意义 [J]. 社会学评论, 2017 (02).

[60] 洪大用. 关于环境社会治理的若干思考 [J]. 中央民族大学学报 (哲学社会科学版), 2022 (01).

[61] 胡王云. 《巴黎协定》下全球气候治理的俱乐部模式及其功能和风险 [J]. 太平洋学报, 2023 (02).

[62] 胡思凡, 陈鹏宇, 钱志权. 金融一体化对长三角城市群二氧化碳排放的影响研究 [J]. 浙江金融, 2023 (01).

[63] 黄光国. "道" 与 "君子" 儒家的自我修养论 [J]. 华中师范大学学报 (人文社会科学版), 2014, 53 (03).

[64] 吉登斯. 气候变化的政治 [M]. 曹荣湘, 译. 北京: 社会科学文献出版社, 2009.

[65] 吉登斯, 萨顿. 社会学 [M]. 赵旭东, 等, 译. 北京: 北京大学出版社, 2018.

[66] 吉登斯. 现代性的后果 [M]. 田禾, 译. 南京: 译林出版社, 2000.

[67] 杰克逊. 人类网络: 社会位置决定命运 [M]. 余江, 译. 北京: 中信出版社, 2019.

[68] 纪晓岚, 王世靓. 城市低碳社区建设的多元行动系统及其解释—基于理性行动理论的分析 [J]. 湖湘论坛, 2016, 29 (06).

[69] 坚定不移沿着中国特色社会主义道路前进为全面建成小康社会而奋斗 [N]. 人民日报, 2012 年 11 月 18 日.

[70] 江泽民文选 (第 3 卷) [M]. 北京: 人民出版社, 2006.

[71] 江泽民. 对中国能源问题的思考 [J]. 上海交通大学学报, 2008 (03).

[72] 蒋惠玲. 司法能为约束公权力做些什么 [J] 人民论坛, 2016 (S2).

[73] 蒋婷婷, 费喜敏, 王成军. 城乡差异视角下中国居民消费价值观对绿色消费行为的影响研究 [J]. 云南农业大学学报 (社会科学), 2019 (06).

[74] 教育学原理编写组. 教育学原理 [M]. 北京: 高等教育出版社, 2019.

[75] 紧扣一体化和高质量这两个关键词 [N]. 人民日报, 2023 年 12 月 2 日.

[76] 决胜全面建成小康社会夺取新时代中国特色社会主义伟大胜利 [N]. 人民日报, 2017 年 10 月 28 日.

[77] 景天魁，魏厚宾．论修身为本的古今贯通 [J]．哈尔滨工业大学学报（社会科学版），2022，24（04）．

[78] 联合国粮农组织，等．2018年世界粮食安全和营养状况：增强气候抵御能力，促进粮食安全和营养 [R]．罗马，2018．

[79] 拉什．风险社会与风险文化 [J]．王武龙，编译．马克思主义与现实，2002（04）．

[80] 李普曼．公共舆论 [M]．阎克文，译．上海：上海人民出版社，2006．

[81] 李兵．政策科学：70年关键成果整合和新方向探索 [J]．山东行政学院学报，2021（01）．

[82] 李高．加强国际合作是有效应对气候变化挑战的必然选择 [J]．中国环境管理，2023（04）．

[83] 罗姆．气候变化 [M]．黄刚，熊伊雪，田群，等，译．武汉：华中科技大学出版社，2020．

[84] 罗西瑙．没有政府的治理 [M]．张胜军，刘小林，译．南昌：江西人民出版社，2001．

[85] 李泓江，田江．碳中和的政策与实践 [M]．成都：四川人民出版社，2021．

[86] 李佳佳．“双碳”目标下网络舆论对碳排放的影响—基于链式多重中介模型的影响路径分析 [J]．城市问题，2023，332（03）．

[87] 李萍．公民日常行为是考察公民道德的基石 [J]．道德与文明，2005（02）．

[88] 李伟．中国碳排放权交易问题研究综述 [J]．经济研究参考，2017（42）．

[89] 李侠．知识积累率与技术迭代不充分是创新乏力的根源 [J]．科学与社会，2023（02）．

[90] 李一．网络社会治理 [M]．北京：中国社会科学出版社，2014．

[91] 李一．习近平“绿水青山就是金山银山”思想的价值意蕴和实践指向 [J]．南京邮电大学学报（社会科学版），2016（02）．

[92] 李一．绿色发展必将持续释放生态红利 [J]．中国林业产业，2020（08）．

[93] 李一．网络社会治理新论体系完善与功能整合 [M]．杭州：浙江人民出版社，2022．

[94] 李玉文，李玉琪，叶维．长三角地区城市绿色创新能力特征及协同度研究 [J]．未来与发展，2022（10）．

[95] 李晓新，王永杰．行政处罚公议机制的理论基础与制度完善—以合肥市行政处罚群众公议制度为样本 [J]．国家行政学院学报，2011（03）：95．

[96] 林嘉旖．全球碳排放权交易市场建设不断加快 [N]．期货日报，2021 年 11 月 2 日．

[97] 林婧．蓝碳保护的理论基础与法治进路 [J]．中国软科学，2019 (10)．

[98] 林卡．中国社会发展的新时代与包容性发展 [J]．中国社会科学评论，2019 (01)．

[99] 林卡．百年变迁与新时代：中国社会转型的阶级基础和社会环境 [J]．社会发展研究，2021 (02)．

[100] 林灿铃．国际环境法 [M]．北京：人民出版社，2011．

[101] 林晓珊．数字化转型与第二次消费革命—技术嵌入性作为分析范式 [J]．新视野，2022 (02)．

[102] 林震．全面推行林长制建设美丽新广西 [J]．广西林业科学，2021 (05)．

[103] 林震．提升碳治理的现代化水平 [J]．探索与争鸣，2021 (09)．

[104] 林震．建设人与自然和谐共生的美丽中国 [J]．前线，2022 (11)．

[105] 刘国翰，郅玉玲．生态文明建设中的社会共治：结构、机制与实现路径—以"绿色浙江"为例 [J]．中国环境管理，2014 (04)．

[106] 刘良云，陈良富，刘毅，等．全球碳盘点卫星遥感监测方法、进展与挑战 [J]．遥感学报，2022 (02)．

[107] 刘满平．中国实现"碳中和"目标的意义、基础、挑战与政策着力点 [J]．价格理论与实践，2021 (02)．

[108] 刘明明．碳排放交易与碳税的比较分析—兼论中国气候变化立法的制度选择 [J]．江西财经大学学报，2013 (01)．

[109] 刘少杰．从实践出发认识网络化、数字化和智能化 [J]．社会科学研究，2022 (02)．

[110] 刘晓龙，崔磊磊，李彬，等．碳中和目标下中国能源高质量发展路径研究 [J]．北京理工大学学报（社会科学版），2021，23 (03)．

[111] 刘燕华，李宇航，王文涛．中国实现"双碳"目标的挑战、机遇与行动 [J]．中国人口·资源与环境，2021，31 (09)．

[112] 刘禹松．用好数字化绿色化带来的倍乘效应 [N]．中国贸易报，2022 年 9 月 5 日．

[113] 刘志仁．论"双碳"背景下中国碳排放管理的法治化路径 [J]．法律科学（西北政法大学学报），2022，40 (03)．

[114] 卢梭．社会契约论 [M]．陈阳，译．杭州：浙江文艺出版社，2016．

［115］鲁可荣. 共同富裕视域下完善共建共治共享的社会治理制度路径研究—以长三角先发地区为例［J］. 社会科学辑刊，2022（06）.

［116］陆夏. “新发展理念”的马克思政治经济学解读［J］. 厦门大学学报（哲学社会科学版），2018（05）.

［117］罗荟霖，郑馨竺，刘源，等. 企业碳中和行动的驱动力与模式［J］. 环境与可持续发展，2021（02）.

［118］赖金良. “中国奇迹”背后的中国社会［J］. 浙江社会科学，2020（10）.

［119］李青绵，周延锁，周一帆. 构建“蓝色循环”海洋垃圾数字化治理的新模式［J］. 经贸实践，2022（11）.

［120］莫兰. 复杂性思想导论［M］. 陈一壮，译. 上海：华东师范大学出版社，2008.

［121］麦休尼斯. 社会学经典入门（第14版）［M］. 风笑天，译. 北京：中国人民大学出版社，2019.

［122］马克思，恩格斯. 马克思恩格斯选集：第1卷［M］. 北京：人民出版社，2012.

［123］马朝丽. 以数字技术助力行业精准降碳河钢在业内率先发布 WisCarbon 碳中和数字化平台［N］. 河北日报，2022年4月22日.

［124］马海韵，张彤. 率先碳达峰国家低碳技术创新采纳应用规律对中国的启示—基于“技术—组织—环境”框架的分析［J］. 现代经济探讨，2023（07）.

［125］马奇柯. 社会公德、职业道德、家庭美德、个人品德关系论析［J］. 学术交流，2008（02）.

［126］马克思，恩格斯. 马克思恩格斯全集（第26卷）［M］. 北京：人民出版社，1972.

［127］马亮. 官员晋升激励与政府绩效目标设置—中国省级面板数据的实证研究［J］. 公共管理学报，2013（02）.

［128］培根. 培根论文集［M］. 水天同，译. 北京：商务印书馆，1983.

［129］潘家华. 中国共产党生态文明建设的历史性跨越［J］. 国党政干部论坛，2021（12）.

［130］潘家华. 碳中和：需要颠覆性技术创新和发展范式转型［J］. 三峡大学学报（人文社会科学版），2022，（01）.

［131］潘家华，庄贵阳. “绿水青山就是金山银山”的认知迭代与实践进程［J］. 阅江学刊，2018（06）.

[132] 潘家华，张莹．中国应对气候变化的战略进程与角色转型：从防范“黑天鹅”灾害到迎战“灰犀牛”风险［J］．中国人口·资源与环境，2018（10）．

[133] 潘家华，孙天弘．关于碳中和的几个基本问题的分析与思考［J］．中国地质大学学报（社会科学版），2022（05）．

[134] 裴雷，张奇萍，李向举，等．中国信息化政策扩散中的政策主题跟踪研究［J］．图书与情报，2016，172（06）．

[135] 裴学进．自发与自觉：主导价值观转化为主流价值观的两种方式［J］．马克思主义研究，2016（10）．

[136] 秦天宝．环境法评论（第二辑）［M］．北京：中国社会科学出版社，2019．

[137] 秦炳涛，郭援国，葛力铭．公众参与如何影响企业绿色技术创新［J］．技术经济，2022（02）．

[138] 秦天宝．整体系统观下实现碳达峰碳中和目标的法治保障［J］．法律科学（西北政法大学学报），2022，40（02）．

[139] 青连斌．不断实现人民对美好生活的向往［J］．前线，2022（12）上．

[140] 任慧涛，易剑东，郑凯新，等．国际足联碳中和治理的行动框架：历史进程与实践反思［J］．上海体育学院学报，2022，46（08）．

[141] 人民论坛．大国治理［M］．北京：中国经济出版社，2014．

[142] 司文晶，宣朝庆．论社会治理的共同体传统及其应用价值［J］．江苏社会科学，2023（05）．

[143] 舍恩伯格，库克耶．大数据时代：生活、工作与思维的大变革［M］．盛杨燕，周涛，译．杭州：浙江人民出版社，2013．

[144] 闪涛作．碳中和背景下的碳排放权交易法律原理与实务［M］．北京法律出版社，2023．

[145] 邵继中，张晓思，郭文娟，等．“双碳”目标背景下的风景园林行动：国际风景园林师联合会亚太地区气候变化工作组专访［J］．华中农业大学学报，2023，42（04）．

[146] 沈满洪，吴文博，魏楚．近二十年低碳经济研究进展及未来趋势［J］．浙江大学学报（人文社会科学版），2011，41（03）．

[147] 沈满洪，吴文博，池熊伟．低碳发展论［M］．北京：中国环境出版社，2014．

[148] 沈满洪．绿色发展的中国经验及未来展望［J］．治理研究，2020（04）．

[149] 沈满洪．论碳市场建设［J］．中国人口·资源与环境，2021，31（09）．

[150] 沈满洪，郅玉玲，彭熠，等．生态文明制度建设研究（下卷）［M］．北京：中国环境出版社，2017．

[151] 沈月琴，曾程，王成军，等．碳汇补贴和碳税政策对林业经济的影响研究——基于CGE的分析［J］．自然资源学报，2015（04）．

[152] 石先钰．论法官道德建设的他律与自律［J］．社会主义研究，2006（06）．

[153] 石仲泉．碳达峰碳中和的中国之道［M］．北京：红旗出版社，2023．

[154] 舒印彪，张丽英，张运洲，等．中国电力碳达峰、碳中和路径研究［J］．中国工程科学，2021，23（06）．

[155] 宋保振．司法的社会功能及其实现［J］．济南大学学报（社会科学版），2020，30（06）．

[156] 孙佑海，王甜甜．推进碳达峰碳中和的立法策略研究［J］．山东大学学报（哲学社会科学版），2022（01）．

[157] 孙照红．党内政治生态：党的政治建设的生态视域及其道德治理［J］．中共杭州市委党校学报，2019（04）．

[158] 谭显春，郭雯，樊杰，等．碳达峰、碳中和政策框架与技术创新政策研究［J］．中国科学院院刊，2022（04）．

[159] 童星．中国社会治理［M］．北京：中国人民大学出版社，2018．

[160] 沃克．牛津法律大辞典［M］．中国社会科学发展研究所，译．北京：光明日报社出版社，1988．

[161] 王兵，牛香，宋庆丰．基于全口径碳汇监测的中国森林碳中和能力分析［J］．环境保护，2021（16）．

[162] 王晨．基于公共价值的城市数字治理：理论阐释与实践路径［J］．理论学刊，2022（04）．

[163] 王冬丽，杨珊，欧阳万里，等．人工智能可解释性：发展与应用［J］．计算机科学，2023，50（6A）．

[164] 王芳．利益相关者与企业碳信息披露研究［D］．中央财经大学，2017．

[165] 王江．论碳达峰碳中和行动的法制框架［J］．东方法学，2021（05）．

[166] 王金南，蔡博峰．统筹有序系统科学推进“碳达峰”“碳中和”［J］．上海企业，2022（05）．

[167] 王利明．法治：良治与善治［M］．北京：北京大学出版社，2015．

[168] 王莉丽．智力资本［M］．北京：中国人民大学出版社，2015．

[169] 王浦劬，孙响．公众的政府满意向政府信任的转化分析［J］．政治学研究，2020（03）．

[170] 王小艳．地方政府低碳治理绩效评价及治理模式研究［D］．湖南大学，2017．

[171] 王金南，蔡博峰．打好碳达峰碳中和这场硬仗 [J]．中国信息化，2022 (06).

[172] 王利明．法治：良治与善治 [M]．北京：北京大学出版社，2015.

[173] 王莉丽．智力资本 [M]．北京：中国人民大学出版社，2015.

[174] 王小艳．地方政府低碳治理绩效评价及治理模式研究 [D]．湖南大学，2017.

[175] 王小章．结构、情感与道德：道德转型的社会学探索 [J]．社会学研究，2023 (02).

[176] 王效益，周玉科，江本智，等．面向双碳目标的自然资源监测体系研究 [J]．测绘与空间地理信息，2023 (09).

[177] 王勇．从“指标下压”到“利益协调”：大气污染的公共环境管理检讨与模式转换 [J]．政治学研究，2014 (02).

[178] 王振，彭峰作，王振总．双碳发展研究丛书全球碳中和战略研究 [M]．上海：上海社会科学院出版社，2022.

[179] 王佐．大数据时代企业竞争力重塑 [J]．中国流通经济，2017 (12).

[180] 魏丽莉，杨颖．绿色金融：发展逻辑、理论阐释和未来展望 [J]．兰州大学学报（社会科学版），2022，50 (02).

[181] 卫小将．中国零碳社会建设的社会学之思：内涵．挑战与出路 [J]．江海学刊，2022 (03).

[182] 文军．以数字化助推社会治理模式创新 [N]．人民日报，2021 年 10 月 22 日.

[183] 文军，敖淑凤．社区数字治理中的不确定性风险及其应对策略 [J]．吉林大学社会科学学报，2023 (06).

[184] 翁智雄．中国实现碳中和远景目标的市场化减排机制研究 [J]．环境保护，2021，49 (Z1).

[185] 吴涛，龙静云．“双碳”目标下的公民绿色责任教育 [J]．学习与实践，2022 (03).

[186] 吴伟光，钱志权，谢慧明，等．浙江省率先实现碳达峰、碳中和路径对策研究 [M]．北京：中国环境出版社，2022.

[187] 吴勇，黎梦兵．新兴信息技术赋能环境治理的风险及其法律规制 [J]．湖南师范大学社会科学学报，2022，51 (02).

[188] 吴昊，杨成玉．欧盟“全球门户”战略及其对“一带一路”倡议的影响 [J]．国际问题研究，2022 (02).

[189] 武汉大学国家发展战略研究院课题组. 中国实施绿色低碳转型和实现碳中和目标的路径选择 [J]. 中国软科学, 2022 (10).

[190] 习近平关于全面深化改革论述摘编 [M]. 北京: 中央文献出版社, 2014.

[191] 习近平关于全面依法治国论述摘编 [M]. 北京: 中央文献出版社, 2015.

[192] 习近平. 习近平谈治国理政: 第 2 卷 [M]. 北京: 外文出版社, 2017.

[193] 习近平. 论坚持全面依法治国 [M]. 北京: 中央文献出版社, 2020.

[194] 习近平. 高举中国特色社会主义伟大旗帜为全面建设社会主义现代化国家而团结奋斗—在中国共产党第二十次全国代表大会上的报告 [M]. 北京: 人民出版社, 2022.

[195] 习近平. 在第七十五届联合国大会一般性辩论上的讲话. 习近平外交演讲集 [M]. 第二卷. 北京: 中央文献出版社, 2022.

[196] 夏恿. 法治是什么—渊源、规诫与价值 [J]. 中国社会科学, 1999 (04).

[197] 肖惠娜. 人们为什么不守法? —守法理论研究述评 [J]. 中国法律评论, 2022 (02).

[198] 谢俊贵. 基于元宇宙路向的万联时代社会变迁探析 [J]. 社会科学研究, 2023 (2).

[199] 新华社. 中共中央、国务院印发新时代公民道德建设实施纲要 [N]. 人民日报, 2019 年 10 月 28 日.

[200] 信瑶瑶, 唐珏岚. 碳中和目标下的中国绿色金融: 政策、实践与挑战 [J]. 当代经济管理, 2021, 43 (10).

[201] 邢占军. 群众“全托型政府”期待与服务型政府建设 [J]. 人民论坛, 2021 (01).

[202] 熊焰, 王彬邢杰作. 元宇宙与碳中和 [M]. 北京: 中国对外翻译出版公司, 2022.

[203] 邢金京, 武雪, 欧阳广娜, 等. 污染源在线监测运维存在的问题、展望与体系构建 [J]. 市政技术, 2023 (11).

[204] 徐锭明, 李金良, 盛春光. 碳达峰碳中和理论与实践 [M]. 北京: 中国环境出版社, 2022.

[205] 徐迪威, 张颖. 数据分析与现代科技管理 [J]. 科技管理研究, 2018 (15).

[206] 亚里士多德. 政治学 [M]. 吴寿彭, 译. 北京: 商务印书馆, 1965.

[207] 燕继荣. 制度、政策与效能: 国家治理探源—兼论中国制度优势及效能转化 [J]. 政治学研究, 2020 (02).

[208] 杨博文．习近平新发展理念下碳达峰、碳中和目标战略实现的系统思维、经济理路与科学路径［J］．经济学家，2021（09）．

[209] 杨开封．桐乡“三治”实践的解读［J］．党政视野，2016（07）．

[210] 杨解君，胡卓然．“低碳”应走向法治—基于“碳减排”的立法梳理［J］．现代经济探讨，2011（01）．

[211] 杨解君，方路锦．面向碳中和的行政法治保障［J］．南京工业大学学报（社会科学版），2021（05）．

[212] 杨临萍．论司法助力碳达峰碳中和目标实现的方法和路径［J］．法律适用，2021，（09）．

[213] 杨玉成．从忧患意识到底线思维：党的几代领导人的坚持和发展［J］．毛泽东邓小平理论研究，2022（07）．

[214] 杨泽至，舒清态．遥感技术在森林树种多样性监测中的应用研究进展［J］．世界林业研究，2022（02）．

[215] 姚美娇．动力电池企业主动降碳成趋势［N］．中国能源报，2022年2月14日．

[216] 叶岚，王有强．中国数字化监管的实践过程与内生机制［J］．上海行政学院学报，2019（05）．

[217] 余红辉．碳中和理论与实践［M］．北京：中国环境出版社，2022．

[218] 余敏江．整体智治：块数据驱动的新型社会治理模式［J］．行政论坛，2020（04）．

[219] 余晓钟，杨林，杨洋．论低碳文化的十大特征［J］．贵州社会科学，2015（11）．

[220] 俞可平，张胜军．全球化：全球治理［M］．北京：社会科学文献出版社，2003．

[221] 俞可平．治理与善治［M］．北京：社会科学文献出版社，2000．

[222] 俞可平．推进国家治理体系和治理能力现代化［J］．前线，2014（01）．

[223] 俞可平．论国家治理现代化［M］．北京：社会科学文献出版社，2014．

[224] 俞可平．法治与善治［J］．西南政法大学学报，2016（01）．

[225] 俞志慧．韩非子直解［M］．杭州：浙江文艺出版社，2000．

[226] 袁志刚．碳达峰碳中和国家战略行动路线图［M］．北京：中国经济出版社，2021．

[227] 岳经纶．城市基层行政组织的制度调适：一个“主体需求—制度结构”的分析框架—基于深圳市Y街道的实践［J］．行政论坛，2023（05）．

[228] 用心用情做好宣传引导工作推动垃圾分类成为低碳生活新时尚［N］．人民

日报，2023 年 5 月 23 日.

［229］于贵瑞，郝天象，朱剑兴．中国碳达峰、碳中和行动方略之探讨［J］．中国科学院院刊，2022，37（04）.

［230］俞铮．气候变化国际议题背后的舆论争夺［J］．中国记者，2010，435（02）.

［231］郁建兴．法治与德治衡论［J］．哲学研究，2001（04）.

［232］郁建兴，任杰．中国基层社会治理中的自治、法治与德治［J］．学术月刊，2018，50（12）.

［233］张广利．社会保障理论教程［M］．上海：华东理工大学出版社，2008.

［234］张宏，罗兰英．碳交易政策增进企业意义导向技术创新机制研究［J］．科学学与科学技术管理，2023，44（08）.

［235］张兰女．生态环境智慧管控路径研究—以深圳市宝安区为例［J］．中国资源综合利用，2023（09）.

［236］张茂元．数字技术形塑制度的机制与路径［J］．湖南师范大学社会科学学报，2020（06）.

［237］张宁．气候变化或致全球粮食危机［J］．生态经济，2021（08）.

［238］张昕．转型中国的治理与发展［M］．北京：中国人民大学出版社，2007.

［239］张平淡，张惠琳．环境规制改进企业全要素生产率的路径研究—基于碳排放权交易试点的准自然实验［J］．江淮论坛，2021（04）.

［240］张文显，徐勇，何显明，等．推进自治法治德治融合建设，创新基层社会治理［J］．治理研究，2018（06）.

［241］张文显．一体推进基层法治和德治建设［J］．中国党政干部论坛，2021（08）.

［242］张文显．论中国式法治现代化新道路［J］．中国法学，2022（01）.

［243］张晓娣．正确认识把握中国碳达峰碳中和的系统谋划和总体部署—新发展阶段党中央双碳相关精神及思路的阐释［J］．上海经济研究，2022（02）.

［244］张依．青年网络舆论监督的本质、逻辑和发展路径—重大疫情下的舆情反思［J］．北京青年研究，2020，29（03）.

［245］张翼．社会结构变迁与社会治理创新［J］．中国国情国力，2019（01）.

［246］张永生，巢清尘，陈迎，等．中国碳中和：引领全球气候治理和绿色转型［J］．国际经济评论，2021（03）.

［247］张永亮．金融科技监管的原则立场、模式选择与法制革新［J］．法学评论，2020（05）.

［248］张玉周．气候变化背景下中国粮食安全面临挑战及其应对［J］．中州学刊，

2018 (09).

[249] 张中秋. 中西法律文化比较研究 [J]. 南京：南京大学出版社，2001.

[250] 张中秋. 法治及其与德治关系论 [J]. 南京大学学报（哲学·人文科学·社会科学版），2002 (03).

[251] 张忠民，王雅琪，冀鹏飞. “双碳”目标的法治回应论纲—以环境司法为中心 [J]. 中国人口·资源与环境，2022，32 (04).

[252] 赵鸿，蔡迪花，王鹤龄，等. 干旱灾害对粮食安全的影响及其应用技术研究进展与展望 [J]. 干旱气象，2023 (02).

[253] 赵骏，孟令浩. 中国碳排放权交易规则体系的构建与完善—基于国际法治与国内法治互动的视野 [J]. 湖北大学学报（哲学社会科学版），2021，48 (05).

[254] 郑逸璇，宋晓晖，周佳，等. 减污降碳协同增效的关键路径与政策研究 [J]. 中国环境管理，2021，13 (05).

[255] 郑作彧，吴晓光. 卢曼的风险理论及其风险 [J]. 吉林大学社会科学学报，2021 (06).

[256] 朱法华，许月阳，孙尊强，等. 中国燃煤电厂超低排放和节能改造的实践与启示 [J]. 中国电力，2021，54 (04).

[257] 朱辉宇. 道德在社会治理中的现实作用—基于道德作为“隐性制度”的分析 [J]. 哲学动态，2015 (04).

[258] 朱良涵，张新岭，郭玲珑. 中国数据共享研究热点与前沿可视化分析 [J]. 生产力研究，2022 (02).

[259] 周波涛. 全球气候变暖：浅谈从 AR5 到 AR6 的认知进展 [J]. 大气科学学报，2021，44 (05).

[260] 周珂，李博. 哥本哈根会议与中国低碳经济的法制保障—以受试者的知情告知切入 [J]. 法学杂志，2010，31 (07).

[261] 周珂. 适度能动司法推进双碳达标—基于实然与应然研究 [J]. 政法论丛，2021 (04).

[262] 周文溢，贾爱玲. “双碳”背景下碳税制度的证成与构建 [J]. 河北环境工程学院学报，2022 (03).

[263] 庄贵阳，窦晓铭，魏鸣昕. 碳达峰碳中和的学理阐释与路径分析 [J]. 兰州大学学报（社会科学版），2022，50 (01).

[264] 庄汉. 论构建“低碳社会”的环境法治进路 [J]. 武汉大学学报（哲学社会科学版），2010，63 (05).

[265] 邹伦贵. 碳足迹认证 LCA 数据库应用现状研究 [J]. 中国质量, 2023 (08).

[266] 郅玉玲, 李一. 特殊群体社会问题研究——以多元化解决策略为视角 [M]. 北京: 中国社会科学出版社, 2015.

[267] 郅玉玲, 陈思远, 蒋科坚. 生态文明教育视域下公众实施垃圾分类的影响因素分析 [J]. 教育现代化, 2021 (55): 168.

[268] Bonney R, Phillips T B, Ballard H L, et al.. Can Citizen Science Enhance Pub - lic Understanding of Science? [J]. Public Understanding of Science, 2016, 25 (01).

[269] Boustan L P, Kahn M E, Rhode P W. Moving to Higher Ground: Migration Re - sponse to Natural Disasters In The Early Twentieth Century [J]. A merican Economic Review, 2012, 102 (03).

[270] Commission on Global Governance, Our Global Neighborhood [M]. Oxford: Oxford University Press, 1995.

[271] Dallasega P, Rauch E, Linder C. Industry 4.0 As An Enabler of Proxim ity for Construction Supply Chains: A Systematic Literature Review [J]. Computers in Industry, 2018 (99).

[272] Dunleavy P, Margets H, Bastow S, et al.. Digital Era Governance: IT Corpora - tions, the State, and Governance: IT Corporations, the State, and E - government [M]. Qxford: Qxford University Press, 2006.

[273] Dunleavy P, Helen M, Bastow S, et al.. New Public Management is Dead - Long Live Digital - Era Governance [J]. Journal of Public Adm inistration Research and Theo - ry, 2016, 16 (03).

[274] FSIN, Global Network Against Food Crises. Global Report on Food Crises 2023 [R]. Rome, 2023.

[275] Hobfoll S E. Conservation of Resources: A New Attempt at Conceptualizing Stress [J]. A merian Psychologist. 1989, 44 (03).

[276] Hsiang S, Kopp R, Jina A, et al.. Estimatin Economic Damage from Climate Change in the United States [J]. Science, 2017, 356 (6345).

[277] Ivanova, et al.. Mapping The Caron Footprint of EU Regions [J]. Environ. Res. Iettm, 2017 (12).

[278] John Elkington, Tom Burke, Julia Hailes. Green Pages: The Business of Saving the World [M]. London: Routledge Press, 1988.

[279] Josh Lauer. Credinvorthy: A History of Consumer Surveillance and FinancialIdenti-

ty in A merica [M]. New York: Columbia University Press, 2017.

[280] Jon Hovi, Tora Skodvin, Steinar Andresen. The Persistence of the Kyoro Proto - col: Why Other Annex I Countries Move on Without the United States [J]. Global Environ - mental Politics , 2003, 3 (04).

[281] L Muinzer T. Climate and Energy Governance for the UK Low Carbon Transition [M]. Palgrave Pivot, Cham, 2018.

[282] Locke E A. Toward a Theory of Task Motivation and Incentives [J]. Organiza - tional Behavior and Human Performance, 1968 (02).

[283] M. G. J. den Elzen, A. P. G. de Moor. The Bonn Agreeement and Marrakesh Ac - cords: An Updated Analysis [J]. RIVM Report, 2001.

[284] Mitchell. Peterand, Brown. Euan. Local Government: A Social Resource for Envi - ronmental Control [J]. Environmental and Planning Law Journal, 1991 (08).

[285] Ostojic P. Pumps and circular economy [J]. World Pumps, 2016 (01).

[286] Olson M. The Logic of Collective Action. Public Goods and the Theory of Groups [M]. Cambridge Mass: Harvard University Press, 1965.

[287] Pickwance, C. , Preteceillo, E. State Restructuring and Local power: A Compar - ative Perspective [M]. London: Pinter Publishers, 1991.

[288] Schreuer, Christoph. The Waning of the Sovereign State: Towards a New Para - digm for International Law [J]. European Journal of International Law, 1993 (04).

[289] Scott Barrett. Environment and Statecraft: The Strategy of Environment Treaty - Making [M]. Oxford: Oxford University Press, 2003.

[290] Shi H, Peng S Z, Lin Y, et al.. Barriers to The I mplementation of Cleaner Pro - duction in Chinese SMES: Government, Industry and Expert Stakeholders Perspectives [J]. Journal of Cleaner Production, 2008, 16 (07).

[291] Stephen Hawking. Unified Theorys Getting Closer, Hawking Predicts [N]. San Jose Mercury News, 2000 (01).

[292] S. Ladi. Think Tank Traditions: Policy Research and The Politics of Ideas [J]. Future Survey, 2006, 4 (84).

[293] Thomas C. Beierle. Using Social Goals to Evaluate Public Participation inEnviron - ment Decisions [J]. Policy Studies Review, 1999, 16.

后　记

2020 年 9 月 22 日，习近平总书记在第七十五届联合国大会上提出："中国将提高国家自主贡献力度，采取更加有力的政策和措施，二氧化碳排放力争于 2030 年前达到峰值，努力争取 2060 年前实现碳中和。"2021 年国务院印发《关于完整准确全面贯彻新发展理念做好碳达峰碳中和工作的意见》，明确中国实现"双碳"的"三步走"战略，2025 年初步形成绿色低碳循环发展的经济体系，实现重点行业能源利用效率大幅提升；2030 年实现经济社会发展全面绿色转型，重点耗能行业能源利用效率达到国际先进水平，实现碳达峰目标；2060 年全面建立绿色低碳循环发展的经济体系和绿色低碳安全高效的能源体系，实现碳中和目标，开创人与自然和谐共生新境界。碳中和是中国经济社会发展和生态文明建设的重大战略议题和行动方略。

碳中和治理指的是秉承现代社会治理的价值理念、制度设计、体制建构和手段方式，由政府、企业和公众等主体共同推动与协同努力，在碳中和的实施过程中平行协商，柔性化运作，引导、协调、打理、规制碳中和中的社会关系状态，以促进社会良性运行和协调发展。碳中和治理主要是国家治理体系和治理能力现代化视域下，传统政府单一主导的碳中和治理模式向"党委领导、政府负责、民主协商、社会协同、公众参与、科技支撑、法治保障"的协同治理模式转变，重点是充分发挥多元主体在碳中和治理过程中的作用并形成协同效应，以实现治理绩效的优化。

本书对碳中和治理的对象、碳中和治理的主体、碳中和治理的逻辑结构、碳中和治理的德治、法治、自治、智治、碳中和治理的国际合作进行了研究。本书通过合作完成，各章的研究和写作分工如下：第一章、第二章、第三章、第七章、第八章由浙江省新型重点专业智库——浙江农林大学生态文明研究院、浙江农林大学碳中和研究院、浙江省乡村振兴研究院研究员、浙江农林大学文法学院教授郅玉玲完成；第四章、第五章、第六章由浙江省新型重点专业智库——浙江农林大学生态文明研究院、浙江农林大学碳中和研究院、浙江省乡村振兴研究院研究人员张依完成。

衷心感谢国家哲学社会科学领军人才、浙江农林大学生态文明研究院院长、浙江农林大学原党委书记、宁波大学原校长沈满洪教授邀请我加入《碳中和论丛》团队，《碳中和治理论》是《碳中和论丛》11 部书之一。感谢浙江农林大学生态文明研究院副院长钱志权教授的帮助和支持。感谢澳门理工大学李可同学对书稿的认真校对。感谢浙江农林大学领导、同事、我的家人对我工作的支持，更感谢各位学术同仁的学术指导和对学术理念、研究方法的分享。

此书是我参与撰写的第九本书，也是在生态文明研究领域的第二本书，第一本书是《生态文明制度建设研究》。本书中存在某些欠成熟的观点和疏漏之处，敬请各位读者不吝赐教，以便修正。

郅玉玲

2024 年 12 月于杭州